N. I. Koschkin
M. G. Schirkjewitsch

ELEMENTARPHYSIK griffbereit

Definitionen · Gesetze · Tabellen

Mit 120 Bildern und 144 Tabellen

Vieweg · Braunschweig

Titel der russischen Originalausgabe:
N. I. Koschkin, M. G. Schirkjewitsch
Sprawotschnik po elementarnoij Fisike

Erschienen im Verlag Nauka, Moskau

Übersetzung: *Ferdinand Cap*, Innsbruck
Verlagsredaktion: *Alfred Schubert*

1975

Softcover reprint of the hardcover 1st edition 1975

Satz: Vieweg, Braunschweig

ISBN-13: 978-3-528-08334-2 e-ISBN-13: 978-3-322-84038-7
DOI: 10.1007/ 978-3-322-84038-7

Vorwort

Das vorliegende Handbuch umfaßt alle Teile der elementaren Physik. Jedes Kapitel, bzw. jeder Abschnitt eines Kapitels, besteht aus zwei Teilen. Im ersten Teil werden Grundbegriffe und Gesetze in kurzgefaßter Form dargeboten. Der zweite Teil enthält wichtige Tabellen und Diagramme zum Nachschlagen.

Die theoretischen Ausführungen im jeweiligen ersten Teil beanspruchen in keiner Weise, vollständig zu sein. Es werden die elementaren Grundbegriffe gegeben und die entsprechenden Gesetze formuliert. Hin und wieder werden zur Erklärung Beispiele herangezogen. Das Gebrachte kann und soll nicht ein Lehrbuch oder spezielle Handbücher der Physik ersetzen.

Auch die Tabellen und Diagramme dieses Taschenbuches erheben keinen Anspruch auf Vollständigkeit und umfassen keineswegs sämtliche Daten des jeweils behandelten Teiles der Physik. Aus der Vielzahl der Stoffe und physikalischen Daten wurden jene ausgewählt, die von einem großen Kreis der in technischen Berufen Tätigen gebraucht werden.

In den meisten Tabellen sind die Bezeichnungen und Namen alphabetisch geordnet. Nur wenige sind nach steigenden oder fallenden Zahlenwerten der behandelten Größe zusammengestellt.

Die Zahlenwerte werden auf zwei bis drei Dezimalstellen genau angegeben. Dies genügt für die meisten technischen Berechnungen.

Die Zahlen in den Tabellen haben oft ungleichmäßig viele Dezimalstellen. Das erklärt sich dadurch, daß gewisse Substanzen in reiner Form dargestellt werden können, während andere mehr oder weniger komplizierte Gemische sind. Beispielsweise kann die Dichte von Platin auf ein Hunderstel der Maßeinheit genau angegeben werden: 21,46. Die Dichte von Messing hingegen läßt sich nur auf drei Zehntel genau festlegen (8,4...8,7), da sie je nach Zusammensetzung der gegebenen Messingsorte in diesem Bereich schwankt.

Tritt in einer Tabelle oder einem Diagramm der Faktor 10^n auf, so bedeutet dies, daß die dort angeführte Zahl in Wirklichkeit um diesen Faktor größer oder kleiner ist. Beispielsweise sind in der Überschrift zur letzten Spalte der Tabelle 2.18,

Die *Kompressibilität von Flüssigkeiten bei verschiedenen Temperaturen* (siehe S. 35), der Faktor 10^{-6} und die Dimension bar^{-1} angeführt. In der ersten Zeile (Aceton bei 14,2 °C) finden wir in dieser Spalte die Zahl 112. Das bedeutet, daß die Kompressibilität von Aceton $112 \cdot 10^{-6}\,bar^{-1}$ ist.

In den Anmerkungen zu den Tabellen werden die Bedingungen genannt unter denen die angeführten Werte gelten, sofern diese nicht schon aus der Überschrift der Tabelle ersichtlich sind, bzw. ergänzende Erklärungen zur Verwendung der Tabelle gegeben sowie eine Reihe weiterer Erläuterungen.

Sollten beim Leser Unklarheiten uber die Bedeutung der in den Tabellen angeführten Größen auftreten, so empfiehlt es sich die jeweiligen *Grundbegriffe und Gesetze* nachzuschlagen. Die Maßeinheiten der physikalischen Großen sind dem Anhang zu entnehmen. Im Anhang sind außerdem Gleichungen zu näherungsweisen Berechnungen gegeben.

Besondere Aufmerksamkeit wurde der Auswahl der Daten und Erklärungen in den modernen Bereichen der Physik gewidmet. (Halbleiter, Seignette-Elektrik, Kernphysik usw.)

N. I. Koschkin, M. G. Schirkjewitsch

Inhaltsverzeichnis

Verzeichnis der Tabellen

Verzeichnis der Formelzeichen

Lateinische Buchstaben

a	Beschleunigung
a	van der Waalssche Konstante
a_N	Normalbeschleunigung
a_T	Tangentialbeschleunigung
A	Ampere
Ah	Amperestunde
A	Amplitude
A	Atomgewicht
A	Fläche (Querschnitt)
A	Massenzahl
A'	Emissionskonstante
bar	Bar
b	Bildweite
b	Strecke
b	van der Waalssche Konstante
b	Wiensche Konstante
B	Bildgröße
B	Kerrkonstante
B	magnetische Induktion
B_r	Restinduktion (remanente Induktion)
cd	Candela
c	Ausbreitungsgeschwindigkeit
c	elektrochemisches Äquivalent
c	Federrate
c	Lichtgeschwindigkeit
c	spezifische Wärmekapazität
c_p	spezifische Wärmekapazität bei konstantem Druck
c_g	Geschwindigkeit von Schallwellen in Gasen
c_{long}	Ausbreitungsgeschwindigkeit longitudinaler Wellen
c_{ob}	Geschwindigkeit von Oberflächenwellen
C	Celsius
C	Coulomb
C	Cotton-Mouton-Konstante
C	Kapazitat
C	Konzentration
C_{ges}	Gesamtkapazität
c_{tran}	Ausbreitungsgeschwindigkeit transversaler Wellen
c_v	spezifische Wärmekapazität bei konstantem Volumen
dB	Dezibel
dpt	Dioptrie
d_{mn}	piezoelektrischer Koeffizient (piezoelektrischer Modul)
D	Brechkraft
D	Diffusionskoeffizient
D	elektrische Verschiebungsdichte
D	Richtmoment
e	Basis der natürlichen Logarithmen. e = 2,72 ...
eV	Elektronenvolt
e	Elementarladung
EMK	Elektromotorische Kraft
E	Beleuchtungsstärke
E	Elastizitätsmodul
E	elektrische Feldstärke
E	Strahlungsflußdichte
E_{kr}	kritisches Feld
E_T	Thermospannung
f	Brennweite
F	Farad
F	Brennpunkt

F	Faradaykonstante
F	Kraft
F_r	(Gleit-)Reibungskraft
F_N	Normalkraft
F_S	Schwerkraft
F_Z	Zentripetalkraft
g	Gramm
g	Fallbeschleunigung
g	Gegenstandsweite
g	Gitterkonstante
G	Gegenstandsgröße
G	Gewicht (Gewichtskraft)
G	Schubmodul
h	Höhe (Strecke)
h	Plancksches Wirkungsquantum
$\hbar$	$= h/2\pi$
H	Henry
Hz	Hertz
H	magnetische Feldstärke
H_c	Koerzitivkraft
i	beliebige Anzahl
i	Momentanwert der Stromstärke
I	Lichtstärke
I	Stromstärke
j	Dichte des Verschiebungsstromes
j	Stromdichte
J	Joule
J	Intensität
J	Trägheitsmoment
k	Kilo... (Vorsilbe)
kg	Kilogramm
k	Boltzmann-Konstante
k	Koeffizient (Proportionalitätsfaktor)
k	Wellenphase
K	Kelvin
K	Kompressionsmodul
K_λ	relative Sichtbarkeit
lm	Lumen
ln	natürlicher Logarithmus (Logarithmus zur Basis e)
lx	Lux
l	Bahnquantenzahl
l	Länge (Strecke)
l'	reduzierte Länge
l_ϑ	Länge bei der Temperatur ϑ
L	Drehimpuls (Impulsmoment)
L	Induktivität
L	Leuchtdichte
m	Meter
m	magnetische Quantenzahl
m	Masse
m_e	Masse eines Elektrons
m_E	Masse der Erde
M	Drehmoment (Kraftmoment)
M	Magnetisierung
M	Molekulargewicht
M_{magn}	magnetisches Moment
M_R	Rückstellmoment
M_S	Sättigungswert der Magnetisierung
n	Neutron
n	Anzahl der Moleküle pro Volumeneinheit
n	beliebige Anzahl
n	Brechungsindex
n	Hauptquantenzahl
n_+	Kationenkonzentration
n_-	Anionenkonzentration
N	Newton
N	beliebige Anzahl
N_A	Avogadrosche Konstante
N_L	Loschmidtsche Konstante

p	Proton
$\widetilde{\mathrm{p}}$	Antiproton
p	Druck
p	Dipolmoment
p	Impuls
p_{kr}	kritischer Druck
Pa	Pascal
P	elektrische Polarisation
P	Leistung
P_s	spontane Polarisation
P_R	Leistung eines rotierenden Körpers
q_v	spezifische Verdampfungswärme
Q	elektrische Ladung
Q	Gütefaktor
Q	Wärmemenge
Q'	elektrische Ladung je Längeneinheit
r	Radius (Strecke)
r_E	Radius der Erde
R	elektrischer Widerstand
R	universelle Gaskonstante
R_C	kapazitiver Widerstand
R_H	Rydberg-Konstante für Wasserstoff
R_i	innerer Widerstand
R_L	induktiver Widerstand
s	Sekunde
s	Spinquantenzahl
s	Weg
S	Schwerpunkt
t	Zeit
T	Tesla
T	Halbwertszeit
T	Rotationsperiode
T	Schwingungsdauer
T	Umlaufszeit
T_{kr}	kritische Temperatur
Tp	Tripelpunkt
u	Unit
u	Apertur
u	Beweglichkeit (von Ladungsträgern)
u	Geschwindigkeit
u	Momentanwert der Spannung
U	elektrische Spannung
U_d	Durchschlagspannung
v	Geschwindigkeit
v	spezifisches Volumen
v_m	Momentangeschwindigkeit (Augenblicksgeschwindigkeit)
v_n	Lineargeschwindigkeit
v_N	Normalgeschwindigkeit
v_T	Tangentialgeschwindigkeit
v_u	Umfangsgeschwindigkeit
$\bar{v}$	mittlere Geschwindigkeit
$\bar{v}_q$	mittleres Geschwindigkeitsquadrat
$\hat{v}$	wahrscheinlichste Geschwindigkeit
V	Volt
V	elektrisches Potential
V	Vergrößerung
V	Volumen
V_{kr}	kritisches Volumen
V_F	Vergrößerung eines Fernrohrs
V_L	Vergrößerung einer Lupe
V_M	Vergrößerung eines Mikroskops
V_ϑ	Volumen bei der Temperatur ϑ
w	Dichte des Energieflusses
W	Watt
Wb	Weber
W	Arbeit
W	Energie
W_i	innere Energie
W_{kin}	kinetische Energie
$W_{mol\,kin}$	kinetische Energie eines Mols
W_o	obere Wärme
W_{pot}	potentielle Energie

W_u untere Wärme
W_n Energieniveau
W_R Arbeit bei Rotation
W_{kin} mittlere kinetische Energie
W_ϵ Energiedichte

y Variable

Z Ordnungszahl
Z Wertigkeit

Griechische Buchstaben

α Absorptionskoeffizient
α beliebiger Winkel
α Koeffizient der Oberflächenspannung
α Koeffizient der spezifischen elektromotorischen Kraft
α linearer Ausdehnungskoeffizient
α spezifische Drehung
α Temperaturkoeffizient des elektrischen Widerstandes
α_g Grenzwinkel der totalen Reflexion
$\alpha_{\lambda T}$ Absorptionsvermögen

β Kompressibilität
$\beta = v/c$

γ Ausdehnungskoeffizient des idealen Gases
γ Gravitationskonstante
γ Leitfähigkeit
γ Schiebung
γ Volumenausdehnungskoeffizient

δ Auflosungsvermögen
δ Dämpfungskoeffizient
δ mechanische Spannung
Δ kleine Differenz

ϵ absolute Dielektrizitätskonstante
ϵ Dehnung
ϵ Sehwinkel
ϵ Winkelbeschleunigung
ϵ_r relative Dielektrizitätszahl
ϵ_q Querkürzung
ϵ_0 absolute Dielektrizitätskonstante des Vakuums
$\epsilon_{\lambda T}$ Emissionsvermögen, Strahlungsvermögen

η Koeffizient der dynamischen Viskosität
η Koeffizient der inneren Reibung
η spezifischer Wirkungsgrad

ϑ Temperatur
ϑ_K Siedetemperatur
ϑ_S Schmelztemperatur
θ Curie-Punkt

κ Absorptionskoeffizient der Paarbildung
$\kappa = c_p/c_v$
κ isotherme Kompressibilität

λ Koeffizient der Wärmeleitung (Warmeleitzahl)

λ spezifische Schmelzwärme
λ Wellenlänge
λ Zerfallskonstante

μ Absorptionskoeffizient
μ mittleres Molekulargewicht
μ Permeabilität
μ Querzahl
μ Reibungskoeffizient
μ_b Anfangspermeabilität
μ_0 Haftreibzahl
μ_r Permeabilitätszahl
μ_B Bohrsches Magneton
μ_0 magnetische Feldkonstante
μ_K Kernmagneton
μ' Rollreibzahl

ν Frequenz
ν_R Rotgrenze des Photoeffekts
$\widetilde{\nu}$ Antineutron

π Konstante, 3,141 593

ρ Dichte
ρ innere Verdampfungswärme
ρ Reflexionsgrad
ρ spezifischer Widerstand
ρ_{Fl} Dichte einer Flüssigkeit
ρ_ϑ Dichte bei der Temperatur ϑ

σ Absorptionskoeffizient des Compton-Effekts
σ Flächendichte der Ladung
σ Spannung
σ Stefan-Boltzmann-Konstante
σ Wirkungsquerschnitt
σ_A Wirkungsquerschnitt der Aktivierung
σ_{Ab} Wirkungsquerschnitt der Absorption
σ_E Elastizitätsgrenze
σ_{Fl} Fließgrenze
σ_S Wirkungsquerschnitt der Streuung
σ_{max} Festigkeitsgrenze
Σ Summe

τ Absorptionskoeffizient des Photoeffekts
τ mittlere Lebensdauer eines Kerns
τ Spannung

φ Anfangsphase, Phasendifferenz
φ Brewsterscher Winkel (Polarisationswinkel)
φ Drehwinkel
φ Emissionskonstante
φ geographische Breite
$\cos\varphi$ Leistungsfaktor
Φ Austrittsarbeit
Φ Lichtstrom
Φ magnetischer Fluß
Φ Strahlungsfluß (Strahlungsleistung)
Φ_r reflektierter Strahlungsfluß

χ_m magnetische Suszeptibilität
χ_ρ spezifische Suszeptibilität

ψ äußere Verdampfungswärme

ω brechender Winkel eines Prismas
ω Kreisfrequenz
ω Winkelgeschwindigkeit
ω_m momentane Winkelgeschwindigkeit
ω_0 Resonanzfrequenz
$\overline{\omega}$ mittlere Winkelgeschwindigkeit
Ω Ohm
Ω Raumwinkel

1. Einführung

1.1. Vektoren und Skalare

Alle physikalischen Großen sind entweder *Skalare* oder *Vektoren*. Größen, zu deren Bestimmung ein Zahlenwert genügt, heißen *Skalare*. Größen, zu deren Bestimmung außer eines Zahlenwertes noch die Angabe der Richtung notig ist, heißen *Vektoren*.

Vektoren werden zeichnerisch durch *Pfeile* dargestellt. Die *Lange* des Pfeiles entspricht (im verwendeten Maßstab) dem *Zahlenwert*, dem *Betrag* des Vektors; die *Richtung* des Pfeiles entspricht der *Richtung des Vektors*. Vektoren werden entweder durch einen Pfeil über dem Buchstaben, $\vec{a}$, oder durch fetteren Druck, **a**, gekennzeichnet. In älterer Literatur findet man dafür noch Schreibschrift, $\mathfrak{A}$.

Zwei Vektoren sind einander gleich, wenn ihre Beträge und Richtungen gleich sind.

Die *Addition zweier Vektoren* zeigt Bild 1.1. Sie kann auf zweierlei Arten erfolgen:

Nach der ersten Methode (Bild 1.1a) wird der eine Pfeil unter Beibehaltung seiner Richtung derart verschoben, daß sein Ende die Spitze des anderen Pfeiles berührt. Die Verbindungsgerade zwischen dem Ende des ersten und der Spitze des zweiten Pfeiles ($\vec{c}$ in Bild 1.1a) entspricht der Summe der Vektoren. Man nennt sie den *resultierenden Vektor*.

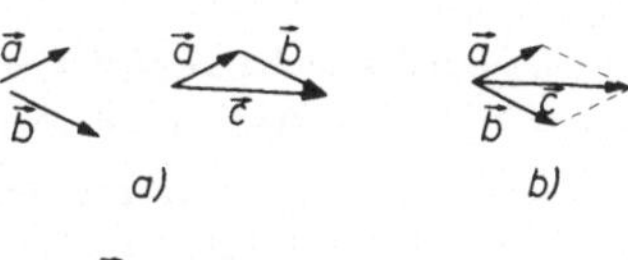

Bild 1.1. Vektoren
a) und b) Addition von Vektoren
c) Zerlegung eines Vektors in drei Komponenten

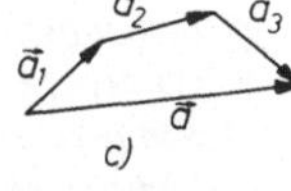

Nach der zweiten Methode werden die Vektoren $\vec{a}$ und $\vec{b}$ unter Wahrung ihrer Richtung so verschoben, daß sich ihre Enden berühren (Bild 1.1b). Der resultierende Vektor ist in diesem Fall gleich der Diagonalen des von den beiden Vektoren aufgespannten Parallelogramms ($\vec{c}$ in Bild 1.1b). Man spricht von der Vektoraddition nach der *Parallelogrammregel*.

Vektoren lassen sich auch in zwei oder mehrere Vektoren zerlegen, wenn beispielsweise deren Richtungen bekannt sind. Bild 1.1c zeigt die Zerlegung in drei Vektoren, in drei *Komponenten*. Die Summe dieser Komponenten $\vec{a}_1$, $\vec{a}_2$, $\vec{a}_3$ muß wieder $\vec{a}$ ergeben.

Bei *Multiplikation eines Vektors* mit einer positiven skalaren Große erhält man einen gleichgerichteten Vektor mit entsprechend geändertem Betrag; bei Multiplikation mit einer negativen skalaren Größe kehrt sich außerdem die Richtung des Vektors um.

1.2. Maßsystem

Eine physikalische Große messen heißt, sie mit einer anderen Große – die als Einheit festgesetzt ist – vergleichen. Die zu messende Große sowie die *Maßeinheit* mussen gleichartig sein, d.h. sie müssen ein und dieselbe Eigenschaft der Dinge bestimmen und durfen sich nur in ihren Zahlenwerten unterscheiden.

Eine *Maßeinheit* ist ein bestimmter Betrag (Wert) einer physikalischen Größe, der als Maß zum Vergleich mit gleichartigen Größen verwendet wird. Maßeinheiten werden in *Basiseinheiten* und *abgeleitete Einheiten* eingeteilt. Eine Basiseinheit wird unabhängig von anderen Großen festgelegt. Eine abgeleitete Einheit wird durch die physikalischen Zusammenhänge mehrerer Großen bestimmt. Die Gesamtheit aller Basis- und abgeleiteten Einheiten, die miteinander nach bestimmten Gesetzmäßigkeiten zusammenhängen, nennt man ein *Maßsystem*.

In der Bundesrepublik ist laut Gesetz das *Internationale Einheitensystem* (SI) vorgeschrieben. Die Basiseinheiten sind:

das **Meter** (m) als *Langeneinheit*,
das **Kilogramm** (kg) als *Masseneinheit*,
die **Sekunde** (s) als *Zeiteinheit*,
das **Ampere** (A) als elektrische *Stromstärkeneinheit*,
das **Kelvin** (K) als *Temperatureinheit*,
das **Candela** (cd) als *Lichtstarkeneinheit*,
das **Mol** (mol) als *Stoffmengeneinheit*.

Wichtige abgeleitete Einheiten sind:

das **Newton** (N) als *Krafteinheit*,
das **Pascal** (Pa) als *Druckeinheit*,
das **Joule** (J) als *Arbeitseinheit*,
das **Watt** (W) als *Leistungseinheit*.

Auf die Zusammenhänge der abgeleiteten Einheiten mit den Basiseinheiten wird bei den entsprechenden Abschnitten eingegangen, auch enthält der Abschnitt A.5 des Anhangs wichtige Einheiten, insbesondere die mit eigenem Namen.

2. Mechanik

Als *Bewegung* bezeichnet man die zeitliche Veränderung der relativen Lage von Korpern zueinander. Diese Veränderung der Lage wird durch die Veränderung des Abstandes zwischen den beobachteten Punkten der Korper bestimmt.

2.1. Kinematik – Grundbegriffe und Gesetze

Die *Kinematik* untersucht die Bewegungen von Körpern, ohne dabei die Ursachen für diese Bewegungen zu beachten.

Der einfachste bewegte Körper ist der *Massenpunkt*. Als Massenpunkt bezeichnet man einen Körper, dessen Größe, Form und Masse bei der Beschreibung seiner Bewegung vernachlässigt werden kann. So kann beispielsweise der Umlauf der Erde um die Sonne als Bewegung eines Massenpunktes aufgefaßt werden. Die Drehung der Erde um ihre eigene Achse ist in diesem Fall ohne Bedeutung.

Jeder *feste Körper* kann als System von **starr** miteinander verbundenen Massenpunkten aufgefaßt werden.

Der Weg, den ein Massenpunkt bei seiner Bewegung beschreibt, wird als seine *Bahn* bezeichnet. Nach der Form der Bahnen unterscheidet man zwischen *geradlinigen* und *krummlinigen Bewegungen*. Eine Bewegung kann *gleichförmig* oder *ungleichförmig* (*veränderlich*) sein.

2.1.1. Gleichförmige und ungleichförmige Bewegung

Eine *Bewegung* ist *gleichförmig*, wenn der bewegte Punkt in gleichen Zeitabschnitten gleiche Strecken zurücklegt. Sind die in gleichen Zeitabschnitten zurückgelegten Strecken ungleich lang, so ist die Bewegung *ungleichformig*. Die Größe, die die Beziehung zwischen dem in der Zeit t zurückgelegten Weg s und dieser Zeit t herstellt, nennt man *Geschwindigkeit* v:

$$v = \frac{s}{t}$$

oder

$$s = vt. \tag{2.1}$$

Bei einer ungleichformigen Bewegung unterscheidet man zwischen der *Augenblicksgeschwindigkeit* bzw. *Momentangeschwindigkeit* v_m und der *mittleren Geschwindigkeit* $\overline{v}$. Legt ein Körper zwischen den Zeitpunkten t_0 und $t_0 + \Delta t$ den Weg Δs zurück, so ist

$$\overline{v} = \frac{\Delta s}{\Delta t}$$

die mittlere Geschwindigkeit für den Zeitabschnitt Δt. Für die Momentangeschwindigkeit, d.h. die Geschwindigkeit im Zeitpunkt t, gilt

$$v_m = \lim_{\Delta t \to 0} \frac{\Delta s}{\Delta t}.$$

Die Geschwindigkeit ist eine vektorielle Größe. Geschwindigkeiten werden daher wie Vektoren addiert (Parallelogrammregel).

Einheiten der Geschwindigkeit sind: m/s und die davon abgeleiteten Einheiten km/s und km/h.

Eine Bewegung ist *gleichförmig veränderlich*, wenn sich die Geschwindigkeit in gleichen Zeitabständen um den gleichen Betrag ändert. Die Änderung der Geschwindigkeit in der Zeiteinheit nennt man *Beschleunigung* (a):

$$a = \lim_{t \to t_0} \frac{v_t - v_0}{t - t_0}, \tag{2.2}$$

wobei v_t die Geschwindigkeit im Moment t und v_0 die Geschwindigkeit zum Zeitpunkt t_0 des Meßbeginns sind. Die Beschleunigung ist ebenfalls eine vektorielle Größe.

Einheiten der Beschleunigung sind: m/s^2, cm/s^2, km/s^2.

Bei gleichförmig veränderlicher Bewegung ist die Geschwindigkeit v_t im Zeitpunkt t:

$$v_t = v_0 + at. \tag{2.3}$$

Hierbei ist v_0 die Geschwindigkeit zu Beginn der Messung.

Die Beschleunigung kann sowohl positiv als auch negativ sein. Negative Beschleunigung wird auch als *Verzögerung* bezeichnet.

Bei gleichförmig beschleunigter Bewegung ist der in der Zeit t zurückgelegte Weg s gleich

$$s = v_0 t + \tfrac{1}{2} at^2. \tag{2.4}$$

Bei gleichförmig beschleunigter Bewegung kann die Geschwindigkeit zum Zeitpunkt t durch die Anfangsgeschwindigkeit, die Beschleunigung und den zurückgelegten Weg berechnet werden:

$$v_t^2 = v_0^2 + 2as. \tag{2.5}$$

Als Beispiel für eine geradlinige Bewegung mit gleichförmiger Beschleunigung sei der *freie Fall* eines Körpers aus (im Verhältnis zum Erddurchmesser) geringer

Höhe betrachtet. Bezeichnet man die Hohe, von der aus der freie Fall beginnt ($v_0 = 0$), mit h und die Fallbeschleunigung mit g, so gilt

$$h = \frac{1}{2} g t^2,$$

wobei t die Zeit des Falles ist.

Die ungleichförmig beschleunigte Bewegung ist komplizierter und soll hier nicht behandelt werden (vgl. „Physik griffbereit", Friedr. Vieweg & Sohn, Braunschweig).

2.1.2. Die Rotationsbewegung

Bewegt sich ein Punkt auf einer Kreisbahn um eine feste Achse, wobei das Zentrum des Kreises auf dieser Achse liegt und die Ebene des Kreises senkrecht zur Achse verläuft, so spricht man von einer *kreisformigen Bewegung*. Ein Körper vollführt eine *Rotationsbewegung*, wenn sich alle Punkte dieses Korpers kreisförmig um eine Achse bewegen.

Eine Rotation ist *gleichförmig*, wenn sich der rotierende Körper in gleichen Zeitabschnitten um den gleichen Winkel dreht.

Die *Winkelgeschwindigkeit* ω ist (bei gleichförmiger Rotation) der Quotient aus dem Drehwinkel φ und der Zeit t:

$$\omega = \frac{\varphi}{t}, \qquad (2.6)$$

wobei φ der in Radiant (rad) gemessene *Drehwinkel* ist, den ein beliebiger Radius in der Zeit t überstreicht. Die Winkelgeschwindigkeit kann auch durch die Anzahl n der Umdrehungen in der Zeiteinheit oder durch die *Rotationsperiode* T ausgedrückt werden:

$$\omega = 2\pi n, \qquad (2.7)$$

$$\omega = \frac{2\pi}{T}. \qquad (2.8)$$

Als *Umfangsgeschwindigkeit* (*Tangentialgeschwindigkeit*) eines rotierenden Punktes bezeichnet man seine Momentangeschwindigkeit. Der Geschwindigkeitsvektor der Umfangsgeschwindigkeit hat die Richtung der Tangente an die Kreisbahn (Bild 2.1). Der Zusammenhang zwischen der Winkelgeschwindigkeit ω und der Umfangsgeschwindigkeit v_u ist durch die Beziehung

$$v_u = \omega r = 2\pi r n \qquad (2.9)$$

gegeben. r ist der Abstand zwischen dem rotierenden Punkt und der Rotationsachse.

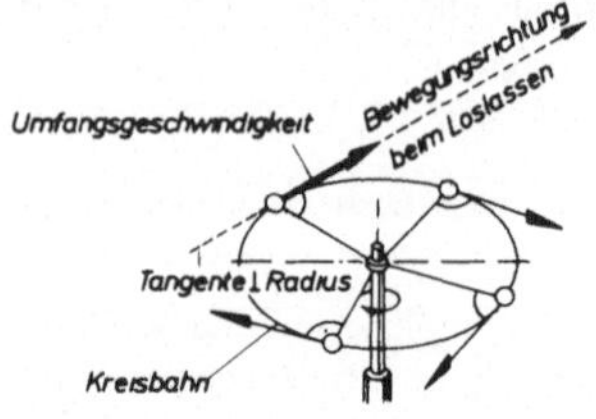

Bild 2.1
Richtung der Umfangsgeschwindigkeit

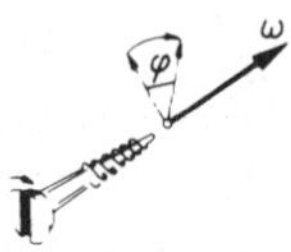

Bild 2.2
Bestimmung der Richtung der Winkelgeschwindigkeit nach der Schraubenregel

Bei *ungleichförmiger Rotation* unterscheidet man zwischen der *momentanen* ω_m und der *mittleren Winkelgeschwindigkeit* $\overline{\omega}$. Dreht sich der rotierende Körper im Zeitintervall zwischen t_0 und $t_0 + \Delta t$ um den Winkel $\Delta\varphi$, so gilt für die mittlere Winkelgeschwindigkeit für den Zeitabschnitt Δt

$$\overline{\omega} = \frac{\Delta\varphi}{\Delta t}.$$

Für die momentane Winkelgeschwindigkeit ω_m zum Zeitpunkt t_0 gilt:

$$\omega_m = \lim_{\Delta t \to 0} \frac{\Delta\varphi}{\Delta t}. \tag{2.10}$$

Ändert sich die Winkelgeschwindigkeit in gleichen Zeitabschnitten um den gleichen Betrag, so spricht man von einer *gleichförmig veränderlichen Rotation.*

Als *Winkelbeschleunigung* ϵ (bei gleichmäßig veränderlicher Rotation) wird der Quotient aus der Änderung der Winkelbeschleunigung und der während der Änderung verflossenen Zeit bezeichnet:

$$\epsilon = \lim_{t \to t_0} \frac{\omega_t - \omega_0}{t - t_0}, \tag{2.11}$$

wobei ω_t die Winkelgeschwindigkeit im Zeitpunkt t und ω_0 die Winkelgeschwindigkeit zum Zeitpunkt t_0 des Meßbeginns ist.

Die Winkelgeschwindigkeit ω und die Winkelbeschleunigung ϵ sind vektorielle Größen. Die Richtung des Vektors $\vec{\omega}$ wird nach der *Schraubenregel* bestimmt (Bild 2.2): Dreht man eine Schraube im Sinne der Rotation, so bewegt sie sich in der Richtung des Vektors $\vec{\omega}$ weiter; d.h. der Vektor $\vec{\omega}$ ist längs der Rotationsachse gerichtet. Die Richtung der Winkelbeschleunigung $\vec{\epsilon}$ ist gleich der Richtung von $\vec{\omega}$, wenn sich die Winkelgeschwindigkeit vergrößert, und entgegengesetzt gerichtet, wenn sie sich verringert.

Beschreibt man die gleichförmige Rotation durch den Quotienten aus der Anzahl n der Umdrehungen und der dabei verflossenen Zeit, so kommt man zur Beschleunigung ϵ^*:

$$\epsilon^* = \lim_{t \to t_0} \frac{n_t - n_0}{t - t_0}. \tag{2.12}$$

n_t bedeutet die Umdrehungsfrequenz im Zeitpunkt t, n_0 die Umdrehungsfrequenz im Zeitpunkt des Meßbeginns t_0.

Bei gleichförmig veränderlicher Rotation sind die Winkelgeschwindigkeit und die Umdrehungsfrequenz im Zeitpunkt t gleich

$$\omega = \omega_0 + \epsilon t, \qquad n = n_0 + \epsilon^* t. \tag{2.13}$$

Für den Drehwinkel und die Anzahl der Umdrehungen gelten:

$$\varphi = \omega_0 t + \tfrac{1}{2}\epsilon t^2, \qquad N = n_0 t + \tfrac{1}{2}\epsilon^* t^2. \tag{2.14}$$

Bei Bewegungen auf gekrümmten Bahnen ändert sich nicht nur der Betrag, sondern auch die Richtung des Geschwindigkeitsvektors (Bild 2.3).

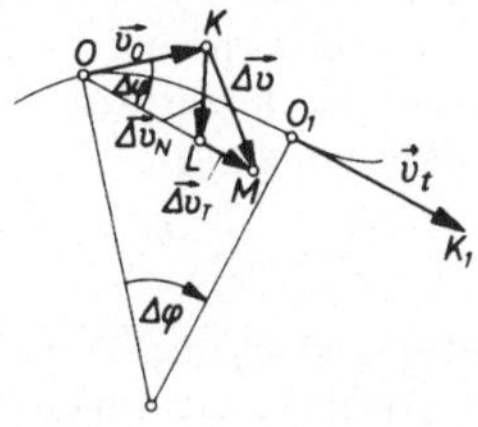

Bild 2.3. Tangential- und Normalbeschleunigung. Der Vektor $\overrightarrow{OK} = \vec{v}_0$ entspricht der Geschwindigkeit im Punkt O (zur Zeit t_0); der Vektor $\overrightarrow{O_1K_1} = \vec{v}_t$ stellt die Geschwindigkeit im Punkt O_1 (zur Zeit $t_0 + \Delta t$) dar. Die Strecke $\overline{OM}$ stellt den parallel in den Punkt O verschobenen Vektor v_t dar. Der Geschwindigkeitsänderung $\overrightarrow{\Delta v}$ entspricht die Strecke $\overline{KM}$; der Änderung der Tangentialgeschwindigkeit $\overrightarrow{\Delta v_T}$ entspricht die Strecke $\overline{LM}$ ($\overline{OK} = \overline{OL}$); der Änderung der Normalkomponente der Geschwindigkeit Δv_N entspricht $\overline{KL}$. Die Beschleunigungen a, a_T, a_N sind gleich den entsprechenden Geschwindigkeitsänderungen in der Zeiteinheit.

Der Quotient aus der Änderung des Geschwindigkeitsbetrages und der dabei verflossenen Zeit heißt *Tangentialbeschleunigung*:

$$a_T = \frac{v_t - v_0}{t - t_0} = \frac{\Delta v_T}{\Delta t} \tag{2.15}$$

oder präziser ausgedrückt:

$$a_T = \lim_{\Delta t \to 0} \frac{\Delta v_T}{\Delta t}, \tag{2.16}$$

wobei v_t und v_0 die Lineargeschwindigkeiten in den Zeitpunkten $t_0 + \Delta t$ und t_0 bedeuten. Die Tangentialbeschleunigung hängt mit der Winkelbeschleunigung durch folgende Beziehung zusammen:

$$a_T = \epsilon r. \tag{2.17}$$

Die Richtung von a_T ist im jeweils beobachteten Punkt der Bahn gleich oder entgegengesetzt der Richtung der Lineargeschwindigkeit.

Die *Richtungsänderung* des Geschwindigkeitsvektors in der Zeiteinheit nennt man *Normalbeschleunigung*:

$$a_N = \frac{\Delta v_N}{\Delta t}, \tag{2.18}$$

genauer ausgedrückt

$$a_N = \lim_{\Delta t \to 0} \frac{\Delta v_N}{\Delta t}. \tag{2.19}$$

Die Normalbeschleunigung ist auf das *Krümmungszentrum* der Bahn (zur Rotationsachse) gerichtet.

Ein gleichförmig rotierender Massenpunkt bewegt sich demnach beschleunigt, da der Geschwindigkeitsvektor in jedem Augenblick seine Richtung ändert. Die Normalbeschleunigung ist in diesem Falle zur Rotationsachse gerichtet (bzw. senkrecht zur Richtung der Umfangsgeschwindigkeit) und heißt *Zentripetalbeschleunigung*:

$$a_N = \frac{v_u^2}{r} = \omega^2 r. \tag{2.20}$$

Hierbei sind v_u die Umfangsgeschwindigkeit, ω die Winkelgeschwindigkeit, r der Bahnradius des Punktes.

Für die gesamte Beschleunigung aller Punkte eines gleichförmig rotierenden Körpers gilt

$$a^2 = a_N^2 + a_T^2 \tag{2.21}$$

(siehe auch Bild 2.3).

2.1.3. Die Bewegung von Körpern im Schwerefeld der Erde

Bild 2.4 zeigt die Bahnen von Körpern, die mit verschiedenen Geschwindigkeiten in horizontaler Richtung aus dem nahe der Erdoberfläche gelegenen Punkt A geschleudert wurden. (Der Luftwiderstand wurde hierbei nicht berücksichtigt.) Ist die Geschwindigkeit v des Korpers in Punkt A so bemessen, daß die Zentripetalbeschleunigung v^2/r gleich der Fallbeschleunigung g ist, so beschreibt der Körper eine *Kreisbahn*. (r ist der Radius der Kreisbahn, der bei geringer Höhe mit dem Erdradius gleichgesetzt werden kann.) Es ergibt sich

$$v = \sqrt{rg} \approx 7{,}93 \text{ km/s}.$$

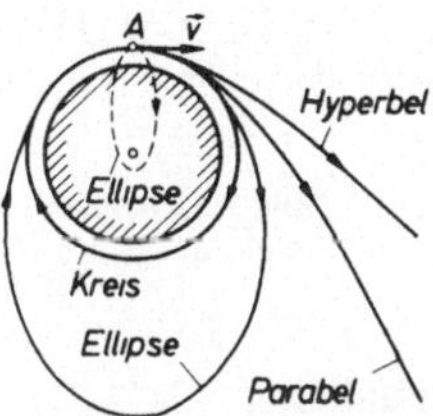

Bild 2.4
Bahnen von Korpern im irdischen Schwerefeld

Man nennt diese Größe die *erste kosmische Geschwindigkeit*. Ist die dem Korper in Punkt A erteilte Geschwindigkeit größer als 7,93 km/s und kleiner als 11,1 km/s, so stellt seine Bahn eine *Ellipse* dar, von deren zwei Brennpunkten der dem Punkt A nähere mit dem Erdmittelpunkt zusammenfällt (größere Ellipse in Bild 2.4). Bei der als *zweite kosmische Geschwindigkeit* bezeichneten Geschwindigkeit von 11,16 km/s stellt die Bewegungsbahn eine *Parabel* dar. Bei Anfangsgeschwindigkeiten, die darüber liegen, wird sie zur *Hyperbel*. In den beiden letzten Fällen verläßt der Körper die Erde und dringt in den interplanetaren Raum ein. Die geringste Geschwindigkeit, bei der ein Körper die Erde eben noch verläßt, nennt man auch *Fluchtgeschwindigkeit*. Bei geringeren Geschwindigkeiten als 7,93 km/s stellen die Bahnen Abschnitte von Ellipsen dar (Bild 2.4, gestrichelte Ellipse), von deren Brennpunkten der dem Startpunkt A entferntere mit dem Erdmittelpunkt zusammenfällt.

Sind die Geschwindigkeiten sehr viel kleiner als 7,93 km/s, können die Bahnen als Parabelabschnitte angesehen werden.

Wird ein Körper mit einer Anfangsgeschwindigkeit v_0, die wesentlich kleiner als 7,93 km/s ist, unter einem beliebigen Winkel α von der Erdoberfläche in die Höhe geworfen, so kann die Fallbeschleunigung in Richtung und Betrag als konstant und die Erdoberfläche als eben angesehen werden. In diesem Falle stellt die Bahn des Körpers eine Parabel dar (Bild 2.5). Die Wurfweite s und die Höhe h des Wurfes berechnet man wie folgt:

$$s = \frac{v_0^2 \sin 2\alpha}{g}, \qquad h = \frac{v_0^2 \sin^2 \alpha}{2g}. \tag{2.22}$$

Hierbei ist v_0 die Anfangsgeschwindigkeit des Körpers. Bei gleichem v_0 kann dieselbe *Wurfweite* mit zwei verschiedenen *Wurfwinkeln* α_1 und α_2 erreicht werden, wobei $\alpha_2 = 90° - \alpha_1$.

Die *maximale Wurfweite* wird bei einem Winkel $\alpha = 45°$ erreicht.

Durch den Luftwiderstand werden *Wurfweite* und *Wurfhohe* verringert. Beispielsweise betrüge die Wurfweite eines Körpers bei $\alpha = 20°$ und $v_0 = 550$ m/s ohne Luftwiderstand 19,8 km (Kurve I). Die gleiche Weite erreicht man bei $\alpha = 90° - 20° = 70°$ (Kurve II). Tatsächlich beträgt sie aber, bedingt durch den Luftwiderstand, nur 8,1 km (Kurve III).

II
I
III
8,1km
19,8km

Bild 2.5. Bahnen von Körpern die von der Erdoberfläche mit v_0 = 550 m/s geschleudert wurden

Tabellen

Tabelle 2.1: Beschleunigungen

beschleunigter Gegenstand	Beschleunigung m/s²	verzögerter Gegenstand	negative Beschleunigung m/s²
Untergrundbahn	1	Notbremsung eines Autos	4 ... 6
Rennauto	4,5		
Personen-Schnellift	0,9 ... 1,6	Raketenflugzeug bei der Landung	5 ... 8
Personenzug	0,35		
Straßenbahn	0,6	Fallschirmspringer beim Öffnen des Fallschirmes und einer Fallgeschwindigkeit von 60 m/s	etwa 60
Rakete	30...90		
Geschoß im Lauf des Geschutzes	100 000		

Tabelle 2.2: Kinematische Parameter der Planeten

Es bedeuten: T_0 Umdrehung um die eigene Achse; T_S Umlaufzeit um die Sonne; v_0 Umlaufgeschwindigkeit; v Fluchtgeschwindigkeit; n Anzahl der Satelliten

Planet	T_S a	T_0	v_0 km/s	v km/s	n
Merkur	0,241	88 d	48,8	4,20	–
Venus	0,615	247 ± 5 d	35,0	10,2	–
Erde	1,000 04	23 h 56 min 4 s	29,8	11,16	1
Mars	1,881	24 h 37 min 23 s	24,2	5,01	2
Jupiter	11,86	9 h 51 min	13,06	59,5	12
Saturn	29,46	10 h 14 min	9,65	35,4	9
Uranus	84,01	10 h 49 min	6,78	22,2	5
Neptun	164,8	14 h (?)	5,42	24,8	2
Pluto	247,7	–	4,73	–	–
Mond	(Satellit der Erde)	27 d 7 h 43 min 11 s	–	2,37	–

Tabelle 2.3: Abhängigkeit der Fluchtgeschwindigkeit von der Höhe *h* über der Erdoberfläche

h 10^3 km	*v* km/s	*h* 10^3 km	*v* km/s	*h* 10^3 km	*v* km/s
0	11,19	5	8,37	30	4,68
0,5	10,77	10	6,98	40	4,15
1	10,40	20	5,50	50	3,76
2	9,76				

Tabelle 2.4: Umlaufzeiten *T* von Erdsatelliten in verschiedenen Höhen *h*

h km	*T* h	*h* km	*T* h	*h* km	*T* h
0	1,41	1000	1,75	5000	3,35
250	1,49	1500	1,93	10000	5,78
500	1,58	1690	2,00	35800[1])	23,935
750	1,68	2000	2,12		

[1]) Höhe, in der die Umlaufwinkelgeschwindigkeit gleich der Winkelgeschwindigkeit der Erdoberfläche ist; ein dort befindlicher Satellit erscheint unbeweglich am Himmel stehend (*geostationarer Satellit*).

2.2. Dynamik – Grundbegriffe und Gesetze

Die *Dynamik* befaßt sich mit den Gesetzen der Bewegung und den Ursachen, die sie hervorrufen oder verändern. Die Änderung der Bewegung von Körpern oder der Form der Körper ist stets die Folge einer Wechselwirkung zwischen wenigstens zwei Körpern.

Die Größe, die die Wechselwirkungen zwischen Körpern kennzeichnet, nennt man *Kraft*. Sie bewirkt Bewegungsänderungen oder die Änderung der Form eines Körpers, oder beides zugleich.

Die Kraft ist eine vektorielle Größe. Zwei auf einen Körper wirkende Kräfte addieren sich vektoriell (nach der Parallelogrammregel).

2.2.1. Die Gesetze der Dynamik

Erstes Newtonsches Gesetz: *Jeder Körper verharrt solange im Zustand der Ruhe oder der geradlinigen gleichförmigen Bewegung, bis eine auf den Körper wirkende Kraft den jeweiligen Zustand verandert.*

Die Eigenschaft der Körper, Geschwindigkeit und Bewegungsrichtung beizubehalten, solange keine Kräfte auf sie wirken (oder sich die einwirkenden Krafte im Gleichgewicht halten), nennt man *Tragheit*. Die Änderung einer Bewegung wird nicht nur durch die Stärke der einwirkenden Kraft bestimmt, sondern auch durch die Eigenschaften des bewegten Körpers. Das Verhältnis zwischen Kraft und erzielter Beschleunigung ist bei einem gegebenen Körper stets konstant. (Dies gilt nur bei im Verhältnis zur Lichtgeschwindigkeit kleinen, d.h. nichtrelativistischen Geschwindigkeiten kleiner als 30 000 km/s.) Die dem Verhältnis von Kraft zu erteilter Beschleunigung entsprechende physikalische Größe bezeichnet man als die *Masse* des betreffenden Körpers: $m = kF/a$. Der Koeffizient k hängt vom gewählten Maßsystem ab. Die Masse ist das Maß für die *Trägheit* eines Körpers.

Außer in den Newtonschen Gesetzen, wo die Masse die Trägheit der Körper charakterisiert, ist sie im *Gravitationsgesetz* (*Gesetz der universellen Gravitation*; siehe S. 15) als Maß der gegenseitigen *Anziehung* der Körper enthalten. Man unterscheidet folglich zwischen der *trägen Masse* und der *schweren Masse*. Andererseits deuten alle Versuchsergebnisse darauf hin, daß die träge Masse und die schwere Masse identisch sind. Die Physik kennt daher nur den einfachen Begriff *Masse*.

Bei Geschwindigkeiten nahe der Lichtgeschwindigkeit im Vakuum hängt die Masse eines Körpers von der Geschwindigkeit ab:

$$m = \frac{m_0}{\sqrt{1 - \beta^2}}, \tag{2.23}$$

hierbei sind m die Masse des bewegten Körpers, m_0 die Masse des ruhenden Körpers, $\beta = v/c$, v die Geschwindigkeit des Körpers, c die *Lichtgeschwindigkeit im Vakuum* ($\approx$ 300 000 km/s).

Zweites Newtonsches Gesetz: *Die einem Körper erteilte Beschleunigung ist proportional der auf ihn einwirkenden Kraft F und umgekehrt proportional der Masse m des Körpers.*

$$a = k\frac{F}{m} \tag{2.24}$$

Die Maßeinheiten für die Kraft bzw. Masse werden so gewählt, daß der Koeffizient $k = 1$ ist.

Im SI-System ist die *Einheit der Kraft* das **Newton** (N). Es entspricht jener Kraft, die 1 kg Masse die Beschleunigung von 1 m/s^2 erteilt.

$1\ \mathrm{N} = 1\ \mathrm{m\ kg\ s^{-2}}$.

Das Produkt aus Masse und Geschwindigkeit eines Körpers bezeichnet man als seinen *Impuls* (seine *Bewegungsgröße*): $p = mv$. Der Impuls ist eine vektorielle Große, deren Richtung gleich der des Geschwindigkeitsvektors ist.

Ist die auf einen Körper einwirkende Kraft in Richtung und Betrag konstant, so kann das Newtonsche Gesetz unter Verwendung von Gl. (2.2) wie folgt geschrieben werden

$$F = \frac{m v_t - m v_0}{t - t_0} \quad \text{oder} \quad F = \frac{\Delta p}{\Delta t}. \tag{2.25}$$

Die Beziehung (2.25) wird exakter in folgender Form geschrieben:

$$F = \lim_{\Delta t \to 0} \frac{\Delta p}{\Delta t}. \tag{2.26}$$

Somit ist der Quotient aus der Änderung des Impulses und der Zeiteinheit gleich der auf den Körper einwirkenden Kraft (in Richtung und Betrag).

Drittes Newtonsches Gesetz: *Die von zwei Körpern aufeinander ausgeübten Kräfte haben gleiche Beträge und entgegengesetzte Richtungen.*

$$F_1 = -F_2 \quad \text{oder} \quad m_1 a_1 = -m_2 a_2. \tag{2.27}$$

Hierbei sind F_1 die auf den einen Körper und F_2 die auf den anderen Körper einwirkenden Kräfte, m_1 und m_2 die Massen der beiden Körper.

Auf ein System von Körpern können *innere* oder *äußere Kräfte* einwirken. Die *inneren* Kräfte wirken nur unter den im System vorhandenen Körpern. Die *äußeren* Kräfte sind durch Wechselwirkungen mit Körpern außerhalb des Systems bedingt. Ein System wird als *abgeschlossen* bezeichnet, wenn die äußeren Kräfte fehlen. In einem abgeschlossenen System gilt das *Gesetz von der Erhaltung des Impulses*: Die Summe der Impulse eines abgeschlossenen Systems, der Gesamtimpuls des Systems, ist konstant: $\Sigma p_i = \text{const}$. Für ein System aus zwei Körpern gilt daher:

$$m_1 u_1 + m_2 u_2 = m_1 v_1 + m_2 v_2 .$$

v_1 und v_2 sind die Geschwindigkeiten der beiden Körper vor und u_1 und u_2 nach ihrer Wechselwirkung.

2.2.2. Die Dynamik der Rotation

Für die Rotation lautet das zweite Newtonsche Gesetz:

$$M = J\epsilon. \tag{2.28}$$

Der Masse entspricht hier das *Trägheitsmoment* J, der Kraft das *Drehmoment* (*Kraftmoment*) M, der linearen Beschleunigung die *Winkelbeschleunigung* ϵ.

Als *Moment einer Kraft* in bezug auf eine Achse bezeichnet man das Produkt aus dem Betrag der Kraft und dem Kraftarm (der Kraftarm ist der kurzeste Abstand zwischen der Rotationsachse und der Wirkungslinie der Kraft).

Das Drehmoment ist eine vektorielle Große; seine Richtung wird nach der (Rechts-)Schraubenregel (siehe unten) bestimmt. Die Richtung des Drehmoments fällt mit der Richtung der Winkelbeschleunigung zusammen.

Wirken auf einen Korper zwei entgegengesetzte Drehmomente ein, so wird das eine als positiv und das andere als negativ bezeichnet.

Das *Trägheitsmoment* eines Massenpunktes in bezug auf eine Achse ist gleich dem Produkt aus seiner Masse und dem Quadrat des Abstandes zwischen dem Punkt und der Achse:

$$J = m r^2. \tag{2.29}$$

Das Trägheitsmoment eines Korpers ist die Summe der Tragheitsmomente aller Massenpunkte, aus denen der Körper besteht. Es kann durch die Masse und die Abmessungen des Körpers ausgedrückt werden.

Das Trägheitsmoment eines Körpers in bezug auf eine beliebige Achse kann dann ermittelt werden, wenn das Trägheitsmoment in bezug auf die parallel zu ihr durch den Schwerpunkt (siehe r. S. 41) verlaufende Achse, die Masse m des Körpers und der Abstand b zwischen den Achsen bekannt sind.

$$J = J_0 + m b^2. \tag{2.30}$$

Bei gleichformiger Rotation ist die Summe der Momente der auf einen Korper einwirkenden Kräfte gleich Null.

Das zweite Newtonsche Gesetz kann für die Rotationsbewegung durch den Impuls des Körpers ausgedrückt werden. Zu diesem Zweck verwendet man das *Impulsmoment* (*Drehimpuls*) L. Das Impulsmoment ist eine vektorielle Große, deren Betrag gleich dem Produkt aus dem Impuls des Körpers und dem Kraftarm r ist:

$$L = mvr = pr.$$

Die Richtung des Vektors L wird durch die Schraubenregel bestimmt: Dreht man den Kopf einer Schraube im Sinne der Rotation, so bewegt sich die Schraube in Richtung von L. Die Richtung des Drehmoments M bzw. der Winkelgeschwindigkeit ω wird analog bestimmt. Das Rotationsgesetz laßt sich somit folgendermaßen formulieren: Die Änderung des Impulsmomentes in der Zeiteinheit ist gleich dem Drehmoment der auf den Körper wirkenden Kräfte:

$$M = \frac{L_t - L_0}{t - t_0} \quad \text{oder} \quad M = \frac{\Delta L}{\Delta t}. \tag{2.31}$$

L_t und L_0 sind die Impulsmomente zu den Zeitpunkten t und t_0.

Die vektorielle Summe der Impulsmomente eines abgeschlossenen Systems ist konstant: $\Sigma L_i = \text{const}$ (*Gesetz der Erhaltung des Impulsmoments* (*Drehimpulses*)).

Die gleichformige Kreisbewegung eines Massenpunktes ist durch die Zentripetalbeschleunigung (die die Richtungsänderung der Geschwindigkeit bewirkt) gekennzeichnet. Eine solche Bewegung ist daher nur unter entsprechender Krafteinwirkung möglich. Die Kraft, die auf einen im Kreis bewegten Massenpunkt wirkt, nennt man *Zentripetalkraft*:

$$F_Z = \frac{m v^2}{r} = m r \omega^2 . \tag{2.32}$$

Die Zentripetalkraft ist radial zur Rotationsachse gerichtet. Ihr Moment in bezug auf die Rotationsachse ist gleich Null (da der Kraftarm gleich Null ist).

Maßeinheiten: Drehmoment Nm;
Trägheitsmoment: kg m^2

2.2.3. Das Gesetz der universellen Gravitation

Zwei Massenpunkte mit den Massen m_1 und m_2 ziehen einander mit der Kraft F an:

$$F = \gamma \frac{m_1 m_2}{r^2} . \tag{2.33}$$

r ist der Abstand zwischen den Massenpunkten,
γ die *Gravitationskonstante* ($6{,}67 \cdot 10^{-11}$ m^3/kg s^2).
Die Gravitationskonstante ist gleich dem Betrag der Anziehungskraft zweier Punkte mit der Masse 1 im Abstand einer Längeneinheit. Im Falle homogener Kugeln mit den Massen m_1 und m_2 wird die Kraft der Wechselwirkung ebenfalls durch die Gl. (2.33) ausgedruckt, wobei r der Abstand zwischen den Mittelpunkten der Kugeln ist.

Für die Anziehungskraft auf einen auf der Erdoberfläche befindlichen Körper der Masse m gilt

$$F = \gamma \frac{m_E\, m}{r_E^2} . \tag{2.34}$$

m_E ist die Masse der Erde, r_E der Radius der Erde.

In einem gegebenen Punkt der Erde fallen alle Körper mit der gleichen Beschleunigung auf die Erdoberfläche. Diese beim freien Fall auftretende Beschleunigung (*Fallbeschleunigung*) wird mit g bezeichnet. Infolge der Erdrotation um die eigene Achse ist g außer durch die irdische Anziehungskraft F_E (Gl. (2.34)) noch durch die Zentripetalkraft F_Z (Gl. (2.32)) bedingt. Die aus diesen beiden Kräften resultierende Kraft bezeichnet man als *Schwerkraft*.

Für die Schwerkraft eines Körpers mit der Masse m gilt:

$$F_S = mg. \tag{2.35}$$

Die Schwerkraft F_S unterscheidet sich von der Anziehungskraft der Erde (geringfügig) in Betrag und Richtung. Auf der geographischen Breite φ beträgt der Winkel α zwischen den Richtungen der Kräfte F_S und F (Bild 2.6a):

$$\alpha = 0{,}0018 \sin 2\varphi.$$

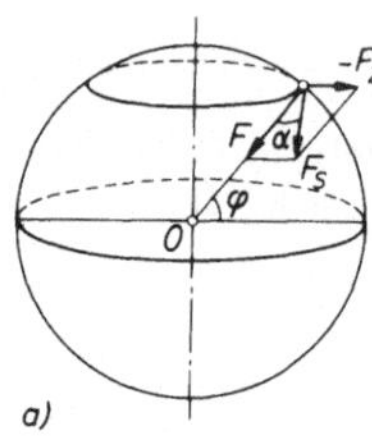

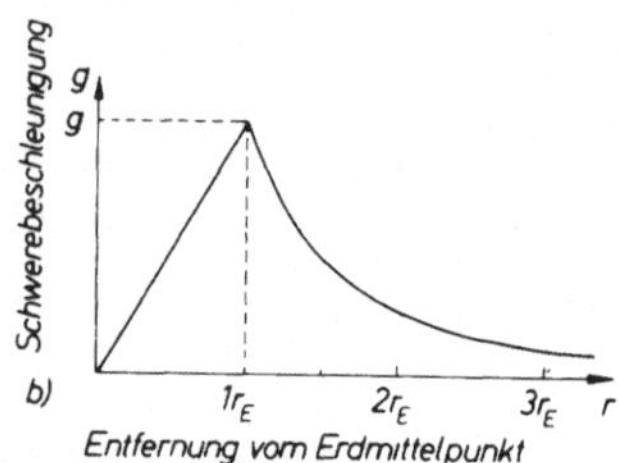

Bild 2.6. a) Richtung der Schwerkraft F_S; F Richtung der Erdanziehungskraft; b) Abhangigkeit der Schwerebeschleunigung von der Entfernung vom Erdmittelpunkt (unter der Voraussetzung, daß die Erde eine homogene Kugel ist)

Die Richtung von F_S ist gleich der Richtung des Lotes, während die Anziehungskraft F stets zum Erdmittelpunkt gerichtet ist. F und F_S sind lediglich an den Polen (wo $F_S = F$) und am Äquator (wo $F_S = F_E - F_Z$) gleich gerichtet.

Auf Grund dieser Tatsache und der Abweichung der Erde von der Kugelform ist die Fallbeschleunigung (Schwerebeschleunigung) in verschiedenen geographischen Breiten unterschiedlich (siehe Tabelle 2.13).

Die Schwerebeschleunigung (Feldstärke des Schwerefeldes (Gravitationsfeldes)) beträgt in der Hohe h uber der Erdoberfläche, gemäß dem Gravitationsgesetz

$$g = \gamma \frac{m_E}{(r_E + h)^2}$$

oder

$$g = g_0 \frac{r_E^2}{(r_E + h)^2}, \tag{2.36}$$

wobei g_0 die Beschleunigung an der Erdoberfläche ist.

Für $h \ll r_E$ gilt in erster Näherung

$$g = g_0 \left(1 - 2\frac{h}{r_E}\right). \tag{2.37}$$

Im Erdmittelpunkt ist das Schwerefeld gleich Null. Nimmt man die Erde als homogene Kugel an, so nimmt g mit der Entfernung vom Erdmittelpunkt bis zur Erdoberfläche zu und darüber hinaus wieder ab. Die Abhängigkeit von g von der Entfernung vom Erdmittelpunkt ist in Bild 2.6b veranschaulicht.

2.2.4. Die Reibung

Werden zwei feste Korper, die sich an ihren Oberflächen berühren, relativ zueinander verschoben, so wirkt dieser Verschiebung eine Kraft entgegen. Man nennt sie *Reibungskraft*. Sie läßt sich durch die Unebenheiten der sich reibenden Oberflächen, aber auch durch molekulare Wechselwirkung erklären. Ist zwischen den sich berührenden festen Oberflächen kein Flüssigkeitsfilm vorhanden, so spricht man von einer *trockenen Reibung*.

Wirkt auf einen ruhenden Korper, der mit einer ebenen Oberfläche auf einem anderen ebenen Körper liegt, eine Kraft parallel zu den Berührungsflächen ein, so bewegt sich der Körper erst, wenn die Kraft einen bestimmten Betrag überschritten hat. Man nennt ihn den *Schwellwert der Haftreibung*.

Bei trockener Reibung unterscheidet man nach Art der Bewegung zwischen *Gleitreibung* (ein Körper gleitet auf der Oberfläche eines anderen) und *Rollreibung* (ein Körper rollt auf der Oberfläche eines anderen).

Die Gleitreibungskraft F_r hängt von der stofflichen Natur der sich reibenden Körper, der Beschaffenheit ihrer Oberflächen und der Kraft, mit der die beiden Körper aneinander gedrückt werden (Normalkomponente F_N der Druckkraft zwischen den Oberflächen), ab:

$$F_r = \mu F_N \,. \tag{2.38}$$

μ ist der Reibungskoeffizient. Er hängt vom Material, der Beschaffenheit der Reibungsflächen sowie in geringem Ausmaß von der Verschiebungsgeschwindigkeit der sich reibenden Körper ab (sie wird jedoch meist vernachlässigt). Die Haftreibzahl μ_0 ändert seinen Wert bei Änderung des Absolutbetrages der wirkenden Kraft. Hierbei gilt $0 \leqslant \mu_0 \leqslant \mu$, wobei μ der Koeffizient der Gleitreibung ist.

Bild 2.7 zeigt die Abhängigkeit der Reibungskraft von der Verschiebungsgeschwindigkeit zweier aufeinander liegender Stahlplatten. Verschiedene Werte für μ sind aus Tabelle 2.12 ersichtlich.

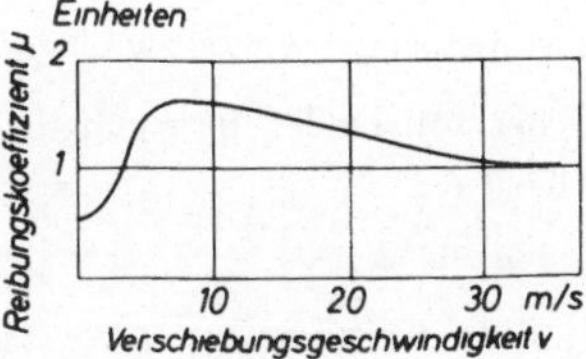

Bild 2.7. Abhangigkeit der Reibungskraft von der Verschiebungsgeschwindigkeit der Reibflächen zueinander bei Reibung von Stahl auf Stahl

Die Rollreibung ist geringer als die Gleitreibung. Die Reibungskraft beim Rollen hängt vom Radius r des rollenden Körpers, der Normalkomponente der Druckkraft und der Eigenheit der sich berührenden Oberflächen ab:

$$F_r = \mu' \frac{F_N}{r}. \tag{2.39}$$

Die Größe μ' charakterisiert die sich berührenden Oberflachen; sie hat die Dimension einer Länge.

Beispielsweise beträgt μ' bei einem Rad mit Stahlgürtel auf einer Stahlschiene 0,05 cm, bei einem Rad aus Gußeisen auf einer Stahlschiene 0,12 cm.

2.2.5. Die Dichte

Als *Dichte* (ρ) eines Stoffes bezeichnet man den Quotienten aus der Masse dieses Stoffes und dem Volumen. Es gilt:

$$\rho = \frac{m}{V}, \tag{2.40}$$

wobei m die Masse des Korpers und V sein Volumen bedeuten. In der Technik kommt auch der auf inhomogene Stoffe (z.B. Streumaterial) bezogene Begriff der *Volumendichte* vor, die zahlenmäßig der Masse des jeweiligen Stoffes in 1 m^3 entspricht.

Bei Ermittlung der Volumendichte werden die leeren Zwischenräume bei körnigem bzw. lockerem Material (Sand, Getreide, Steinkohle, Holz usw.) in das Volumen mit einbezogen.

Die *Einheit der Dichte* ist kg/m^3.

2.2.6. Arbeit, Leistung, Energie

Der physikalische Begriff der *Arbeit* (W) entspricht dem Produkt aus der Kraft und dem in Richtung der Krafteinwirkung von einem Körper zurückgelegten Weg. Ist die Richtung der Kraft nicht gleich der Wegrichtung, so gilt:

$$W = F s \cos\alpha. \tag{2.41}$$

α ist hierbei der Winkel zwischen den beiden Richtungen.

Bei rotierender Bewegung gilt fur die Arbeit bei der Drehung um den Winkel φ

$$W_R = M\varphi, \tag{2.42}$$

wenn das Kraftmoment M konstant ist.

Als Leistung (P) bezeichnet man den Quotienten aus der Arbeit und der dabei verflossenen Zeit:

$$P = \frac{W}{t} = F v\,. \tag{2.43}$$

F bedeutet die Kraft, v die Geschwindigkeit.

Für die Leistung eines rotierenden Korpers gilt

$$P_R = M \omega\,, \tag{2.44}$$

wobei ω die Winkelgeschwindigkeit ist.

Als Energie bezeichnet man die Fähigkeit der Körper, Arbeit zu verrichten. In der Mechanik unterscheidet man zwischen der *Energie der Bewegung*, oder *kinetischen Energie* (W_{kin}), die von der relativen Geschwindigkeit der Körper abhängt, und der *Energie der Lage*, oder *potentiellen Energie* (W_{pot}). Sie wird durch die Lage der Körper bestimmt. Als mechanische Gesamtenergie eines Systems bezeichnet man die Summe der kinetischen und der potentiellen Energien aller Körper des Systems. Kräfte, deren Arbeit nicht von der Form des Weges abhängt, nennt man *konservativ* (z.B. die Schwerkraft). Reibungskräfte sind nicht konservativ.

Wirken außer den inneren konservativen Kräften auch äußere Kräfte auf die Körper eines Systems ein, so ändert sich die Gesamtenergie des Systems.

Bezeichnet man die Anfangs- bzw. Endenergie eines Systems durch W_1 und W_2, so ist

$$W_2 - W_1 = W \tag{2.45}$$

die Arbeit der äußeren Kräfte.

Die Änderung der Gesamtenergie eines Systems, auf dessen Körper konservative Kräfte wirken, ist gleich der Arbeit der äußeren, auf diese Körper wirkenden Kräfte. In einem abgeschlossenen System von Körpern (auf das keine äußeren Kräfte wirken, so daß die äußere Arbeit daher Null ist) bleibt die Gesamtenergie konstant. Dies ist das *Gesetz von der Erhaltung der Energie*, eines der Grundgesetze der Mechanik. Wirken in einem abgeschlossenen System auch nichtkonservative Kräfte (z.B. Reibungskräfte), so nimmt die mechanische Energie ab. Sie geht in andere Energieformen über.

Für die kinetische Energie eines Körpers gilt

$$W_{kin} = \tfrac{1}{2}\, m v^2\,. \tag{2.46}$$

m ist die Masse des Körpers, v seine Geschwindigkeit.

Für die kinetische Energie eines rotierenden Körpers gilt:

$$W_{\text{kin}} = \tfrac{1}{2} J \omega^2, \tag{2.47}$$

wobei J das *Trägheitsmoment* und ω die Winkelgeschwindigkeit darstellen.

Für die potentielle Energie eines Körpers im Schwerefeld der Erde gilt:

$$W_{\text{pot}} = -\gamma \frac{m_{\text{E}}\, m}{r}. \tag{2.48}$$

Hier sind: γ die Gravitationskonstante (S. 15), m_{E} die Masse der Erde, m die Masse des Körpers und r der Abstand zwischen dem Erdmittelpunkt und dem Schwerpunkt des Korpers.

In der Physik ist es üblich, die potentielle Energie der anziehenden Kräfte mit negativem, die der abstoßenden mit positivem Vorzeichen zu kennzeichnen. Daher auch das Minuszeichen in Gl. (2.48).

Bei geringen Entfernungen von der Erdoberfläche kann das irdische Schwerefeld als homogen betrachtet werden (die Beschleunigung des freien Falles ist in Richtung und Betrag konstant). In einem homogenen Feld gilt für die potentielle Energie eines Körpers

$$W_{\text{pot}} = mgh; \tag{2.49}$$

hierbei ist m die Masse des Korpers, g die Schwerebeschleunigung, h die Höhe der Lage des Korpers bezogen auf ein bestimmtes Niveau, auf dem man die potentielle Energie gleich Null setzt. Als solches kann beispielsweise die Erdoberfläche betrachtet werden.

Die *Maßeinheit der Arbeit und Energie* ist das **Joule** (J).

$$1\ \text{J} = 1\ \text{Ws} = 1\ \text{Nm} = 1\ \text{m}^2\ \text{kg}\ \text{s}^{-2}.$$

Die *Maßeinheit der Leistung* ist das **Watt** (W).

$$1\ \text{W} = 1\ \frac{\text{J}}{\text{s}} = 1\ \frac{\text{Nm}}{\text{s}} = 1\ \text{m}^2\ \text{kg}\ \text{s}^{-3}.$$

Tabellen

Tabelle 2.5: Dichte fester Körper bei 20 °C

Stoff	ρ $10^3\ kg/m^3$	Stoff	ρ $10^3\ kg/m^3$
Metalle und Legierungen		*Holz (lufttrocken)*	
Aluminium	2,7	Balsa	0,2
Blei	11,35	Bambus	0,4
Bronze	8,7...8,9	Birke	0,7
Chrom	7,15	Buche	0,7...0,9
Duraluminium	2,79	Ebenholz	1,1...1,3
Eisen	7,88	Eiche	0,7...0,9
Germanium	5,3	Eisenholz (Guajakholz)	1,1...1,4
Gold	19,31	Esche	0,6...0,8
Gußeisen	7,0	Fichte	0,4...0,5
Kobald	8,8	Kiefer	0,4...0,5
Konstantan	8,88	Mahagoni	0,6...0,8
Kupfer	8,93	Nußbaum	0,6...0,7
Magnesium	1,76	Zeder	0,5...0,6
Mangan	8,5		
Messing	8,4...8,7	*Minerale*	
Molybdän	10,2	Apatit	3,16...3,22
Natrium	0,975	Asbest	2,35...2,6
Nickel	8,9	Baryt	4,48
Nickelin	8,77	Beryll	2,67...2,72
Niob	8,57	Diamant	3,51
Permalloy	8,6	Glimmer	2,6...3,2
Permendur	8,2...8,3	Graphit	2,21...2,25
Platin	21,46	Kalzit	2,6...2,8
Plutonium	19,25	Kaolinit	2,54...2,60
Silber	10,5	Korund	4,00
Silicium	2,3	Quarz	2,65
Stahl	7,7...7,9		
Supermalloy	8,87	*Bergbauprodukte*	
Tantal	16,6	Basalt	2,8...3,2
Thallium	11,86	Bauxit	2,9...3,5
Thorium	11,71	Granite	2,5...3,0
Titan	4,5	Kreide (lufttrocken)	2,0
Uran	19,1	Marmor	2,5...2,8
Vanadium	6,02	Steinkohle (trocken)	1,2...1,5
Wismut	9,8		
Wolfram	19,34		
Zink	7,15		
Zinn	7,29		
Zirkonium	6,5		

Tabelle 2.5: (*Fortsetzung*)

Stoff	ρ 10^3 kg/m^3	Stoff	ρ 10^3 kg/m^3
Verschiedene Materialien		*Kunststoffe*	
Bakelitlack	1,4	Aminoplast, geschichtetes	1,4
Bein	1,8...2,0	Cellon	1,3
Bernstein	1,1	Fluoroplast, Teflon	2,1...2,4
Bienenwachs, weiß	0,95...0,96	Plexiglas	1,18
Ebonit	1,2	Polystyrol	1,06
Eis (bei 0 °C)	0,917	Polyvinyl (Weich-PVC)	1,34...1,4
Glas, gewohnliches	2,5	Textolit	1,3...1,4
Hartgummi, gewöhnlicher	1,2	Textolit-Phenoplast	1,34...1,4
Porzellan	2,2...2,4		
Pyrexglas	2,59		
Quarzglas	2,21		
Spiegelglas	2,55		
Thermometerglas	2,59		

Tabelle 2.6: Dichte von Flussigkeiten

Stoff	ρ 10^3 kg/m^3	Stoff	ρ 10^3 kg/m^3
Aceton	0,791	Meerwasser	1,01...1,03
Ameisensaure	1,22	Methylalkohol	0,792
Anilin	1,02	Milch mittleren Fettgehalts	1,03
Äthylalkohol	0,79	Nitrobenzol	1,2
Benzin	0,68...0,72	Nitroglyzerin	1,6
Benzol	0,879	Quecksilber	13,55
Brom	3,12	Salpetersaure	1,51
Chloroform	1,489	Salzsaure (38 %)	1,19
Erdol	0,76...0,85	Schwefelsaure	1,83
Essigsaure	1,049	Toluol	0,866
Glycerin	1,26	Vaselinole	0,8
Heptan	0,684	Wasser	0,99823
Hexan	0,660	Wasser, schweres (D_2O)	1,1086
Maschinenol	0,9		

Tabelle 2.7: Dichte geschmolzener Metalle

Stoff	Temperatur °C	ρ 10^3 kg/m³	Stoff	Temperatur °C	ρ 10^3 kg/m³
Aluminium	660	2,380	Natrium	100	0,928
	900	2,315		400	0,854
	1 100	2,261		700	0,780
Blei	400	10,51	Silber	960,5	9,30
	600	10,27		1 092	9,20
	1 000	9,81		1 300	9,00
Eisen	1 530	7,23	Wismut	300	10,03
				600	9,66
Gold	1 100	17,24		962	9,20
	1 200	17,12			
	1 300	17,00	Zinn	409	6,834
				574	6,729
Kalium	64	0,82		704	6,640

Tabelle 2.8: Dichte von Wasser und Quecksilber bei verschiedenen Temperaturen

t °C	ρ 10^3 kg/m³	t °C	ρ 10^3 kg/m³	t °C	ρ 10^3 kg/m³	t °C	ρ 10^3 kg/m³
a) Dichte von Wasser							
-10	0,99815	6	0,99997	50	0,98807	250	0,794
-5	0,99930	7	0,99993	60	0,98824	300	0,710
0	0,99987	8	0,99988	70	0,97781	350	0,574
1	0,99993	9	0,99981	80	0,97183	374,15	0,307
2	0,99997	10	0,99973	90	0,96534	(kritische	
3	0,99999	20	0,99823	100	0,95838	Tempe-	
4	1,00000	30	0,99567	150	0,9173	ratur)[1])	
5	0,99999	40	0,99224	200	0,8690		
b) Dichte von Quecksilber (bei 1 bar)							
0	13,5951	25	13,5335	50	13,4723	75	13,4116
5	13,5827	30	13,5212	55	13,4601	80	13,3995
10	13,5704	35	13,5090	60	13,4480	90	13,3753
15	13,5580	40	13,4967	65	13,4358	100	13,3514
20	13,5457	45	13,4845	70	13,4237	300	12,875

1) Bezüglich der kritischen Temperatur siehe S. 46 und S. 53

Tabelle 2.9: Dichte von Gasen und Dämpfen (bei 0 °C und 1 bar)

Stoff	ρ kg/m³	Stoff	ρ kg/m³
Acethylen	1,173	Ozon	2,139
Ammoniak	0,771	Sauerstoff	1,429
Argon	1,783	Stickstoff	1,251
Chlor	3,22	Wasserstoff	0,08988
Helium	0,1785		
Kohlendioxid	1,977	*gesättigte Dämpfe bei* 0 °C	
Kohlenmonoxid	1,25	Äthylalkohol	0,033
Krypton	3,74	Äthyläther	0,83
Luft	1,293	Benzol	0,012
Neon	0,900	Wasserdampf [1])	0,005

[1]) Bezüglich gesättigtem Wasserdampf siehe Kapitel 3

Tabelle 2.10: Volumendichte verschiedener Körper

Stoff	Volumendichte kg/m³	Stoff	Volumendichte kg/m³
Asbestfilz	600	Lehmziegel, rot, gestapelt	1600...1700
Asbestpappe	850...900	Mais (Korn)	750
Asphalt	2 120	Mipor	20
Baumwollwatte (lufttrocken)	80	Rüben	650
Beton mit Schotter	2 000	Sand	1200...1600
und 8 Gew.-% Feuchtigkeit		Sandstein	2600
Beton, trocken	1 600	Schaumbeton	300...1200
Eisenbeton	2 200	Schilf (Matten)	260...360
mit 8 Gew.-% Feuchtigkeit		Schlackenbeton	1 500
Erbsen	700	mit 18 Gew.-% Feuchtigkeit	
Gras, frisch gemäht	50	Schnee, alt	200...400
Heu (durch Lagerung	100	Schnee, neu	80...190
zusammengedrückt)		Seide	100
Hochofenschlacke	600...800	Silikatziegel, gestapelt	1700...1900
Kalk (Pulver)	500	Ton mit 15...20	1600...2000
Kalkstuck mit 6...8	1 100	Gew.-% Feuchtigkeit	
Gew.-% Feuchtigkeit		Tuch	250
Kartoffeln	670	Wollfilz	300
Kesselschlacke	900...1300	Wollgewebe	240
Kies, lufttrocken	1 840	Zement (Pulver)	1 400

Tabelle 2.11: Trägheitsmomente homogener Körper

Körper	Bezugsachse	J
dünner Stab der Länge l	senkrecht zur Länge des Stabes, durch seine Mitte verlaufend	$\frac{m\,l^2}{12}$
kreisrunde Platte oder Zylinder mit dem Radius r	senkrecht zur Plattenebene, durch den Mittelpunkt verlaufend	$\frac{m\,r^2}{2}$
Kugel mit dem Radius r	entsprechend dem Durchmesser	$0{,}4\,m\,r^2$
dünnes Rohr oder Ring mit dem Radius r	entsprechend der Achse des Rohres bzw. des Ringes	$m\,r^2$
Zylinder mit der Länge l und dem Radius r	senkrecht zur Zylinderachse, durch die Mitte verlaufend	$m\left(\frac{l^2}{12}+\frac{r^2}{4}\right)$
rechtwinkliges Parallelepiped mit den Abmessungen $2a$, $2b$, $2c$	parallel zur Kante $2a$, durch die Mitte verlaufend	$m\,\frac{b^2+c^2}{3}$

Bemerkung: In der Tabelle sind die Trägheitsmomente der Körper in bezug auf die durch den Schwerpunkt verlaufende Achse angegeben. Die Trägheitsmomente in bezug auf eine beliebige andere Achse können nach der Gl. (2.30) berechnet werden. Beispielsweise gilt für das Trägheitsmoment eines dünnen Stabes in bezug auf die senkrecht zu seiner Länge, durch sein Ende verlaufende Achse:

$$J = \frac{m\,l^2}{12} + m\left(\frac{l}{2}\right)^2 = \frac{m\,l^2}{3}.$$

Tabelle 2.12: Dynamische Kennzahlen des Sonnensystems

d ist die Entfernung von der Sonne, r der mittlere Radius des Planeten, ρ die Dichte des Planeten, g die Schwerebeschleunigung an der Planetenoberfläche, m die Masse des Planeten

Himmelskörper	d 10^{10} m	r 10^6 m	ρ 10^3 kg/m^3	g m/s^2	m 10^{24} kg
Sonne	–	696	1,41	274	1 984 000
Merkur	5,79	2,49	5,13	3,53	0,312
Venus	10,8	6,19	4,97	8,53	4,9
Erde	14,59	6,378	5,52	9,81	5,98
Mars	22,78	3,42	3,94	3,73	0,65
Jupiter	77,8	71,4	1,33	25,9	1 901,4
Saturn	142,6	60,4	0,69	11,1	568,8
Uranus	286,8	23,5	1,56	10,5	87,7
Neptun	449,4	22,3	2,27	13,83	103
Pluto	589,6	–	–	–	–
Mond	0,03844 (von der Erde)	1,738	3,34	1,62	0,0736

Tabelle 2.13: Reibungskoeffizienten bei Gleitreibung

reibende Flächen	μ
Bronze auf Bronze	0,2
Bronze auf Stahl	0,18
trockenes Holz auf Holz	0,25...0,5
Holzkufe auf Schnee	0,035
eisenbeschlagene Kufe auf Schnee und Eis	0,02
Eichenholz auf Eichenholz längs der Faser	0,48
Eichenholz längs der Faser auf Eichenholz quer zur Faser	0,34
Hanfseil naß auf Eichenholz	0,33
Hanfseil trocken auf Eichenholz	0,53
Lederriemen feucht auf Metall	0,36
Lederriemen auf Eichenholz	0,27...0,38
Lederriemen trocken auf Metall	0,56
Stahlrad auf Stahlschiene	0,16
Eis auf Eis	0,028
Kupfer auf Gußeisen	0,27
feuchtes Metall auf Eichenholz	0,24...0,26
trockenes Metall auf Eichenholz	0,5...0,6
Gleitlager geschmiert	0,02...0,08
Gummi (Autoreifen) auf hartem Untergrund	0,4...0,6
Gummi auf Gußeisen	0,83
Lederriemen gefettet auf Metall	0,23
Stahl auf Eisen	0,19
Stahl auf Eis (Schlittschuhe)	0,02...0,03
Stahl auf Stahl	0,18
Stahl auf Gußeisen	0,16
Fluoroplast (Teflon) auf rostfreiem Stahl	0,064...0,080
Fluoroplast-4 auf Fluoroplast	0,052...0,086
Gußeisen auf Bronze	0,21
Gußeisen auf Gußeisen	0,16

Tabelle 2.14: Stärke des irdischen Schwerefeldes auf verschiedenen Breitengraden in Meereshöhe

Breite	g m/s^2	Breite	g m/s^2
0°	9,78030	55° 45′ (Moskau)	9,81523
10°	9,78186	59° 57′ (Leningrad)	9,81908
20°	9,78634	60°	9,81914
30°	9,79321	70°	9,82606
40°	9,80166	80°	9,83058
50°	9,81066	90°	9,83216

2.3. Die Statik fester Körper – Grundbegriffe und Gesetze

Die *Statik* behandelt die Gleichgewichtsbedingungen von Körpern bzw. von Körpersystemen. Wirken auf einen ruhenden Körper mehrere Kräfte ein, deren Richtungen sich in einem Punkt schneiden, so verbleibt der Körper in Ruhe, wenn die vektorielle Summe der Kräfte gleich Null ist. Der Angriffspunkt einer Kraft kann ja bekanntlich längs ihrer Wirkungslinie verschoben werden.

Der Schwerpunkt eines festen Körpers bzw. eines Systems fester Körper. Die Schwerkraft wirkt auf jeden Massenpunkt eines Körpers. Der Angriffspunkt der aus allen diesen Komponenten resultierenden Kraft ist der Schwerpunkt. Die Summe der Schwerkraftmomente aller Massenpunkte eines Körpers ist in bezug auf den Schwerpunkt gleich Null.

Gleichgewichtslagen. Wird ein aus seiner Gleichgewichtslage gebrachter Körper durch die auf ihn wirkenden Kräfte wieder in diese Lage zurückgebracht, so befindet er sich im *stabilen Gleichgewicht* (Bild 2.8a).

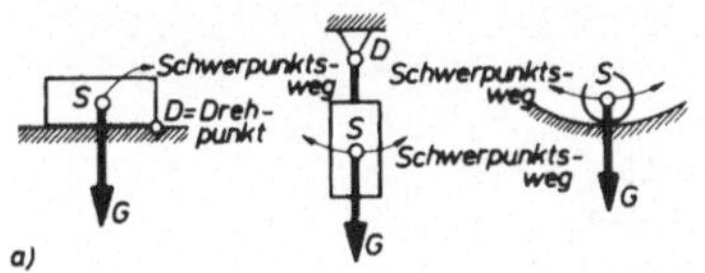

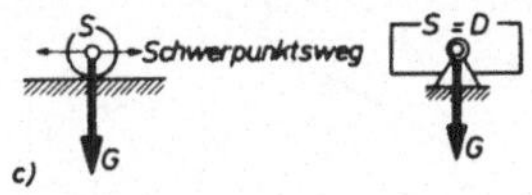

Bild 2.8. Gleichgewichtslagen eines Körpers
a) stabiles Gleichgewicht,
b) labiles Gleichgewicht,
c) indifferentes Gleichgewicht

Ein im stabilen Gleichgewicht befindlicher Körper schwingt nach einem geringen Stoß mit kleiner Amplitude um seine Gleichgewichtsstellung. Durch Reibung werden die Schwingungen mehr und mehr gedämpft (siehe S. 80), bis der Körper wieder in der Gleichgewichtslage zur Ruhe kommt.

Im Zustand des stabilen Gleichgewichts ist die potentielle Energie eines Körpers am geringsten (bei Wirkung konservativer Kräfte).

Wird ein Körper durch den geringsten Anstoß aus seiner Gleichgewichtslage gebracht, so befand er sich im *labilen Gleichgewicht* (Bild 2.8b).

Ein Körper befindet sich im *indifferenten Gleichgewicht*, wenn nach Änderung seiner Lage keine weitere Kraft auf ihn wirkt: Der Körper ruht in jeder ihm erteilten Lage.

Gleichgewichtsbedingungen für einen Körper auf einer schiefen Ebene. Soll ein Körper mit dem Gewicht G auf einer schiefen Ebene, die mit der Horizontalen den Winkel α einschließt, ins Gleichgewicht gebracht werden, so muß die Kraft F auf ihn wirken. F hat denselben Betrag wie F_1, wobei

$$F_1 = G \sin\alpha ;$$

F muß die entgegengesetzte Richtung wie F_1 haben, also langs der schiefen Ebene aufwärts gerichtet sein (Bild 2.9). Der Korper druckt dann mit der Kraft

$$F_2 = G \cos\alpha$$

auf die schiefe Ebene, während diese mit der gleichen Kraft auf den auf ihr ruhenden Körper wirkt. Ein auf einer schiefen Ebene befindlicher Korper verharrt so lange in Ruhe, wie die auf ihn wirkende Zugkraft größer ist als die Kraft der Haftreibung, d.h. wenn $\tan\alpha > \mu$, wobei μ der Haftreibungskoeffizient ist.

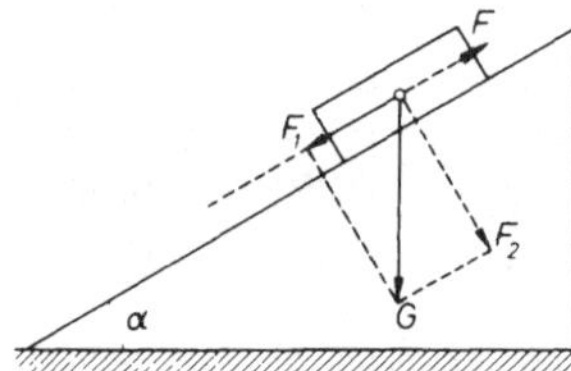

Bild 2.9
Die Gleichgewichtslage eines Korpers auf der schiefen Ebene

Der Hebel. Ein *Hebel* befindet sich im Gleichgewicht, wenn die vektorielle Summe der auf ihn wirkenden Kraftmomente (Drehmomente) gleich Null ist (Bild 2.10):

$$F_1 \cdot a - F_2\, b = 0,$$

wobei a und b die Kraftarme von F_1 und F_2 sind (siehe S. 14).

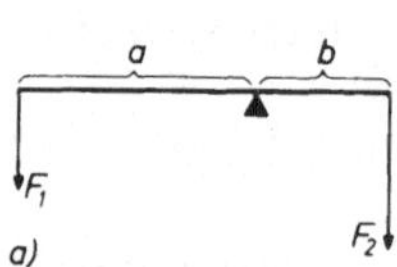

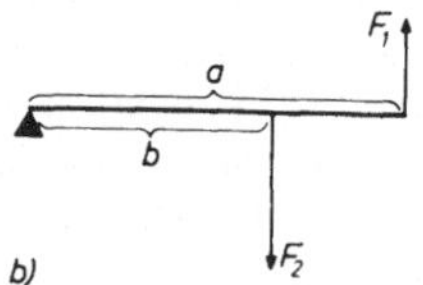

Bild 2.10. Hebel

a) Hebel, dessen Drehpunkt zwischen den Angriffspunkten der auf ihn wirkenden Krafte liegt;
b) Hebel mit dem Drehpunkt an einem Ende

Die Bedingung der gleichen Drehmomente gilt auch für das Gleichgewicht am *Wellrad* (Bild 2.11).

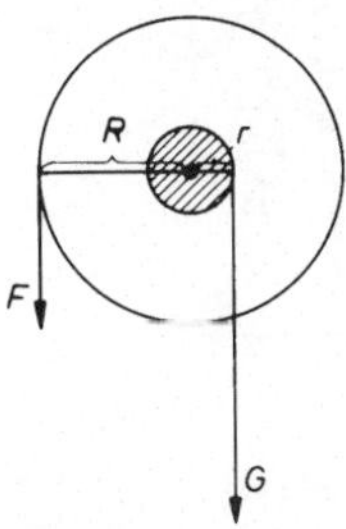

Bild 2.11. Gleichgewichtsbedingungen am Wellrad

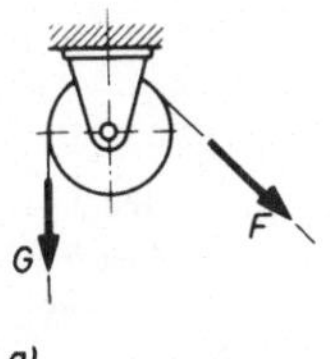

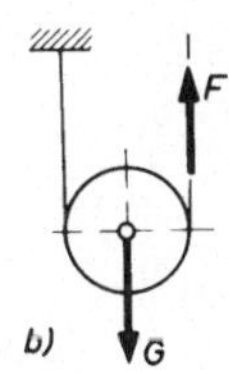

Bild 2.12. Gleichgewichtsbedingungen an der Rolle
a) feste Rolle,
b) lose Rolle

Rollen. Die *feste Rolle* (Bild 2.12a) dient nur zur Richtungsänderung der wirkenden Kraft. Die *lose* (*bewegliche*) *Rolle* (Bild 2.12b) ermoglicht eine Kraftersparnis. Bei einer ruhenden oder gleichförmig rotierenden beweglichen Rolle ist die Summe aller wirkenden Kräfte und die Summe aller Drehmomente gleich Null.

Daraus folgt

$$G = 2F \quad \text{oder} \quad F = \frac{G}{2}.$$

Der Flaschenzug. Ein Flaschenzug (Bild 2.13) ist ein System aus festen und beweglichen Rollen, die in gemeinsamen Halterungen vereint sind. Hat der Flaschenzug n bewegliche und n feste Rollen, so ist die Kraft F die zur Einstellung des Gleichgewichtes gegen die Kraft G benötigt wird:

$$F = \frac{G}{2n}.$$

Die Schraube. In Abwesenheit von Reibungskräften stellt sich das Gleichgewicht zwischen der längs der Schraubenachse wirkenden Kraft G und der am Hebel (Bild 2.14) angreifenden Kraft F unter folgender Bedingung ein:

$$F = \frac{Gh}{2\pi r}.$$

r ist der Abstand zwischen der Rotationsachse und dem Angriffspunkt der Kraft; h ist die Ganghöhe der Schraube.

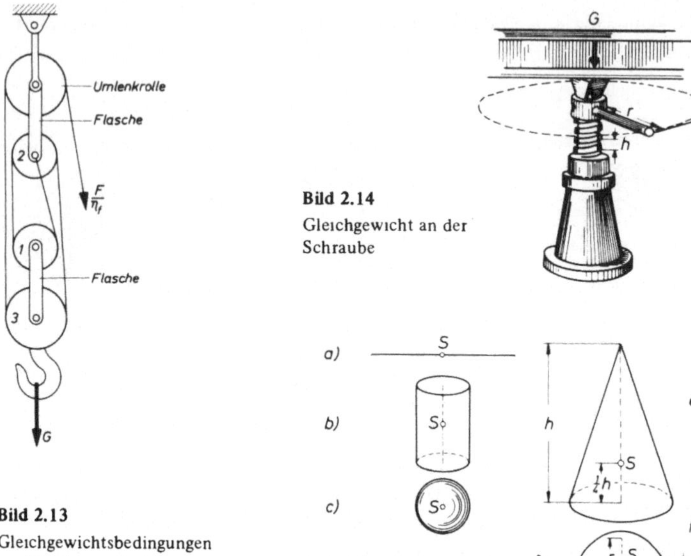

Bild 2.13
Gleichgewichtsbedingungen am Flaschenzug

Bild 2.14
Gleichgewicht an der Schraube

Bild 2.15. Schwerpunkte geometrischer Korper

Tabelle 2.15: Schwerpunkte homogener Kórper (Bild 2.15)

Korper	Lage des Schwerpunkts
a) dunner Stab	in der Mitte des Stabes
b) Zylinder oder Prisma	in der Mitte der Strecke, die die Mittelpunkte der Grundflachen miteinander verbindet
c) Kugel	im Zentrum
d) flaches Segment geringer Dicke	auf der Symmetrieachse auf $\frac{2}{5}$ der Hohe, von der Basis aus gemessen
e) Kegel oder Pyramide	auf der Verbindungsgeraden zwischen Spitze und Basismittelpunkt auf $\frac{1}{4}$ der Hohe, von der Basis aus gemessen
f) Halbkugel	auf der Symmetrieachse auf $\frac{3}{8}$ des Radius vom Kugelmittelpunkt aus gemessen
g) dreieckige Platte geringer Dicke	im Schnittpunkt der Mittellinien

2.4. Grundlagen der Elastizitätstheorie – Grundbegriffe und Gesetze

Unter Einwirkung äußerer Kräfte ändert jeder feste Korper seine Form: Er wird *deformiert*. Nimmt er seine ursprüngliche Gestalt wieder an, sobald die Kraftwirkung aufhört, handelt es sich um eine *elastische Deformation*.

Bei der elastischen Deformation treten im Körper innere *elastische Kräfte* auf. Sie sind so gerichtet, daß der Körper wieder in seine ursprüngliche Form gebracht wird. Die Deformation des Körpers ist der Stärke dieser Kräfte proportional.

Deformation bei Dehnung und Kompression. Die Verlängerung (Längsdehnung) (Δl) eines Körpers unter Einwirkung einer äußeren Kraft (F) ist dieser Kraft und der ursprünglichen Länge (l_0) direkt und dem Querschnitt (A) des Körpers umgekehrt proportional:

$$\Delta l = \frac{1}{E}\,\frac{l_0 F}{A}. \tag{2.50}$$

$1/E$ ist der *Proportionalitätskoeffizient* (*Elastizitätskoeffizient*). Die Beziehung (2.50) entspricht dem *Hookeschen Gesetz*.

Die Größe E nennt man *Elastizitätsmodul*. Er ist kennzeichnend für die elastischen Eigenschaften eines Stoffes. Die Größe $F/A = \sigma$ heißt *Spannung*.

Die Deformation von Stäben (beliebiger Länge und Querschnitts) wird durch die *Dehnung* $\epsilon = \Delta l/l_0$ gekennzeichnet.

Für beliebig geformte Körper lautet das Hookesche Gesetz:

$$\sigma = E\epsilon. \tag{2.51}$$

Der Elastizitätsmodul ist zahlenmäßig gleich der Spannung, durch die ein Körper auf das Doppelte seiner ursprünglichen Länge ausgedehnt wird. Die meisten Körper zerreißen schon bei wesentlich geringeren Spannungen. In Bild 2.16 ist die experimentell gefundene Abhängigkeit von σ und ϵ veranschaulicht. σ_{max} ist die *Festigkeitsgrenze*, entsprechend der Spannung, bei der

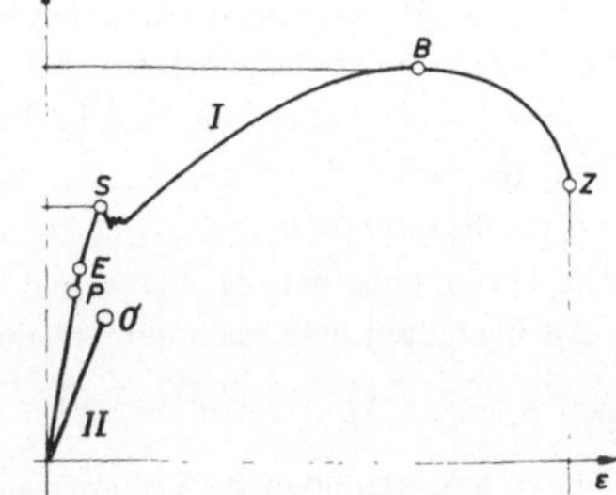

Bild 2.16. Abhängigkeit der Spannung σ von der Dehnung ϵ bei einem plastischen (Kurve I) und bei einem spröden Körper (Kurve II). Der Punkt 0 entspricht der Zerstörung des Korpers

P Proportionalitatsgrenze
E Elastizitatsgrenze
S Streckgrenze
B Bruchgrenze
Z Zerreißgrenze

am Korper (Stab) eine ortliche Verengung (Hals) auftritt; σ_{Fl} ist die *Fließgrenze* (*Plastizitätsgrenze*), bei der die weitere Langsdehnung keiner Vergroßerung der wirkenden Kraft bedarf (der Korper beginnt zu fließen); σ_E ist die *Elastizitätsgrenze*, d.h. die hochste Spannung, bei der das Hookesche Gesetz noch gilt, wobei die Spannkraft nur kurzzeitig wirken darf.

Stoffe konnen *sprode* oder *plastisch* sein. Korper aus sproden Stoffen werden schon bei sehr geringer Dehnung zerstort. Zumeist vertragen spröde Körper eher erhöhte Drücke als Zugspannungen, ohne zerstört zu werden.

Wird ein Korper gedehnt, so verringert sich zugleich sein Durchmesser. Bezeichnet man die Änderung des Korperdurchmessers mit Δd, so ist $\epsilon_q = \Delta d/d_0$ die *Querkurzung*. Versuche zeigen, daß $|\epsilon_q/\epsilon| < 1$.

Die absolute Größe $\mu = |\epsilon_q/\epsilon|$ heißt *Querzahl*.

Die Schiebung. Als *Schiebung* bezeichnet man eine Deformation, bei der alle zu einer bestimmten Ebene im Korper parallelen Schichten relativ zueinander verschoben werden. Dabei bleibt das Volumen des Korpers unverändert. Die Strecke Δl (Bild 2.17) nennt man *Verschiebung*. Bei geringer Schiebung γ gilt $\gamma \approx \tan\gamma = \Delta l/l_0$ und charakterisiert somit die relative Deformation.

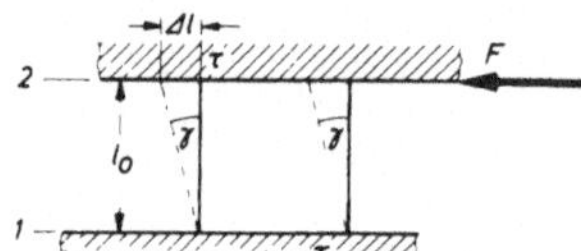

Bild 2.17. Schiebung

Bei Schiebung lautet das *Hookesche Gesetz*

$$\tau = \gamma G, \qquad (2.52)$$

wobei G der Schubmodul ist.

Die Kompressibilität fester Körper. Wird ein Korper von allen Seiten komprimiert, so verringert sich sein Volumen um ΔV. Gleichzeitig treten elastische Kräfte auf, durch die der Korper wieder in seine ursprungliche Große gebracht werden soll. Als *Kompressibilitat* (β) bezeichnet man die relative Volumenänderung $\Delta V/V_0$ eines Körpers bei Änderung der senkrecht auf die Oberflache wirkenden Spannung (σ) um eine Einheit.

Die reziproke Kompressibilität heißt *Modul* (K) *der Volumenelastizitat* (*Kompressionsmodul*).

Die Volumenänderung ΔV eines Körpers bei allseitiger Druckerhohung um Δp berechnet man nach der Gleichung

$$\Delta V = -V_0 \beta \Delta p, \qquad (2.53)$$

wobei V_0 das ursprungliche Volumen des Korpers bedeutet.

Beziehungen zwischen den elastischen Konstanten. Der Elastizitätsmodul, die Querzahl, der Modul der Volumenelastizität und die Schiebung sind durch folgende Gleichungen miteinander verbunden:

$$G = \frac{E}{2(1+\mu)}, \qquad K = \frac{E}{3(1-2\mu)} \tag{2.54}$$

Die Gleichungen ermöglichen – bei Bekanntsein zweier dieser Größen – die näherungsweise Berechnung der übrigen.

Die potentielle Energie der elastischen Deformation läßt sich nach der Gleichung

$$W_{pot} = \tfrac{1}{2} F \Delta l$$

berechnen; F ist die elastische Kraft, Δl der Betrag der Deformation.

Die *Einheit des Elastizitätsmoduls* ist N/m^2. In der Technik wird jedoch meist die davon abgeleitete Einheit N/mm^2 verwendet.

Tabellen und Diagramme

Tabelle 2.16: Elastizitätsgrenzen einiger Stoffe

Stoff	Elastizitätsgrenze bei Dehnung N/mm^2	Elastizitätsgrenze bei Kompression N/mm^2
Aminoplastfolien	80	200
Bakelit	20...30	80...100
Beton	–	5...35
Bronze	220...500	–
Cellon	40	160
Eiche (mit 15 % Feuchtigkeit) längs der Faser	95	50
Eiche (mit 15 % Feuchtigkeit) quer zur Faser	–	7,4...30
Eis bei 0 °C	1	1...2
Fichte (mit 15 % Feuchtigkeit) längs der Faser	80	40
Fichte (mit 15 % Feuchtigkeit) quer zur Faser	–	5
Graphit	5...10	16...38
Gußeisen grau, feinkörnig	210...250	bis 1400
Gußeisen grau, gewöhnlich	140...180	600...1000
Gußeisen weiß	–	bis 1750
Konstruktionsstahl	380...420	–
Messing	220...500	–
Plexiglas (Polyacrylatglas)	50	70
Polystyrol	40	100
Schaumstoffplatten	0,6	–
Textolit-Phenoplast	100	150...250
Viniplast (PVC)	40	80
Werkzeugstahl (kohlenstoffhaltig)	320...800	–
Zelluloid	50...70	–

Tabelle 2.17: Elastizitätsmodul und Querzahl einiger Stoffe

Stoff	Elastizitätsmodul E N/mm²	Schubmodul G N/mm²	Querzahl μ
Aluminium	63 000...70 000	25 000...26 000	0,32...0,36
Aluminiumbronze	103 000	41 000	0,25 [1])
Beton	15 000...40 000	7 000...17 000	0,1...0,15
Cadmium	50 000	19 000 [1])	0,3
Duraluminium, gewalzt	70 000	26 000	0,31
Glas	49 000...78 000	17 500...29 000	0,2...0,3
Granit	35 000...50 000	14 000...44 000	0,1...0,15
Gußeisen grau	113 000...116 000	44 000	0,23...0,27
Gußeisen weiß	113 000...116 000	44 000	0,23...0,27
Invar	135 000	55 000	0,25 [1])
Kalkstein kompakt	35 000	15 000	0,2
Kautschuk	7,9	2,7	0,46
Konstantan	160 000	61 000	0,33
Kupfer gegossen	82 000		
Kupfer gewalzt	108 000	39 000	0,31...0,34
Kupfer kaltgezogen	127 000	48 000	0,33 [1])
Marmor	35 000...50 000	14 000...44 000	0,1...0,15
Manganin	123 000	46 000	0,33
Messing kaltgezogen	89 000...97 000	34 000...36 000	0,32...0,42
Nickel	204 000	79 000	0,28 [1])
Phosphorbronze gewalzt	113 000	41 000	0,32...0,35
Plexiglas	5 250	1 480	0,35 [1])
Quarzfaden (geschmolzen)	73 000	31 000	0,17
Schiffsmessing gewalzt	98 000	36 000 [1])	0,36
Silber	82 700	30 300	0,37 [1])
Stahlguß	170 000		
Stahl, kohlenstoffhaltig	195 000...205 000	8 000	0,24...0,28
Stahl, legiert	206 000	80 000	0,25...0,30
Titan	116 000	44 000	0,32 [1])
Weichgummi vulkanisiert	1,5...5	0,5...1,5	0,46...0,49
Wismut	32 000	12 000 [1])	0,33 [1])
Zelluloid	1 700...1 900	650 [1])	0,39
Zink gewalzt	82 000	31 000	0,27

[1]) berechnete Werte

Tabelle 2.18: Die Kompressibilitat von Flussigkeiten bei verschiedenen Temperaturen

Stoff	Temperatur °C	Druckbereich bar	Kompressibilitat 10^{-6} bar^{-1}
Aceton	14,2	9...36	111
	0	100...500	82
	0	500...1000	59
	0	1000...1500	47
	0	1500...2000	40
Äthylalkohol	20	1...50	112
	20	50...100	102
	20	100...200	95
	20	200...300	86
	20	300...400	80
	100	900...1000	73
Benzol	16	8...37	90
	20	99...296	78,7
	20	296...494	67,5
Essigsäure	25	92,5	81,4
Glycerin	14,8	1...10	22,1
Nitrobenzol	25	192	43,0
Olivenöl	20,5	1...10	63,3
	14,8	1...10	56,3
Paraffin	64	20...100	83
(Schmelzpunkt 55 °C)	100	20...400	24
	185	20...400	137
Petroleum	1	1...15	67,91
	16,1	1...15	76,77
	35,1	1...15	82,83
	52,1	1...15	92,21
	72,1	1...15	100,16
	94	1...15	108,8
Quecksilber	20	1...10	3,91
Rizinusöl	14,8	1...10	47,2
Schwefelsäure	0	1...16	302,5
Toluol	10	1...5,25	79
	20	1...2	91,5
Wasser	20	1...2	46
Xylol	10	1...5,25	74
	100	1...5,25	132

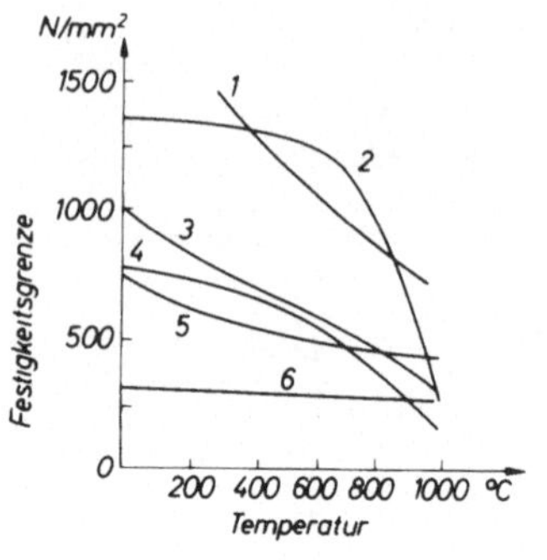

Bild 2.18. Abhangigkeit der Festigkeitsgrenze von der Temperatur bei Wolfram (1), Nickelstahl (2), Kobaltstahl (3), N-155-Stahl (4), Mo 0,5 Ti (5), Ti 36 Al (6)

2.5. Mechanik flüssiger und gasförmiger Körper – Grundbegriffe und Gesetze

Zum Unterschied von festen Korpern setzen Flüssigkeiten und Gase bei gleichbleibendem Volumen ihrer Deformation keinen Widerstand entgegen. Zur Volumenänderung von Flüssigkeiten und Gasen ist jedoch die Wirkung äußerer Kräfte nötig. Diese Eigenschaft der Flüssigkeiten nennt man *Volumenelastizität*.

Den Quotienten aus der auf eine Oberfläche wirkenden Kraft und der Fläche nennt man den *Druck* (p).

Maßeinheit des Druckes ist N/m², die den Namen **Pascal** (Pa) hat. Eine weitere Einheit ist

1 **Bar** (bar) = 10^5 Pa.

2.5.1. Statik

Ein von außen auf eine Flüssigkeit oder ein Gas einwirkender Druck wird im Inneren gleichmäßig nach allen Richtungen weitergeleitet (*Pascalsches Gesetz*).

Eine Flüssigkeits- oder Gassäule, die sich in einem homogenen Schwerefeld befindet, erzeugt einen Druck entsprechend dem Gewicht der Säule. Fur nicht komprimierbare Flüssigkeiten und Gase gilt

$$p = \rho g h , \qquad (2.55)$$

wobei ρ die Dichte der Flüssigkeit oder des Gases, g die Schwerebeschleunigung und h die Höhe der Säule bedeutet. Der Druck ist ausschließlich von der Höhe der Säule abhängig, nicht jedoch von ihrer Form (*Hydrostatisches Paradoxon*).

Befinden sich in kommunizierenden Gefäßen verschiedene Flüssigkeiten, so sind die Höhen der Flüssigkeitssäulen umgekehrt proportional den Dichten der Flüssigkeiten:

$$\frac{h_1}{h_2} = \frac{\rho_2}{\rho_1}. \tag{2.56}$$

Befindet sich ein Korper in einer Flüssigkeit oder in einem Gas, so wirken auf ihn Auftriebskräfte. Der *Auftrieb* ist gleich dem Gewicht der durch den Körper verdrängten Menge Flüssigkeit oder Gas (*Archimedisches Prinzip*).

2.5.2. Dynamik

Bewegen sich Flüssigkeiten oder Gase mit wesentlich kleineren Geschwindigkeiten als sich der Schall in ihnen ausbreiten würde, so kann ihre Kompressibilität vernachlässigt werden. Bei der Bewegung von Flüssigkeiten entstehen Reibungskräfte. Sind diese Kräfte vernachlässigbar gering, so spricht man von einer *idealen Flüssigkeit*. Im Gegenteil bezeichnet man die Flüssigkeit als *viskos* oder *real*. Entsprechendes gilt auch für Gase.

Die Bewegung einer idealen Flüssigkeit. Eine Flüssigkeit (oder ein Gas) strömt *stationär*, wenn Geschwindigkeit und Druck in jedem Punkt des durchflossenen Raumes konstant bleiben.

Bei *stationärer Stromung* fließt daher in jeder Zeiteinheit durch jeden Rohrquerschnitt die gleiche Menge der Flüssigkeit (oder des Gases):

$$A_1 v_1 = A_2 v_2 , \tag{2.57}$$

wobei A_1 und A_2 zwei verschiedene Rohrquerschnitte und v_1 und v_2 die Geschwindigkeiten der Flüssigkeit in diesen Querschnitten darstellen. Bei unterschiedlichen Rohrquerschnitten ist nicht nur die Strömungsgeschwindigkeit, sondern auch der Druck verschieden; für den stationären Fluß einer idealen Flüssigkeit gilt unabhängig vom Querschnitt:

$$p + \rho g h + \tfrac{1}{2} \rho v^2 = \text{const.}$$

oder

$$p_1 + \rho g h_1 + \frac{\rho v_1^2}{2} = p_2 + \rho g h_2 + \frac{\rho v_2^2}{2}; \tag{2.58}$$

hierbei sind: p der Druck, ρ die Dichte der Flüssigkeit, h die Höhe eines gegebenen Rohrquerschnittes über einem bestimmten Niveau und v die Geschwindigkeit der Flüssigkeit im gegebenen Querschnitt des Rohres (Bild 2.19).

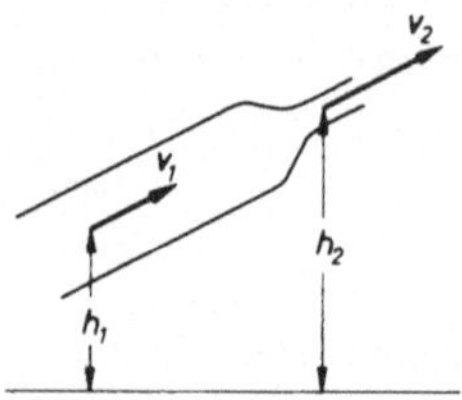

Bild 2.19
Erläuterung zur Bernoullischen Gleichung

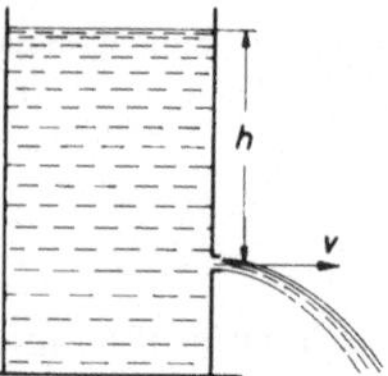

Bild 2.20
Ausfluß aus einer kleinen Öffnung

Gl. (2.58) ist die *Bernoullische Druckgleichung* für reibungsfreie Strömung:

$$p + \rho g h + \frac{\rho v^2}{2} = \text{const.} \tag{2.58a}$$

p ist der *statische Druck*, (Flüssigkeitsdruck),

$\rho g h$ ist der *geodätische Druck*, (Druck infolge Schwerkraft),

$\frac{\rho v^2}{2}$ ist der *Staudruck* (Geschwindigkeitsdruck).

Aus der *Bernoullischen Gleichung* läßt sich das *Torricellische Ausflußgesetz* ableiten:

$$v^2 = 2gh, \tag{2.59}$$

hierbei ist v die Geschwindigkeit der aus einer kleinen Öffnung im Gefäß ausfließenden Flüssigkeit und h die Höhe des Flüssigkeitsniveaus über der Öffnung (Bild 2.20).

Die Bewegung einer viskosen Flüssigkeit. Bewegt sich ein fester Korper (z.B. eine Kugel) in einer Flüssigkeit, so bleibt die nächste, ihn umgebende Flüssigkeitsschicht an ihm haften und bewegt sich gemeinsam mit ihm; die übrigen Schichten werden relativ zueinander verschoben. Die Kraft, die einem Körper, der sich in einem viskosen Medium (Flüssigkeit oder Gas) bewegt, entgegenwirkt, bezeichnet man als den Widerstand des Mediums (Mittels). Treten hinter dem bewegten Korper keine Wirbel auf, so ist der Widerstand des Mediums proportional der Geschwindigkeit v des Korpers. Im speziellen Fall einer Kugel ist der Widerstand des Mediums

$$F = 6 \pi \eta r v. \tag{2.60}$$

Es sind r der Radius der Kugel, η der Koeffizient der inneren Reibung (siehe S. 50) oder die Viskosität (Formel von Stokes).

Die *Maßeinheit für den Koeffizienten der inneren Reibung* ist kg/m · s.

Die (sich einstellende) gleichförmige Fallgeschwindigkeit einer kleinen Kugel in einer viskosen Flüssigkeit wird nach der Gleichung

$$v = g\,\frac{\rho - \rho_{\mathrm{Fl}}}{\eta}\,\frac{2r^2}{9} \tag{2.61}$$

bestimmt, wobei ρ die Dichte der Kugel, r ihr Radius, ρ_{Fl} die Dichte der Flüssigkeit, η ihre Viskosität und g die Fallbeschleunigung sind.

Das Flüssigkeitsvolumen, das pro Zeiteinheit durch eine Kapillare des Durchmessers r und der Länge l bei einem Druckunterschied $p_1 - p_2$ an den Enden des Kapillarrohres strömt, berechnet man nach der Gleichung

$$V = \frac{1}{\eta}\,\frac{\pi r^4}{8l}(p_1 - p_2)\,. \tag{2.62}$$

Die Viskosität einer Flüssigkeit oder eines Gases hängt in hohem Maß von der Temperatur ab.

Tabellen

Tabelle 2.19: Viskosität von Flüssigkeiten (bei 18 °C)

Stoff	η 10^{-2} kg/m·s	Stoff	η 10^{-2} kg/m·s
Aceton	0,0337	Maschinenöl, schwer	66,0
Anilin	0,46	Pentan	0,0244
Äthylalkohol	0,122	Quecksilber	0,159
Äthyläther	0,0238	Rizinusöl	120,0
Benzol	0,0673	Schwefelkohlenstoff	0,0382
Brom	0,102	Toluol	0,0613
Chloroform	0,0579	Wasser	0,105
Essigsäure	0,127	Xylol	0,06
Glycerin	139,3	Zylinderöl dunkel	24,0
Maschinenöl, leicht	11,3	Zylinderöl gereinigt (40 °C)	0,109

Tabelle 2.20: Viskositat von Gasen (bei 0 °C)

Stoff	η 10^{-5} kg/m·s	Stoff	η 10^{-5} kg/m·s
Ammoniak	0,93	Luft CO_2-frei	1,72
Chlor	1,29	Methan	1,04
Helium	1,89	Sauerstoff	1,92
Kohlendioxid	1,40	Stickoxid	1,72
Kohlenmonoxid	1,67	Stickstoff	1,67
Lachgas	1,38	Wasserstoff	0,84

Tabelle 2.21: Viskositat von Gasen bei hohen Drucken

Gas	Temperatur °C	Druck, bar			
		50	100	600	900
Äthylen	40	13,4	28,5	–	–
Kohlensaure	40	18,1	48,3	–	–
Stickstoff	25	18,7	19,9	38,7	49,5
	75	20,7	21,7	36,1	44,2

Tabelle 2.22: Viskosität von Wasser bei verschiedenen Temperaturen

ϑ °C	0	5	10	15	20	25	30	40	50	60
η 10^{-6} kg/m·s	1797	1518	1307	1140	1004	895	803	655	551	470
ϑ °C	70	80	90	100	110	120	130	140	150	160
η 10^{-6} kg/m·s	407	357	317	284	256	232	212	196	184	174

Tabelle 2.23: Viskositat von Flüssigkeiten bei verschiedenen Temperaturen, η, 10^{-2} kg/m·s

Flussigkeit \ Temperatur °C	10	20	30	50	70	100
Aceton	0,0358	0,0324	0,0295	0,0251	–	–
Anilin	0,653	0,439	0,318	0,191	0,129	0,076
Benzol	0,076	0,065	0,056	0,0436	0,035	–
Rizinusol	244	98,7	45,5	12,9	4,9	–
Transformatorenöl	4,2	1,98	1,34	0,64	0,38	0,213

Tabelle 2.24: Viskosität von Luft unter verschiedenen Bedingungen, η, 10^{-6} kg/m·s

p, bar \ ϑ, °C	0	25	100	p, bar \ ϑ, °C	0	25	100
1	17,20	18,37	21,80	100	19,70	20,60	23,35
20	17,53	18,65	22,02	200	23,70	23,95	25,30
50	18,15	19,22	22,40	300	28,60	28,00	28,10

Tabelle 2.25: Viskositat geschmolzener Metalle

Stoff	ϑ °C	η 10^{-3} kg/m·s	Stoff	ϑ °C	η 10^{-3} kg/m·s
Aluminium	700	2,90	Quecksilber	20	1,54
	800	1,40		50	1,40
				100	1,24
Blei	441	2,11		200	1,03
	551	1,69		300	0,90
	844	1,18		400	0,83
Kalium	100	0,46		500	0,77
	200	0,34		600	0,74
	500	0,185	Wismut	304	1,65
	700	0,14		451	1,28
				600	0,99
Natrium	103,7	0,69			
	400	0,25	Zinn	240	1,91
	700	0,18		400	1,38
				600	1,05

3. Wärmelehre und Molekularphysik – Grundbegriffe und Gesetze

Ein System, das in keiner Wechselwirkung mit seiner Umgebung steht, bezeichnet man als *isoliertes System*.

Ein isoliertes System (z.B. ein Gas in einem wärmeisolierenden Gefäß) geht langsam in einen Zustand über, der sich ohne äußere Einwirkung nicht mehr ändert. Dieser Zustand wird als *Wärmegleichgewicht* (*thermisches Gleichgewicht*) bezeichnet. Die skalare Größe, die das Wärmegleichgewicht von Korpern bei gegenseitigem Austausch von Wärmeenergie mißt, heißt *Temperatur*. Mit der Änderung der Temperatur ändern sich auch verschiedene andere Eigenschaften der Körper: Abmessungen, Dichte, Elastizität, elektrische Leitfähigkeit usw.

Die Temperatur eines Körpers ist ein Maß für die kinetische Energie der Wärmebewegung der Moleküle bzw. Atome (siehe S. 56).

Die *Einheit der Temperatur* ist das **Kelvin** K. Die Kelvinskala wird auch als *absolute thermodynamische Temperaturskala* bezeichnet.

Neben dem Kelvin ist als Temperatureinheit auch das **Grad Celsius** °C zugelassen.

Beide Skalen haben die gleichen Skalenabstände. Den Beginn der Kelvinskala bildet der *absolute Nullpunkt*. Er entspricht −273,15 °C.

Auf der Kelvinskala entspricht der *Tripelpunkt des Wassers* (siehe S. 46) 273,16 K; der *Schmelzpunkt von Eis* bei normalem Druck liegt 0,01 K darunter. Der Nullpunkt der Celsiusskala ist die Temperatur, bei der sich Eis und Wasser im Gleichgewicht befinden, während 100 °C dem *Siedepunkt des Wassers* bei normalem Druck entsprechen.

Als *Eichpunkte* für die Celsiusskala dienen die Siedetemperaturen des Sauerstoffs (− 182,970 °C) und des Schwefels (444,60 °C) sowie die Schmelztemperaturen des Silbers (960,8 °C) und des Goldes (1063,0 °C), sämtlich bei normalem Atmosphärendruck.

Temperaturdifferenzen werden in Kelvin gemessen. Es ist aber auch die Einheit °C zulässig.

Einen Vergleich der zur Zeit noch gebräuchlichen Temperaturskalen zeigt Bild 3.1.

3.1. Grundlagen der Thermodynamik. Wärmekapazität

Die innere Energie eines Körpers (Systems) ist die Summe aus der kinetischen Energie der Molekularbewegung, der potentiellen Energie der intermolekularen Wechselwirkung und der intramolekularen Energie.

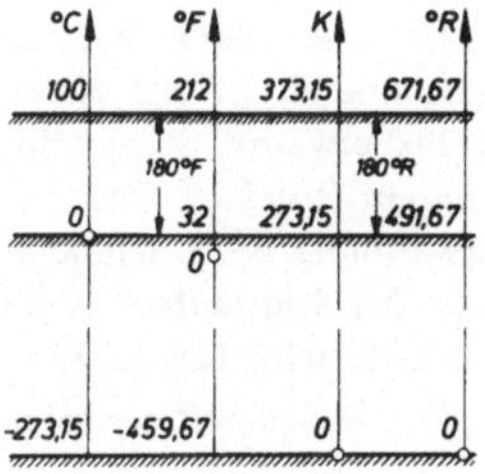

Bild 3.1. Vergleich der Kelvin-Temperaturskala (K) mit den Skalen nach Celsius (°C), Fahrenheit (°F) und Rankin (°R)

Die Energieabgabe von einem Körper auf einen anderen kann auf zwei Wegen erfolgen: 1. durch mechanische Wechselwirkung, d.h. wenn mechanische oder elektromagnetische (elektrodynamische) (siehe Kapitel 5) Arbeit verrichtet wird, und 2. durch thermische Wechselwirkung, wenn die Energie durch die Wärmebewegung der Moleküle (durch Wärmeleitung (siehe S. 49)) oder durch Wärmestrahlung (siehe S. 175) übertragen wird. Den bei thermischer Wechselwirkung übertragenen Energiebetrag nennt man *Wärmemenge* (oder einfach *Wärme*).

Die *Maßeinheit der Wärmemenge* ist das **Joule** J.

$$1\ \mathrm{J} = 1\ \mathrm{Nm}.$$

Will man einen Körper von der Masse 1 kg von der Temperatur ϑ_0 auf die Temperatur $\vartheta = \vartheta_0 + \Delta\vartheta$ erwärmen, so muß diesem die Wärme ΔQ zugeführt werden. Das Verhältnis $\Delta Q/\Delta\vartheta$ bezeichnet man als die *mittlere spezifische Wärmekapazität* für den Temperaturbereich $\vartheta - \vartheta_0$. Für die *wahre spezifische Wärmekapazität* eines Körpers bei ϑ_0 gilt

$$c = \frac{1}{m} \lim_{\Delta\vartheta \to 0} \frac{\Delta Q}{\Delta\vartheta}.$$

Die wahre spezifische Wärmekapazität oder einfach *spezifische Wärmekapazität* ist temperaturabhängig. In den meisten Fällen kann diese Abhängigkeit vernachlässigt werden; man setzt voraus, daß die spezifische Wärmekapazität gleich der Wärmemenge ist, die einem Körper der Masse 1 kg zugeführt werden muß, um ihn von ϑ °C auf $(\vartheta + 1)$ °C zu erwärmen, wobei ϑ belanglos ist.

Wird die Temperatur eines Körpers der Masse m um $\Delta\vartheta$ erhöht, so muß ihm die Wärmemenge ΔQ

$$\Delta Q = c\, m\, \Delta\vartheta \tag{3.1}$$

zugeführt werden. c ist die spezifische Wärmekapazität.

Die spezifische Wärmekapazität eines Stoffes hängt von der Art der Erwärmung ab. Erfolgt dieser Prozeß *isobar*, d.h. der Körper wird bei konstantem Druck erwärmt, so spricht man von der *spezifischen Wärmekapazität bei konstantem Druck* c_p. Die *spezifische Wärmekapazität* bei einem *isochoren* Prozeß, Erwärmung bei gleichbleibendem Volumen, nennt man *spezifische Wärmekapazität bei konstantem Volumen* c_v. Es ist stets $c_p > c_v$. Bei festen Körpern ist der Unterschied zwischen c_p und c_v äußerst gering.

Die *Maßeinheit der spezifischen Wärmekapazität* ist J/kg °C.

Die Summe aus der Wärmemenge ΔQ, die einem Körper zugeführt wird und der Arbeit ΔW, die hierbei durch ihn verrichtet wird, ist gleich der Änderung seiner inneren Energie ΔW_i – *Erster Hauptsatz der Thermodynamik* –:

$$\Delta Q + \Delta W = \Delta W_i ;$$

mit anderen Worten: Wärme und Arbeit sind einander äquivalent. Die Änderung der inneren Energie ΔW_i wird nur durch den Anfangs- und Endzustand bestimmt und ist von der Art der Erwärmung unabhängig; ΔQ und ΔW hingegen hängen jedes für sich von der Art des Prozesses ab.

Wärme geht niemals spontan von einem kälteren Körper auf einen wärmeren über, um ihn noch mehr zu erwärmen – *Zweiter Hauptsatz der Thermodynamik*.

Bei Annäherung der Temperatur an den absoluten Nullpunkt, nähern sich auch die spezifischen Wärmen aller Körper dem Wert Null – *Dritter Hauptsatz der Thermodynamik*.

3.2. Phasenumwandlungen

Die Gesamtheit jener Teile eines Systems, die gleiche Eigenschaften aufweisen, bezeichnet man als *Phase*. Beispielsweise sind Eis, Wasser und Wasserdampf drei verschiedene Phasen eines Systems; Graphit und Diamant sind zwei verschiedene Phasen einer festen Substanz, des Kohlenstoffes.

Der Übergang einer Phase in eine andere vollzieht sich unter Aufnahme oder Abgabe einer bestimmten Wärmemenge, die man *Phasenübergangswärme* nennt.

Um einen Körper aus dem festen in den flüssigen Zustand zu überführen, muß ihm die Wärmemenge

$$Q = \lambda m \tag{3.2}$$

zugeführt werden; m ist die Masse des schmelzenden Körpers, λ die spezifische Schmelzwärme.

Die *spezifische Schmelzwärme* ist zahlenmäßig die Wärmemenge, die einem festen Körper der Masse eins im Schmelzpunkt zugeführt werden muß, um ihn in den flüssigen Zustand zu überführen. Beim Kristallisieren (Erhärten) von Flüssigkeiten wird Wärme frei.

Die Schmelzwärme ist gleich der *Kristallisationswärme*[1]).

Beim Schmelzen eines Stoffes vergrößert sich sein Volumen. Ausnahmen sind Wasser, Gallium, Antimon, Gußeisen und Wismut, bei denen sich das Volumen verkleinert.

Jeder Stoff hat bei gegebenem Druck eine bestimmte Temperatur, bei der er vom festen in den flüssigen Zustand übergeht. Man nennt sie *Schmelztemperatur* oder *Schmelzpunkt*. Während des Übergangs bleibt die Temperatur konstant. Die Schmelztemperatur ist also druckabhängig. Diese Abhängigkeit läßt sich in der *Schmelzkurve* veranschaulichen (Bild 3.2). Der Koeffizient der Änderung des Schmelzpunktes mit dem Druck beträgt bei Wasser etwa $7{,}5 \cdot 10^{-3}$ °C/bar, ist also sehr gering, so daß die Kurve nahezu senkrecht verläuft.

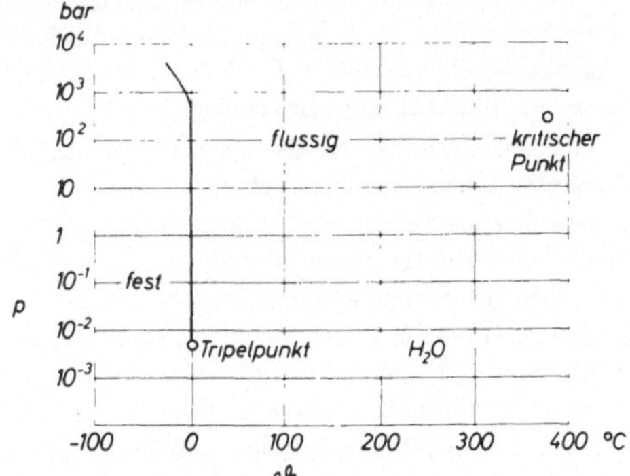

Bild 3.2. Schmelzkurve

Den Übergang einer Flüssigkeit in den gasförmigen Zustand nennt man *Verdampfen*; der umgekehrte Übergang heißt *Kondensation*. Das Verdampfen fester Stoffe wird als *Sublimation* bezeichnet. Beim Verdampfen lösen sich die schnellsten Moleküle aus dem Verband des Körpers und verlassen ihn durch die freie Oberfläche, wobei es zur Abkühlung des Körpers kommt.

Erfolgt das Verdampfen nicht nur aus der Oberfläche, sondern auch aus dem Inneren der Flüssigkeit, so bezeichnet man diesen Zustand als *Sieden*. Beim Sieden bleibt die Temperatur konstant solange der äußere Druck konstant bleibt. Man bezeichnet sie als *Siedetemperatur* oder *Siedepunkt*. Der Koeffizient der Änderung des Siedepunktes mit dem Druck beträgt bei Wasser etwa 0,51 °C/mbar.

---

[1]) Alles über Schmelzwärmen und Schmelztemperaturen Gesagte bezieht sich auf kristalline und polykristalline Körper. Ein Körper ist *kristallin*, wenn er in verschiedenen räumlichen Richtungen verschiedene Eigenschaften aufweist. Körper, die aus unorientierten feinen Kristallen bestehen, bezeichnet man als *polykristallin*.

Die Wärmemenge, die einem Körper im Siedepunkt zugeführt werden muß, um ihn zu verdampfen, nennt man *Verdampfungswärme*:

$$Q = q_v m, \tag{3.3}$$

wobei m die Masse des verdampfenden Körpers ist und q_v die spezifische Verdampfungswärme, die zur Verdampfung einer Masseeinheit der Substanz erforderlich ist.

Bei Kondensation wird Wärme abgegeben. Die *Kondensationswärme* ist gleich der Verdampfungswärme.

In einem offenen Gefäß kann eine Flüssigkeit völlig verdampft werden. In einem geschlossenen Gefäß erfolgt die Verdampfung nur so lange, bis sich ein Gleichgewicht zwischen der flüssigen und der Dampfphase einstellt. Bei diesem Gleichgewichtszustand läßt sich gleichzeitige Verdampfung und Kondensation beobachten. Beide Prozesse halten einander die Waage. Man nennt dies ein *dynamisches Gleichgewicht*. Ein im dynamischen Gleichgewicht mit der flüssigen Phase befindlicher Dampf ist *gesättigt*.

Eine Flüssigkeit siedet bei jener Temperatur, bei der der *Sättigungsdampfdruck* gleich dem äußeren Druck ist.

Je höher die Temperatur, desto höher ist der Sättigungsdampfdruck und die Dichte des Dampfes, desto geringer aber auch die Dichte der Flüssigkeit. Die Abhängigkeit des Sättigungsdampfdruckes von der Temperatur läßt sich in der *Verdampfungskurve* (*Dampfdruckkurve*), auch *Sättigungslinie* genannt, veranschaulichen (Bild 3.3). Handelt es sich um die Verdampfung fester kristalliner Stoffe, so spricht man von der *Sublimationskurve*.

Die Schmelz-, Verdampfungs- und Sublimationskurven geben die Gleichgewichtsbedingungen für jeweils zwei Phasen an: fest-flüssig, flüssig-gasförmig, fest-gasförmig. Längs dieser Kurven sind jeweils zwei Phasen gleichzeitig vorhanden. Der Schnittpunkt der drei Kurven ist der *Tripelpunkt Tp* (Bild 3.4). Bei den Bedingungen (Druck, Temperatur, Dichte) im Tripelpunkt ist die gleichzeitige Existenz dreier Phasen im Gleichgewicht möglich.

Die Verdampfungskurve (Gleichgewichtskurve gesättigter Dampf – Flüssigkeit) reicht bis zu jener Temperatur, bei der die Dichten der Flüssigkeit und des Dampfes einander gleich sind. In diesem Punkt ist die Grenze zwischen ihnen aufgehoben. Man nennt dies den *kritischen Zustand*. Entsprechend bezeichnet man die Dichte, den Druck und die Temperatur dieses Zustandes als *kritische Dichte, kritischen Druck* und *kritische Temperatur* (siehe S. 53).

Die spezifische Verdampfungswärme ist temperaturabhängig. Sie verringert sich mit steigender Temperatur und wird im kritischen Punkt gleich Null. Die Verdampfungswärme q_v entspricht der von den Molekülen bei ihrer Loslösung aus der Flüssigkeit verrichteten Arbeit (*innere Verdampfungswärme* ρ) und der

Arbeit der Volumenausdehnung beim Übergang in die Gasphase (*äußere Verdampfungswärme* ψ). In Bild 3.5 wird die Abhängigkeit von q_v, ρ und ψ von der Temperatur bei Wasser gezeigt.

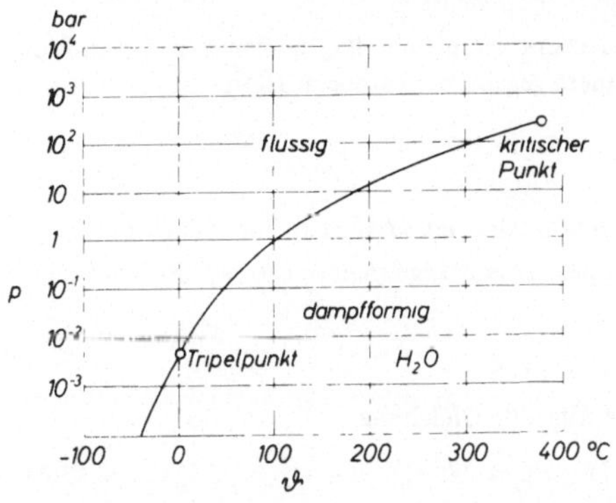

Bild 3.3. Dampfdruckkurve

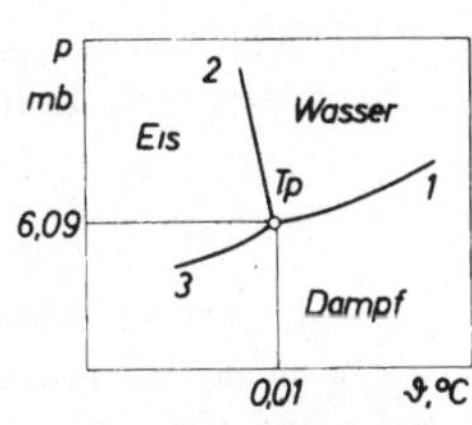

Bild 3.4. Zustandsdiagramm des Wassers nahe dem Tripelpunkt (*Tp*): Verdampfungskurve (1), Schmelzkurve (2) und Sublimationskurve (3)

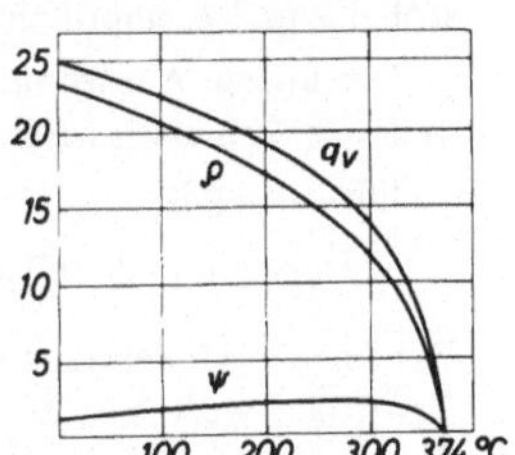

Bild 3.5. Temperaturabhängigkeit der äußeren (ψ), inneren (ρ) und der gesamten Verdampfungswärme (q_v) bei Wasser

3.3. Die Wärmeausdehnung fester und flüssiger Körper

Feste und flüssige Körper ändern ihre Abmessungen und ihr Volumen mit der Temperatur. Die Länge l_ϑ eines Körpers bei der Temperatur ϑ °C wird durch seine Länge bei 0 °C, die Temperatur ϑ und den *linearen Ausdehnungskoeffizienten* α bestimmt:

$$l_\vartheta = l_0 (1 + \alpha\vartheta) . \qquad (3.4)$$

Der lineare Ausdehnungskoeffizient ist gleich der mittleren relativen Ausdehnung des Körpers im Temperaturintervall von 0 °C bis ϑ °C:

$$\alpha = \frac{1}{\vartheta} \frac{l_\vartheta - l_0}{l_0} .$$

Die *Einheit des linearen Ausdehnungskoeffizienten* ist m/m K (m/m °C).

Analoges gilt für das Volumen eines Körpers:

$$V_\vartheta = V_0 (1 + \gamma \vartheta), \tag{3,5}$$

wobei γ der *Volumenausdehnungskoeffizient* ist.

Der Volumenausdehnungskoeffizient ist gleich der mittleren relativen Volumenänderung des Körpers (in einem gegebenen Temperaturintervall):

$$\gamma = \frac{1}{\vartheta} \frac{V_\vartheta - V_0}{V_0}.$$

Die *Einheit des Volumenausdehnungskoeffizienten* ist $m^3/m^3\,K$ ($m^3/m^3\,°C$).

Für einen festen isotropen Körper, dessen Eigenschaften in allen Richtungen gleich sind, gilt

$$\gamma = 3\alpha.$$

Genauer als die Gl. (3.4) ist die folgende Gleichung:

$$\Delta l = l_0 (a\vartheta + b\vartheta^2), \quad l_\vartheta = l_0 (1 + a\vartheta + b\vartheta^2), \tag{3.6}$$

wobei a und b empirisch für jeden Stoff ermittelte Koeffizienten sind.

Der lineare Ausdehnungskoeffizient ändert sich mit dem Temperaturintervall, in dem er gemessen wird.

Für Eisen gilt

$$l_\vartheta = l_0 (1 + 117 \cdot 10^{-7} \vartheta + 4{,}7 \cdot 10^{-9} \vartheta^2).$$

Der lineare Ausdehnungskoeffizient des Eisens hat demnach zwischen 0 °C und 75 °C den Wert $1{,}21 \cdot 10^{-5}$ m/m °C und im Intervall zwischen 0 °C und 750 °C den Wert $1{,}52 \cdot 10^{-5}$ m/m °C.

Bei Erwärmung ändert sich die Dichte der Körper. Für die Dichte eines Körpers bei der Temperatur ϑ gilt

$$\rho_\vartheta = \frac{\rho_0}{1 + \gamma\vartheta}, \tag{3.7}$$

wobei ρ_0 die Dichte des Körpers bei 0 °C und γ der Volumenausdehnungskoeffizient sind.

3.4. Ausbreitung der Wärme

Wärme breitet sich durch *Konvektion*, *Wärmeleitung* und *Wärmestrahlung* aus (über Wärmestrahlung siehe S. 175).

In Flüssigkeiten und Gasen erfolgt der Temperaturausgleich im wesentlichen durch *Konvektion*. Darunter versteht man das Strömen wärmerer Anteile der

Flüssigkeit oder eines Gases in den Bereich der kälteren. In festen Körpern ist keine Konvektion möglich.

Wärmeleitung. Unter *Wärmeleitung* versteht man die durch die ungeordnete Wärmebewegung der Moleküle bzw. Atome erfolgende Wärmeausbreitung. Sie ist vor allem für den Wärmetransport in festen Körpern wichtig.

Die Wärmemenge, die durch den Querschnitt A (parallel zu den Endflächen) einer ausgedehnten Platte der Dicke s fließt, wenn zwischen ihren Endflächen während der Zeit t die Temperaturdifferenz $\Delta\vartheta = \vartheta_1 - \vartheta_2$ konstant gehalten wird (Bild 3.6), beträgt:

$$Q = \lambda \frac{\Delta\vartheta}{s} At ; \tag{3.8}$$

λ ist der *Koeffizient der Wärmeleitung*, auch *Wärmeleitzahl* genannt; die *Einheit* ist $J/m^2\,hK\,(J/m^2\,h\,°C)$.

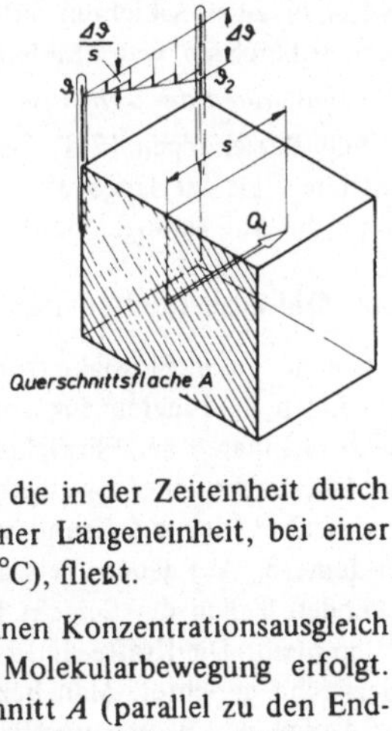

Bild 3.6. Wärmeleitung durch Körper mit ebenen Wänden

Die Wärmeleitzahl entspricht der Wärmemenge, die in der Zeiteinheit durch die Flächeneinheit einer Schicht mit der Dicke einer Längeneinheit, bei einer Temperaturdifferenz an den Endflächen von 1 K (1 °C), fließt.

Diffusion. Unter der *Diffusion* versteht man einen Konzentrationsausgleich bei dem der Transport der Stoffe durch die Molekularbewegung erfolgt. Die Masse m eines Stoffes, die durch den Querschnitt A (parallel zu den Endflächen) einer Schicht der Dicke l mit der Konzentrationsdifferenz ΔC an den Endflächen während der Zeit t transportiert wird, beträgt

$$m = D \frac{\Delta C}{l} At ; \tag{3.9}$$

D ist der *Diffusionskoeffizient*, seine *Einheit* ist m^2/s.

Der Diffusionskoeffizient entspricht zahlenmäßig der Masse eines Stoffes, die in der Zeiteinheit durch die Flächeneinheit einer Schicht der Dicke einer Längeneinheit diffundiert, wenn die Konzentrationsdifferenz an den Endflächen der Schicht eine Einheit beträgt.

Dynamische Viskosität. Werden die Schichten einer Flüssigkeit oder eines Gases parallel zueinander verschoben, so treten Reibungskräfte auf, durch die die schnelleren Schichten gebremst, die langsameren beschleunigt werden. Zur Erscheinung der dynamischen Viskosität kommt es dadurch, daß Moleküle von einer Schicht zur anderen überwechseln, wobei sie den Impuls der geordneten Bewegung übertragen.

Für die dynamische Viskosität gilt die Beziehung

$$F_R = \eta \frac{\Delta v}{\Delta l} A; \tag{3.10}$$

$\Delta v/\Delta l$ ist der Quotient aus der Geschwindigkeitsdifferenz der Schichten und dem Abstand zwischen ihnen; A ist die Berührungsfläche der Schichten. Der *Koeffizient η der dynamischen Viskosität* entspricht der Reibungskraft, die zwischen zwei Schichten auftritt, die sich mit der Fläche in der Größe einer Einheit berühren, wenn zahlenmäßig $\Delta v/\Delta l = 1$.

Die *Maßeinheit der dynamischen Viskosität* ist die Pascalsekunde, Pas = Ns/m^2.

Die Beziehungen (3.8) bis (3.10) gelten nur unter der Bedingung, daß die mittlere freie Weglänge der Flüssigkeits- oder Gasmoleküle (siehe S. 54) kleiner ist als die Abmessungen des Gefäßes.

3.5. Die Oberflächenspannung

Die an einer Flüssigkeitsoberfläche befindlichen Moleküle werden von den Molekülen im Inneren angezogen: Sie sind also einer Kraftwirkung ausgesetzt, die zum Inneren der Flüssigkeit gerichtet ist. Der Zustand der Molekülschicht an der Oberfläche einer Flüssigkeit ist mit dem eines gespanntes elastischen Films vergleichbar, der auf Grund seiner Elastizität bestrebt ist, seine Oberfläche zu verkleinern. Auf jeden Teil der Oberflächenschicht wirken von den ihn umgebenden Teilen der Schicht her Kräfte, durch die der gespannte Zustand erhalten bleibt. Die Kräfte sind zweidimensional nach dem Verlauf der Flüssigkeitsoberfläche gerichtet. Man bezeichnet den Quotienten aus diesen Kräften und der Lange der Begrenzungslinie der von ihnen beaufschlagten Oberfläche als *Oberflachenspannung*.

Für die Oberflächenspannung gilt also

$$F = \alpha l, \tag{3.11}$$

wobei l die Länge der Begrenzungslinie der Oberfläche (der Perimeter der Oberfläche) und α der *Koeffizient der Oberflachenspannung* ist.

Der Koeffizient der Oberflächenspannung (oder einfach: die Oberflächenspannung) entspricht der Kraft die auf die Längeneinheit einer geraden Begrenzungslinie einer Flussigkeitsoberfläche wirkt.

Die *Maßeinheiten für die Oberflächenspannung* ist N/m.

Die Oberflächenspannung sinkt mit zunehmender Temperatur und wird bei der kritischen Temperatur gleich Null.

3.6. Die Gasgesetze

Fast alle Gase können unter normalen Bedingungen durch die Gleichung

$$pV = mRT \tag{3.12}$$

beschrieben werden. Es ist dies die *Zustandsgleichung idealer Gase*. Es bedeuten: p den Druck des Gases, V das Volumen, m die Masse des Gases, R die *universelle Gaskonstante* (siehe S. 216), T die absolute Temperatur.

Die Zustandsgleichung der Gase gilt in erster Näherung für jedes Gas, vorausgesetzt seine Dichte ist geringer als die des gesättigten Dampfes desselben Stoffes bei gleicher Temperatur.

Aus Gl. (3.12) folgt

$$R = \frac{p \cdot V}{mT}. \tag{3.13}$$

Da m/V die Dichte ρ des Gases angibt kann Gl. (3.13) auch geschrieben werden:

$$R = \frac{p}{\rho T}. \tag{3.14}$$

Den reziproken Wert von ρ bezeichnet man als *spezifisches Volumen* v:

$$v = \frac{1}{\rho},$$

daraus folgt:

$$R = \frac{pv}{T}. \tag{3.15}$$

Die *Einheit des spezifischen Volumens* ist m^3/kg.

Ein **Kilomol**, kmol (**Mol**, mol) ist diejenige Menge eines Gases in kg (g), die das Molekulargewicht M angibt.

Die *Loschmidtsche Konstante* N_L, auch *Loschmidtsche Zahl* genannt, gibt an, wieviel Moleküle eines Gases in der Raumeinheit (1 m^3) enthalten sind:

$$N_L = 27 \cdot 10^{24} \qquad \text{(bei 0 °C und 1 bar).}$$

Bezieht man die Loschmidtsche Konstante auf 1 kmol bzw. 1 mol, so erhält man die *Avogadrosche Konstante* N_A (*Avogadrosche Zahl*):

$$N_A = 6{,}02 \cdot 10^{26}\ \text{kmol}^{-1} = 6{,}02 \cdot 10^{23}\ \text{mol}^{-1}.$$

Aus Gl. (3.12) leiten sich das *Gay-Lussacsche Gesetz*, das *Charlessche Gesetz* und das *Boyle-Mariottesche Gesetz* ab. Bei konstantem p und m (und da R = const und ρ für einen gegebenen Stoff gleich bleibt) gilt

$$V_1 = V_0 \frac{T_1}{T_0},$$

wobei V_0 das Volumen des Gases bei 0 °C und $T_0 = 273{,}15\text{ K} = 0\text{ °C}$ ist. Hieraus folgt das *Gay-Lussacsche Gesetz* (die Gleichung für isobare Prozesse), genauer *Gay-Lussacsches Gesetz bei konstantem Druck*:

$$V = V_0 (1 + \gamma\vartheta), \tag{3.16}$$

γ ist der *Ausdehnungskoeffizient des idealen Gases* bezogen auf das Volumen bei 0 °C. Er hat den Wert

$$\gamma = \frac{1}{273{,}15}\text{K}^{-1}.$$

In Gl. (3.16) eingesetzt erhält man

$$V = V_0 \left(1 + \frac{1}{273{,}15}\vartheta\right). \tag{3.16a}$$

Bei konstantem V und m erhält man das *Charlessche Gesetz* (die Gleichung für isochore Prozesse), auch *Gay-Lussacsches Gesetz bei konstantem Volumen* genannt:

$$p = p_0 (1 + \gamma\vartheta) = p_0 \left(1 + \frac{1}{273{,}15}\vartheta\right). \tag{3.17}$$

Bei realen Gasen nimmt der Ausdehnungskoeffizient andere Werte an als in den Gln. (3.16a) und (3.17) angegeben.

Sind der Druck p und die Temperatur T bekannt, so läßt sich aus Gl. (3.14) die Dichte eines Gases berechnen:

$$\rho = \frac{p}{RT}. \tag{3.18}$$

Bei isothermer Ausdehnung muß ein Gas zur Überwindung des äußeren Druckes Arbeit verrichten. Diese Arbeit wird durch die aus der Umgebung aufgenommene Wärme verrichtet. Die Temperatur des Gases und die der Umgebung werden dabei nicht geändert. Wird das Gas (isotherm) komprimiert, so wird Wärme an die Umgebung abgegeben.

Erfolgt die Änderung des Gasvolumens ohne Wärmeaustausch mit dem umgebenden Medium (*adiabatisch*), so gilt bei konstanter Masse des Gases folgende

Beziehung zwischen Druck und Volumen (*Adiabatengleichung, Poissonsches Gesetz*):

$$p V^{\kappa} = \text{const.}, \tag{3.19}$$

$\kappa = c_p/c_v$.

Nähert sich die Dichte des Gases der Dichte des gesättigten Dampfes bei gleicher Temperatur, so kommt es zu wesentlichen Abweichungen von der Zustandsgleichung idealer Gase. In diesem Fall muß die Wechselwirkung zwischen den Gasmolekülen und das Eigenvolumen der Moleküle berücksichtigt werden. Daraus ergibt sich die *Zustandsgleichung realer Gase*. Die verbreitetste Anwendung findet die *van der Waalssche Zustandsgleichung der realen Gase*:

$$\left(p + a\,\frac{m^2}{V^2}\right)\,(V - mb) = mRT\,. \tag{3.20}$$

a und b sind die *van der Waalsschen Konstanten*, die sich aus den kritischen Parametern für ein Mol des betreffenden Gases (dem *kritischen Volumen* V_{kr}, dem *kritischen Druck* p_{kr} und der *kritischen Temperatur* T_{kr}) berechnen lassen:

$$a = 3\,p_{kr}\,v_{kr}^2 \qquad b = \tfrac{1}{3}\,v_{kr} \qquad R = \tfrac{8}{3}\,\frac{v_{kr}\,p_{kr}}{T_{kr}}\,. \tag{3.21}$$

In Bild 3.7 sind *Isothermen* realer Gase dargestellt, die auf Grund der van der Waalsschen Gleichung konstruiert wurden. Bei Temperaturen unterhalb T_{kr} sind die Kurven S-förmig gebogen. Dies bedeutet, daß bei diesen Temperaturen einem Wert von p drei verschiedene Volumina entsprechen (z.B. gehören zu p_1 die Volumina V_1, V_2 und V_3). Bei T_{kr} und höheren Temperaturen fehlt die S-Biegung. T_{kr} ist die kritische Temperatur (siehe auch S. 46); entsprechend sind p_{kr} und V_{kr} der kritische Druck und das kritische Volumen. Treffen bei einem Stoff die drei Parameter T_{kr}, p_{kr} und V_{kr} zu, so befindet er sich im *kritischen Zustand*.

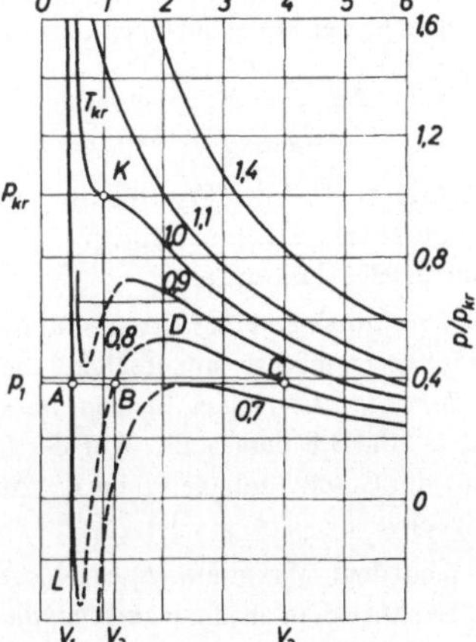

Bild 3.7
Van der Waalssche Isothermen. Auf den Achsen sind das relative Volumen (V/V_{kr}) und der relative Druck (p/p_{kr}) aufgetragen; die Zahlen bei den Kurven bedeuten die Temperatur, ausgedrückt in Relativwerten (T/T_{kr})

Die wirklichen (experimentell ermittelten) Isothermen weisen keine S-Biegung auf, sondern verlaufen stattdessen parallel zur Abszisse (bei p_1 geht die Isotherme durch die Punkte *A, B* und *C*, siehe Bild 3.7). Diese Kurventeile entsprechen dem Gleichgewicht zwischen Flüssigkeit und Gas. Ein mit der flüssigen Phase im Gleichgewicht befindliches Gas (oder Dampf) ist gesättigt (siehe S. 46). Unter bestimmten Bedingungen kann die Isotherme auch durch die Punkte *A* und *L* (*überhitzte Flüssigkeit*) oder durch die Punkte *C* und *D* (*übersättigter Dampf*) verlaufen. Derartige Zustände sind jedoch unbeständig.

Soll ein Gas durch erhöhten Druck verflüssigt werden, so muß es unter die kritische Temperatur abgekühlt werden. Die Verflüssigungstemperatur eines Gases hängt vom herrschenden Druck ab. Aus Tabelle 3.10 sind Siedepunkte verflüssigter Gase zu ersehen. Wird der Druck verringert, z.B. durch Wegpumpen des sich bildenden Dampfes, so sinkt auch die Siedetemperatur.

In gewissen Fällen kann durch die van der Waalssche Gleichung auch der flüssige Zustand beschrieben werden.

3.7. Grundlagen der kinetischen Gastheorie

Von der Molekularphysik aus betrachtet stellt ein Gas eine große Anzahl sich frei bewegender Teilchen (Moleküle oder Atome) dar. Die einzelnen Teilchen bewegen sich mit verschiedenen Geschwindigkeiten. Die Geschwindigkeiten der Teilchen ändern sich bei Zusammenstoßen.

Die mittlere Wegstrecke, die ein Molekül zwischen zwei aufeinander folgenden Zusammenstößen zurücklegt, heißt *mittlere freie Weglänge*. Die mittlere freie Weglänge der Moleküle eines Gases beträgt

$$l = \frac{kT}{\sqrt{2}\,\pi\,d_p^2}; \tag{3.22}$$

hierbei sind: $k = R/N_A$ die Boltzmann-Konstante, d der Moleküldurchmesser, T die absolute Temperatur, N_A die Avogadrosche Zahl, p der Druck und R die universelle Gaskonstante.

Die Moleküle eines Gases sind unterschiedlich schnell. Die Geschwindigkeiten sind gesetzmäßig, entsprechend der Verteilungsfunktion, aufgeteilt. Die *Verteilungsfunktion* eines idealen Gases (*Maxwellsche Geschwindigkeitsverteilung*) ist in Bild 3.8 dargestellt. Auf der Ordinate ist der Bruchteil $\Delta n/n$ der Moleküle mit der Geschwindigkeit v bis $v + \Delta v$ aufgetragen, auf der Abszisse die Geschwindigkeit.

Die dem Maximum einer Kurve entsprechende Geschwindigkeit (Bild 3.8) bezeichnet man als die *wahrscheinlichste Geschwindigkeit* $\hat{v}$.

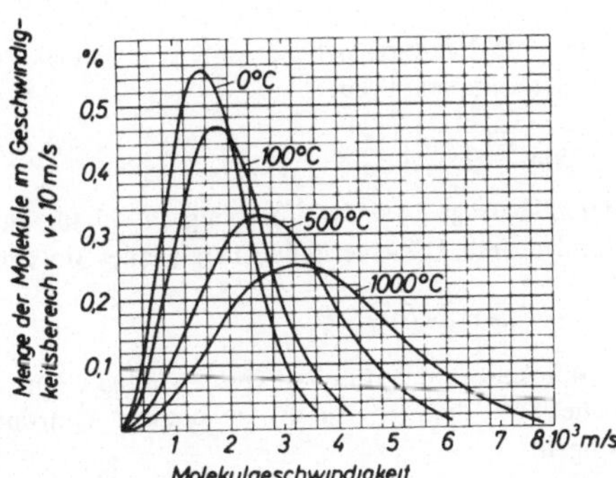

Bild 3.8
Geschwindigkeitsverteilung bei Wasserstoffmolekülen bei verschiedenen Temperaturen

Für die *mittlere Geschwindigkeit* $\bar{v}$ gilt

$$\bar{v} = \frac{v_1 + v_2 + \ldots + v_n}{n}, \tag{3.23}$$

wobei $v_1, v_2 \ldots v_n$ die Geschwindigkeiten der Moleküle sind; für die Verteilung werden stets die Absolutwerte der Geschwindigkeiten verwendet. Für das *mittlere Geschwindigkeitsquadrat* gilt

$$\bar{v}_q = \sqrt{\frac{v_1^2 + v_2^2 + \ldots + v_n^2}{n}}. \tag{3.24}$$

Aus der Maxwellschen Geschwindigkeitsverteilung lassen sich folgende Beziehungen zur Berechnung von Molekülgeschwindigkeiten ableiten:

$$v_w^2 = \frac{2kT}{m}; \quad \bar{v}^2 = \frac{8kT}{\pi m}; \quad v_q^2 = \frac{3kT}{2m}, \tag{3.25}$$

wobei m die Masse eines Moleküls bedeutet und $v_q > \bar{v} > v_w$.

Der *Druck* eines Gases wird durch den Aufprall der Moleküle auf die Gefäßwände erzeugt. Für ihn gilt:

$$p = \tfrac{1}{3}\, n\, m\, v_q = n\, k\, T; \tag{3.26}$$

n ist die Anzahl der Moleküle pro Volumeneinheit.

Der *Partialdruck* einer Komponente eines Gasgemisches ist der Druck, den diese Einzelkomponente ausüben würde, erfüllte sie allein bei gleicher Temperatur das gleiche Volumen.

Der *Gesamtdruck* eines Gemisches idealer Gase, unter denen keine chemischen Reaktionen stattfinden, ist gleich der Summe der Partialdrucke der Komponenten (*Daltonsches Gesetz*):

$$p = p_1 + p_2 + \ldots + p_n. \tag{3.27}$$

Die mittlere kinetische Energie eines Moleküls eines idealen Gases hängt nur von der Temperatur ab:

$$\overline{W}_{\text{kin}} = \tfrac{1}{2}\, i k T; \tag{3.28}$$

hierbei beträgt $i = 3$ für einatomige, $i = 5$ für zweiatomige und $i = 6$ für mehratomige Gase. Die kinetische Energie eines Mols eines idealen Gases beträgt

$$W_{\text{mol kin}} = \tfrac{1}{2}\, i R T. \tag{3.29}$$

Moleküle mit größeren Geschwindigkeiten als die *Fluchtgeschwindigkeit* (siehe S. 9) können durch die oberen Atmosphärenschichten in das Weltall dringen.

Als *Atmosphäre* bezeichnet man ein Gasgemisch, das, im Schwerefeld eines Planeten festgehalten, diesen umhüllt. Der Atmosphärendruck sinkt mit zunehmender Entfernung h von der Oberfläche des Planeten. Unter der Annahme, daß die Temperatur der Atmosphäre unabhängig von der Höhe ist, gilt

$$p = p_0\, \mathrm{e}^{-\mu g h/RT}, \tag{3.30}$$

wobei μ das mittlere Molekulargewicht des die Atmosphäre bildenden Gasgemisches, g die Schwerebeschleunigung in der Nähe der Planetenoberfläche, R die universelle Gaskonstante, T die absolute Temperatur, p_0 den Atmosphärendruck an der Planetenoberfläche und e (e $\approx 2{,}72$) die Basis der natürlichen Logarithmen bedeuten. Die Beziehung (3.30) nennt man die *Barometergleichung*.

Für die Erde kann diese Gleichung wie folgt geschrieben werden

$$h = 8\,000 \lg \frac{p_0}{p},$$

wobei h die Höhe in Metern bedeutet.

Viele Staaten haben als Vergleichsgrundlage die *Standardatmosphäre* angenommen, deren Berechnung unter der Voraussetzung erfolgt, daß der Druck über dem Meeresspiegel bei 15 °C 1,01 bar beträgt und die Temperatur mit zunehmender Höhe um 6,5 °C je 1 000 m sinkt.

Das Verhältnis zwischen Höhe, Druck, Dichte und Temperatur der Standardatmosphäre ist aus Tabelle 3.29 ersichtlich.

In der uns umgebenden Luft ist auch stets eine gewisse Menge Wasserdampf vorhanden. Die Masse des in 1 m³ Luft enthaltenen Wasserdampfes nennt man *absolute Feuchtigkeit*. Sie kann auf Grund des Partialdruckes des Wasserdampfes bestimmt werden.

Je größer die absolute Feuchtigkeit ist, um so mehr nähert sich der Zustand des Gemisches aus Luft und Wasserdampf der Sättigung. Der maximalen absoluten Feuchtigkeit[1]) bei einer gegebenen Temperatur entspricht die größtmögliche Masse Wasserdampf, die in 1 m^3 Luft bei dieser Temperatur enthalten sein kann.

Die *relative Feuchtigkeit* entspricht dem Verhältnis von absoluter Feuchtigkeit zu maximaler absoluter Feuchtigkeit bei gegebener Temperatur. Sie wird in % angegeben.

Die Koeffizienten der Wärmeleitung, der Viskosität und der Gasdiffusion (λ, η, D) berechnet man nach den Gleichungen

$$\lambda = \tfrac{1}{3}\,\rho\,\bar{v}\,l\,c_v\,; \tag{3.31}$$

$$\eta = \tfrac{1}{3}\,\rho\,\bar{v}\,l\,; \tag{3.32}$$

$$D = \tfrac{1}{3}\,\bar{v}\,l\,; \tag{3.33}$$

wobei ρ die Dichte des Gases, $\bar{v}$ die mittlere Molekülgeschwindigkeit, c_v die Wärmekapazität bei konstantem Volumen, l die mittlere freie Weglänge bedeuten.

Ist die mittlere freie Weglänge der Moleküle größer als die Abmessungen des Gefäßes, so verschwindet die innere Reibung. Den Koeffizienten für die Reibung des bewegten Gases mit den Gefäßwänden berechnet man nach

$$\eta = \tfrac{1}{6}\,\rho\,\bar{v}\,. \tag{3.34}$$

Der Koeffizient der Wärmeleitung ist hierbei gleich

$$\lambda = \tfrac{1}{6}\,\rho\,\bar{v}\,c_v\,. \tag{3.35}$$

---

[1]) Unter bestimmten Bedingungen kann es auch zur Bildung übersattigter Dampfe kommen.

Tabellen und Diagramme

Tabelle 3.1: Spezifische Wärmekapazität c_p, Schmelzwärme λ, spezifische Verdampfungswärme q_V, Schmelztemperatur ϑ_S und Siedetemperatur ϑ_K einiger Stoffe

Stoff	c_p J/kg °C bei 20 °C	ϑ_S °C	λ J/kg	ϑ_K °C	q_V 10^3 J/kg
Aceton	2,18	-94,3	96	56,2	524
Aluminium	0,88	658,7	322...394	2 300	9 220
Äthanol	2,43	-114	105	78,3	846
Äthyläther	2,35	-116,3	113	34,6	351
Benzol	1,705	5,5	127	80,2	396
Blei	0,13	327,3	22,5	1 750	880
Eiche mit 6...8 Gew.-% Feuchtigkeit	2,4	–	–	–	–
Eis (Wasser)	4,19	0	334	100	2 260
Eisen	0,45	1 530	293	3 050	6 300
Fichte mit 8 Gew.-% Feuchtigkeit	1,7	–	–	–	–
Fluoroplast (Teflon)	0,92...1,05	–	–	–	–
Germanium	0,31	958	478	2 700	–
Glycerin	2,4	–	176	290	825
Gold	0,13	1 063	66,6	2 800	1 575
Gußeisen	0,50	1100...1200	96...138	–	–
Kalium	0,763	64	60,8	760	2 080
Kupfer	0,39	1 083	214	2 360	5 410
Lithium	4,40	186	628	1 317	20500
Magnesium	1,3	651	373	1 103	5 450
Messing	0,38	900	–	–	–
Naphthalin	1,3	80,3	151	218	316
Natrium	1,3	98	113	883	4 220
Nickel	0,46	1 452	243...306	3 000	7 210
Quecksilber	0,138	-38,9	11,73	356,7	285
Schwefelkohlenstoff	1,006	-112	66,6	46,2	348
Silber	0,235	960,8	88	2 160	2 350
Stahl	0,46	1300...1400	205	–	–
Toluol	1,73	-95,1	72,1	110,7	365
Wismut	0,13	271,3	50	1 560	855
Woodsche Legierung	0,17	65,5	35	–	–
Zinn	0,23	231,9	59	2 270	3 020

Tabelle 3.2: Relative Volumenänderungen einiger Stoffe beim Schmelzen

Stoff	$\Delta V/V$ %	Stoff	$\Delta V/V$ %
Aluminium	6,6	Kalium	2,41
Aluminiumlegierungen	4,5...5,9	Kupferlegierungen	3,0...4,5
Antimon	-0,94	Lithium	1,5
Blei	3,6	Magnesium	4,2
Cadmium	4,74	Natrium	2,5
Casium	2,6	Quecksilber	3,6
Eis (Wasser)	-8,3	Silber	4,99
Gallium	-3	Stahl (kohlenstoffhaltig)	4,5...6,0
Gold	5,19	Wismut	-3,32
Gußeisen (grau)	2,4...3,6	Zink	6,9
Indium	2,5	Zinn	2,6

Tabelle 3.3: Schmelztemperatur feuerfester Stoffe

Stoff	ϑ °C	Stoff	ϑ °C
Hafniumborid	3 000...3 200	Wolfram	3 416
Tantal	2 950	Zirkonium	1 860
Tantalkarbid	3 500...3 900	Zirkoniumborid	3 000...3 200
Titan	1 725	Zirkoniumkarbid	3 500...3 900

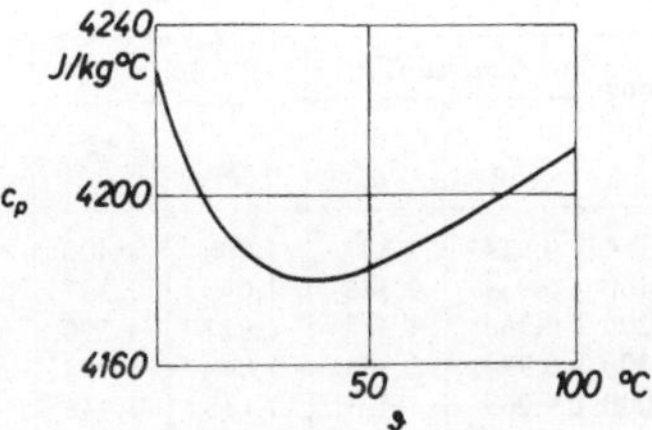

Bild 3.9
Temperaturabhängigkeit der spezifischen Wärme von Wasser

Tabelle 3.4: Spezifische Wärmekapazität fester Stoffe bei tiefen Temperaturen, c, J/kg K (J/kg °C)

Stoff	Temperatur, K							
	20 Siedepunkt von H_2	50	77 Siedepunkt von N_2	90 Siedepunkt von O_2	100	150	200	298
Aluminium	10,3	144	349	426	485	686	800	900
Eisen	4,6	54	147	189	221	332	393	447
Fluoroplast (Teflon)	77,6	210	316	364	399	553	695	1120
Kupfer	7,9	9,8	202	237	260	331	366	396
Nickel	5,0	68,6	168	209	238	336	392	445
Quarz geschmolzen	25,7	115	201	244	274	420	540	740
Stahl (nichtrostend)	4,6	67	163	214	244	364	424	477

Bemerkung Für das Temperaturintervall von 0 300 °C beträgt die mittlere spezifische Wärmekapazität von Kupfer 410 J/kg K, von geschmolzenem Quarz 880 J/kg K

Tabelle 3.5: Spezifische Wärmekapazität von flüssigem Äthanol bei verschiedenen Temperaturen und Drücken, c_p, 10^3 J/kg °C

Temperatur, °C / Druck, bar	- 60	- 40	- 20	0	20	40	60
10	1,59	1,79	1,99	2,20	2,41	2,62	2,84
60	1,59	1,78	1,98	2,17	2,38	2,58	2,79
Temperatur, °C / Druck, bar	**80**	**100**	**120**	**140**	**160**	**180**	**200**
10	3,06	3,28	3,52	3,75	–	–	–
60	3,00	3,21	3,44	3,66	3,90	4,19	4,57

Tabelle 3.6: Spezifische Wärmekapazität von Gasen, c_p, J/kg °C bei 1,01 bar

Temperatur °C	Sauerstoff		Luft		Kohlendioxid		Wasserdampf		Äthanol	
	c_p	$\frac{c_p}{c_v}$	c_p	$\frac{c_p}{c_v}$	c_p	$\frac{c_p}{c_v}$	c_p	$\frac{c_p}{c_v}$	c_p	$\frac{c_p}{c_v}$
0	0,9149	1,397	1,006	1,400	0,8148	1,301		–	1,341	1,16
100	0,934	1,385	1,010	1,397	0,9136	1,260	1,103	1,28	1,689	1,12
200	0,964	1,37	1,027	1,390	0,9927	1,235	1,978	1,30	2,011	1,10
300	0,9948	1,353	1,048	1,378	1,057	1,217	2,015	1,29	2,321	1,08
600	1,069	1,321	1,115	1,345	1,192	1,188	2,208	1,26	3,168	1,06

Tabelle 3.7: Spezifische Verdampfungswärme

Stoff	Temperatur °C	q_v J/kg
Benzin	50...120	230...314
Chloroform	61,2	247
Freon-11 ($CFCl_3$)	0	189
Freon-12 ($CFCl_2$)	0	155
Glycerin	100	828
Luft (20 % O_2)	–	213
Naphthalin	220	316
Petroleum	160...230	210...230
Salpetersäure	–	482
Schwefelsäure	–	512

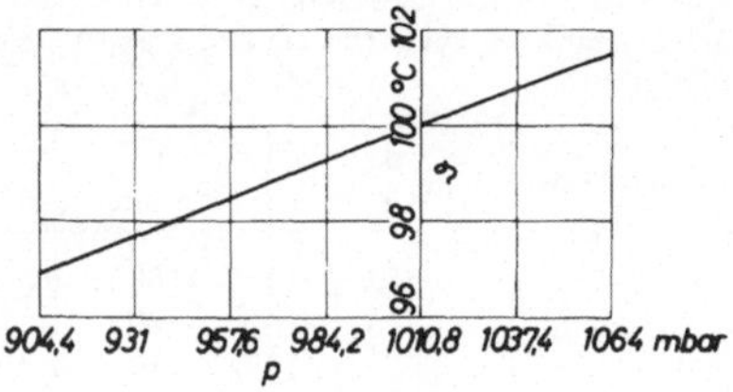

Bild 3.10
Abhängigkeit der Siedetemperatur des Wassers vom Atmosphärendruck

Tabelle 3.8: Spezifische Verdampfungswärme bei verschiedenen Temperaturen, q_v, 10^4 J/kg

ϑ °C	Alkohol			Äthyläther	Benzol	Essigsäure
	Äthanol	Methanol	Propanol			
0	92,7	122	–	38,8	–	–
20	92,5	119	–	36,7	–	35,2
40	92,0	116	–	34,7	–	36,5
60	89,4	113	–	32,9	–	37,6
80	86,6	109	72,6	30,8	40,1	38,4
100	82,7	103	68,8	28,7	38,3	38,7
120	77,3	97,4	64,2	26,1	36,3	39,6
140	71,7	90,6	59,8	23,4	34,7	38,5
160	65,8	83,1	54,1	19,3	33,1	37,6
180	58,4	74,3	48,8	13,4	31,3	36,8
200	48,7	68,8	42,9	–	28,8	35,8
220	37,0	47,2	35,8	–	26,1	34,4
240	16,9	–	26,6	–	22,7	32,8
260	–	–	14,1	–	18,4	30,3
280	–	–	–	–	11,5	26,6

Tabelle 3.9: Spezifische Verdampfungswärme von Kohlendioxid bei verschiedenen Temperaturen

Temperatur °C	q_v 10^3 J/kg	Temperatur °C	q_v 10^3 J/kg
- 50	338	0	237
- 40	320	20	155
- 30	304	30	63
- 10	262	31,1	0,0

Tabelle 3.10: Schmelztemperatur ϑ_S im Tripelpunkt, Schmelzwärme λ, Siedetemperatur ϑ_K bei normalem Druck und Verdampfungswärme q_v verflüssigter Gase

verflüssigtes Gas	ϑ_S K	λ J/g·mol	ϑ_K K	q_v J/g·mol
Argon	83,8	1180	87,3	6610
Fluor	55,2	1520	85,2	6460
Helium	–	14	4,2	93,8
Kohlendioxid	216,4 (bei 5 bar)	7950	194,7 (Sublimation)	16500
Luft	60	–	81	6080
Neon	24,6	366	27,1	1770
Sauerstoff	54,4	445	90,2	6840
Stickstoff	63,2	713	77,3	5530
Wasserstoff	14,0	117	20,4	944

Bemerkung: Die angegebenen Schmelzwärmen gelten für die Schmelztemperatur im Tripelpunkt, Verdampfungswärmen für den Siedepunkt bei normalem Druck.

Tabelle 3.11: Dichte, Gefrierpunkt und Siedepunkt wäßriger Kochsalzlösungen unterschiedlicher Konzentration

Dichte der Lösung bei 10 °C ρ, 10^3 kg/m^3	NaCl-Gehalt kg auf 100 kg H_2O	Gefrierpunkt °C	Siedepunkt °C
1,01	1,5	-0,9	100,2
1,02	3,0	-1,8	100,4
1,03	4,5	-2,6	100,6
1,04	5,9	-3,5	100,8
1,05	7,5	-4,4	101,2
1,06	9,0	-5,4	101,4
1,07	10,6	-6,4	101,7
1,08	12,3	-7,5	102,0
1,09	14,0	-8,6	102,3
1,10	15,7	-9,8	102,7
1,11	17,5	-11,0	103,1
1,12	19,3	-12,2	103,5
1,13	21,2	-13,6	103,9
1,14	23,1	-15,1	104,4
1,15	25,0	-16,0	104,9
1,16	26,9	-18,2	105,4
1,17	29,0	-20,0	105,9
1,75	30,1	-21,2	106,2

Tabelle 3.12: Maximale Siedetemperaturen wäßriger Salzlösungen bei normalem Druck

Salz	Salzkonzentration in kg auf 100 kg siedendes Wasser	ϑ °C
$Ba(NO_3)_2$	27,5	101,7
$CaCl_2$	305	178
$CuSO_4$	82,2	104,2
KJ	220	185
LiCl	151	168
NaCl	40,7	108,8
$NaNO_3$	222	120

Bemerkung. Angegeben sind jene Konzentrationen, bei denen die höchstmögliche Siedetemperatur erreicht wird.

Tabelle 3.13: Kennzahlen für Wasser und schweres Wasser

	ϑ_S °C	Temperatur der maximalen Dichte °C	ϑ_K °C	kritische Temperatur °C	kritischer Druck bar	Dichte im kritischen Zustand ρ 10^3 kg/m³	höchste Dichte ρ 10^3 kg/m³
Wasser	0	3,98	100	374,15	223,39	0,315	1
schweres Wasser	3,82	11,23	101,43	371,5	215,82	0,363	1,106

Tabelle 3.14: Kritische Parameter

Stoff	T_{kr} °C	p_{kr} bar	ρ_{kr} 10^3 kg/m³
Aceton	235	46,53	0,268
Äthanol	243,1	62,47	0,276
Benzol	288,6	47,22	0,304
Essigsäure	321,6	56,63	0,351
Helium	-267,9	2,24	0,069
Kohlendioxid	31,1	72,27	0,460
Methan	-82,5	45,34	0,162
Methanol	240	77,91	0,272
Naphthalin	468,2	38,81	–
Propanol	263,7	49,45	0,273
Sauerstoff	-118,8	49,20	0,430
Stickstoff	-147,1	33,17	0,311
Toluol	320,6	41,18	0,292
Wasser	374,15	223,39	0,315
Wasserstoff	-239,9	12,67	0,031

Tabelle 3.15: Temperaturen und Drücke im Tripelpunkt

Stoff	ϑ K	p bar	Stoff	ϑ K	p bar
Ammoniak	195,5	0,0606	Sauerstoff	54,33	0,00152
Kohlendioxid	216	5,18	Stickstoff	63,15	0,1253
Neon	24,56	–	Wasser	273,16	0,0061
Parawasserstoff	13,81	0,0704			

Tabelle 3.16: Kennzahlen fur gesattigten Wasserdampf

Druck bar	Temperatur °C	spezifisches Volumen m^3/kg	spezifische Verdampfungswarme 10^3 J/kg
0,006	0	207	2500
0,02	17,2	63,3	2457
0,1	45,4	14,96	2388
0,2	59,7	7,8	2360
0,4	75,4	4,071	2322
0,59	85,45	2,785	2297
0,79	93,0	2,127	2278
0,89	96,2	1,905	2269
0,99	99,1	1,726	2262
1,02	100	1,674	2260
1,22	105	1,42	2242
1,78	116,3	0,996	2215
1,98	119,6	0,902	2206
2,97	132,9	0,617	2168
3,96	142,9	0,4708	2137
4,95	151,1	0,3818	2111
5,94	158,1	0,3214	2088
6,93	164,2	0,2778	2067
7,92	169,6	0,2448	2048
8,91	174,5	0,2189	2031
9,9	179,0	0,1980	2014
11,88	187,1	0,1663	1984
13,86	194,1	0,1434	1956
15,84	200,4	0,1261	1930
17,82	206,2	0,1125	1907
19,80	211,4	0,1015	1882
29,70	232,8	0,0679	1790
39,60	249,2	0,0506	1712
55,54	270	0,0356	1605
75,14	290	0,0255	1480
99,99	310	0,0183	1320
129,69	330	0,0130	1140
167,31	350	0,00881	893
212,85	370	0,00493	440
222,85	374	0,00347	113
223,39	374,15	0,00326	0

Tabelle 3.17: Volumenausdehnungskoeffizienten von Flussigkeiten (bei Temperaturen um 18 °C)

Stoff	$\frac{\gamma}{10^{-4}\ °C^{-1}}$	Stoff	$\frac{\gamma}{10^{-4}\ °C^{-1}}$
Aceton	14,3	Quecksilber	1,8
Anilin	8,5	Salpetersaure	12,4
Äthanol	11,0	Schwefelkohlenstoff	11,9
Äthylather	16,3	Terpentin	9,40
Benzol	10,6	Toluol	10,80
Chloroform	12,8	Wasser bei 5...10 °C	0,53
Erdöl	9,2	bei 10...20 °C	1,50
Glycerin	5,0	bei 20...40 °C	3,02
Methanol	11,9	bei 40...60 °C	4,58
Petroleum	10,0	bei 60...80 °C	5,87
Propanol	9,8		

Tabelle 3.18: Linearer Ausdehnungskoeffizient fester Stoffe (bei Temperaturen um 20 °C)

Stoff	$\frac{\alpha}{10^{-6}\ °C^{-1}}$	Stoff	$\frac{\alpha}{10^{-6}\ °C^{-1}}$
Aluminium	22,9	Kupfer	16,7
Beton	12,0	Magnesium	25,1
Blei	28,3	Mauerziegel	5,5
Bronze	17,5	Messing	18,9
Diamant	0,91	Neusilber	18,4
Duraluminium	22,6	Nickel	13,4
Ebonit	70,0	Platin	8,9
Eis (von -10...0 °C)	50,7	Platin-Iridium Legierung	8,7
Eisen, geschmiedet	11,9	Porzellan	3,0
Eisen, gegossen	10,2	Pyrexglas	3
Glas	8,5	Quarz, geschmolzen	0,5
Gold	14,5	Stahl (unlegiert)	11,9
Granit	8,3	Stahl, nichtrostend	16,0
Gußeisen	10,4	Viniplast (PVC)	70
Holz, längs der Faser	2...6	Wismut	13,4
Holz, quer zur Faser	50...60	Wolfram	4,3
Invar (36,1 %)	0,9	Zement	12,0
Iridium	6,5	Zink	30,0
Kohlenstoff (Graphit)	7,9	Zinn	21,4
Konstantan	17,0		

Tabelle 3.19: Linearer Ausdehnungskoeffizient, bei verschiedenen Temperaturen, α, 10^{-6} K^{-1} (10^{-6} $°C^{-1}$)

Stoff	Temperatur, K				
	0	40	100	200	300
Aluminium	0	1	11	19,5	23
Fluoroplast (Teflon)	0	35	55	95	282
Kupfer	0	1	9,5	15	17,5
Pyrexglas	0	-0,5	1,6	2,5	3,2
Stahl mit geringem Kohlenstoffgehalt	0	0,5	5	10	11,5
Stahl, nichtrostend	0	-0,2	8	13,5	16
Titan	0	0,5	4	7	8,5

Tabelle 3.20: Oberflachenspannungen (bei 20 °C)

Stoff	α 10^{-3} N/m	Stoff	α 10^{-3} N/m
Aceton	23,7	Nitrobenzol	43,9
Anilin	42,9	Olivenöl (18 °C)	36,4
Äthanol	22,8	Petroleum (0 °C)	28,9
Äthyläther	16,9	Propanol	23,8
Benzol	29,0	Rizinusöl (18 °C)	36,4
Erdöl	26	Salpetersäure	59,4
Essigsaure	27,8	Schwefelsäure (85 %)	57,4
Glycerin	59,4	Toluol	28,5
Methanol	22,6	Wasser	72,8

Tabelle 3.21: Oberflächenspannung von Wasser und Äthanol bei verschiedenen Temperaturen
α, 10^{-3} N/m

Stoff \ Temperatur, °C	0	30	60	90	120	150
Wasser	75,6	71,18	66,18	60,75	54,9	48,63
Äthanol	24,4	21,9	19,2	16,4	13,4	10,1

Stoff \ Temperatur, °C	180	210	240	300	370	
Wasser	42,25	35,4	28,57	14,40	0,47	
Äthanol	6,7	3,3	0,1	–	–	

Tabelle 3.22: Oberflächenspannung von Metallschmelzen

Metall	Temperatur, °C	α, 10^{-3} N/m
Aluminium	750	520
Blei	350	442
	450	438
	500	431
Kalium (unter CO_2-Atmosphäre)	64	410
Natrium	100	206,4
	250	199,5
Quecksilber	20	465
	112	454
	200	436
	300	405
	354	394
Wismut	300	376
	400	370
	500	363
Zinn	300	526
	400	518
	500	510

Tabelle 3.23: Koeffizient der Wärmeleitung verschiedener Stoffe

Stoff	Feuchtigkeit Gew.-%	λ, W/m °C
	Metall	
Aluminium	–	209,3
Eisen	–	74,4
Gold	–	312,8
Gußeisen	–	62,8
Kupfer	–	389,6
Messing	–	85,5
Quecksilber	–	29,1
Silber	–	418,7
Stahl	–	45,5
	wärmeisolierende Stoffe	
Asbestfilz	lufttrocken	0,052...0,093
Asbestpappe	lufttrocken	0,157
Glaswolle	–	0,035...0,081
Kesselschlacke	lufttrocken	0,233...0,372
Mipor (mikroporöser Gummi)	–	0,038
Schaumbeton	lufttrocken	0,07...0,32
Schaumglas	lufttrocken	0,073...1,07
Schaumkunststoff	lufttrocken	0,043...0,058
Schilf-(Preßmasse) Platten	lufttrocken	0,105
Wollfilz	lufttrocken	0,047...0,058
	andere Stoffe	
Bakelitlack	–	0,29
Beton mit Schotter (Splitt)	8	1,28
Eiche längs der Fasern	6...8	0,35...0,43
Eiche quer zur Faser	6...8	0,2...0,21
Eis	–	2,21
Eisenbeton	8	1,55
Fichte längs der Fasern	8	0,35...0,41
Fichte quer zu den Fasern	8	0,14...0,16
Glas (gewöhnliches)	–	0,74
Granit	–	3,14
Kies	lufttrocken	0,36
Korkplatten	0	0,042...0,054
Leder	lufttrocken	0,14...0,16
Mauerziegel	lufttrocken	0,67...0,87
Papier (gewöhnlich)	lufttrocken	0,14
Pappe	lufttrocken	0,14...0,35
Schlackenbeton	13	0,698
Schnee, alt	–	0,35
Schnee, neu	–	0,105
Ton	15...20	0,7...0,93
Viniplast (PVC)	–	0,126

Tabelle 3.24: Koeffizient der Warmeleitung von Asbest bei verschiedenen Temperaturen (ρ = 576 kg/m³)

ϑ, °C	0	50	100	150
λ, W/m °C	0,15	0,18	0,195	0,205

Tabelle 3.25: Koeffizient der Wärmeleitung von Schaumbeton bei verschiedenen Temperaturen (ρ = 400 kg/m³)

ϑ, °C	- 18	65	90	126	160
λ, W/m °C	0,11	0,11	0,125	0,17	0,175

Tabelle 3.26: Koeffizient der Warmeleitung einiger Flussigkeiten bei verschiedenen Temperaturen (längs der Sättigungskurve, W/m °C)

Stoff	Temperatur, °C		
	0	50	100
Aceton	0,17	0,16	0,15
Anilin	0,19	0,177	0,167
Äthanol	0,188	0,177	–
Benzol	–	0,138	0,126
Glycerin	–	0,283	0,288
Methanol	0,214	0,207	–
Rizinusöl	0,184	0,177	0,172
Wasser	0,551	0,648	0,683
Toluol	0,142	0,129	0,119
Vaselinöl	0,126	0,122	0,119

Tabelle 3.27: Koeffizient der Warmeleitung von Gasen bei normalem Druck

Stoff	Temperatur °C	λ 10^{-4} W/m °C
Argon	41	187
Helium	43	1558
Kohlendioxid	20	162
Luft	20	257
Methan	0	307
Sauerstoff	20	262
Stickstoff	15	251
Wasserstoff	15	1754

Tabelle 3.28: Thermischer Koeffizient von Gasen

Gas	Ammoniak	Helium	Kohlendioxid	Luft ohne CO_2	Sauerstoff	Stickstoff	Wasserstoff
α, 10^{-3} °C^{-1}	3,802	3,660	3,726	3,674	3,674	3,674	3,662

Tabelle 3.29: Die Standardatmosphare
(p_0 und ρ_0 bedeuten Druck und Dichte der Luft unter normalen Bedingungen)

Höhe m	Druck p/p_0	Dichte ρ/ρ_0	Temperatur °C	Hohe m	Druck p/p_0	Dichte ρ/ρ_0	Temperatur °C
0	1	1	15	6000	0,465	0,538	-24
1000	0,887	0,907	8,5	7000	0,405	0,481	-30,5
2000	0,784	0,822	2	8000	0,351	0,428	-37
3000	0,692	0,742	-4,5	9000	0,303	0,381	-43
4000	0,608	0,669	-11	10000	0,261	0,337	-50
5000	0,533	0,601	-17,5				

Tabelle 3.30: Diffusionskoeffizient von Gasen und Dampfen in Luft
(bei 0 °C und 1,01 bar)

Gas	D 10^{-4} m²/s	Gas	D 10^{-4} m²/s
Acethylen	0,19	Kohlendioxid	0,14
Ammoniak	0,2	Methan	0,2
Äthanol	0,10	Methanol	0,13
Äthylather	0,08	Sauerstoff	0,18
Benzin (fur Flugzeugmotoren)	0,079	Schwefelkohlenstoff	0,09
		Toluol	0,07
Benzol	0,078	Wasserdampf	0,21
Essigsaure	0,107	Wasserstoff	0,64

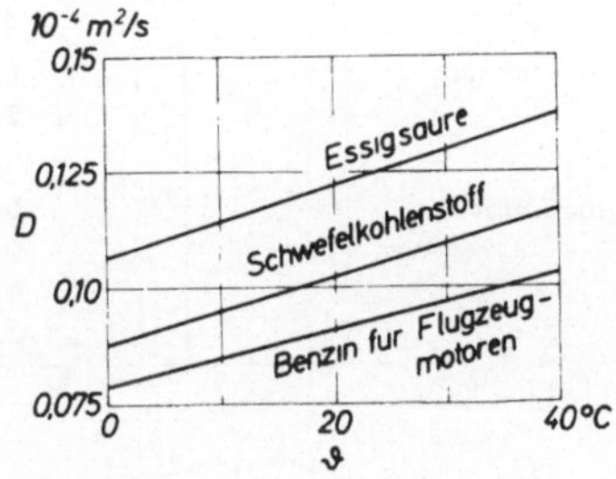

Bild 3.11
Temperaturabhängigkeit des Diffusionskoeffizienten von Gasen und Dämpfen in Luft

Tabelle 3.31: Diffusionskoeffizient wäßriger Lösungen in reinem Wasser

Stoff	ϑ °C	Konzentration der Lösung	D 10^{-9} m²/s
Ammoniak	12	1,0	1,64
	4	3,55	1,23
		3,75	0,52
Äthanol	11	0,05	0,84
		0,25	0,8
		0,75	0,72
		3,75	0,52
Calciumchlorid	10	0,27	0,79
		2,0	0,79
Glycerin	10,14	0,125	0,412
		0,875	0,396
		1,75	0,347
Kaliumchlorid	17,5	0,02	1,57
	18	1,0	1,54
		3,8	1,55
Kupfervitriol	17	0,10	0,45
		0,50	0,34
		1,95	0,27
Natriumchlorid	15	0,02	1,09
		0,1	1,09
		0,9	1,12
		3,9	1,18
Rohrzucker	18,5	0,30	0,36
		0,97	0,28
		1,97	0,50
Salpetersäure	19,5	0,10	2,4
		0,90	2,62
		3,90	2,85
Salzsäure	19,2	0,10	2,56
		0,90	3,04
		3,20	4,5
Schwefelsäure	18	0,35	1,53
		2,85	1,85
		4,85	2,20
Silbernitrat	12	0,02	1,19
		0,10	1,13
		0,90	1,02
		3,9	0,61

Tabelle 3.32: Gaskinetisch ermittelte Molekuldurchmesser d

Stoff	$\frac{d}{10^{-10}\text{ m}}$	Stoff	$\frac{d}{10^{-10}\text{ m}}$
Argon	3,6	Neon	3,54
Chlor	5,44	Quecksilber	3,0
Helium	2,15	Sauerstoff	3,56
Kohlendioxid	4,54	Stickstoff	3,7
Kohlenmonoxid	3,70	Wasserstoff	2,7
Krypton	3,14	Xenon	4,0
Methan	4,44		

Tabelle 3.33: Van der Waalssche Konstanten

Stoff	$\frac{a}{10^5\text{ J m}^3/\text{k mol}^2}$	$\frac{b}{10^{-3}\text{ m}^3/\text{k mol}}$
Aceton	14,1	98,5
Ammoniak	4,22	37,2
Argon	1,36	32,3
Äthanol	12,2	840
Äthylather	17,5	134
Benzol	18,2	115
Helium	0,035	23,8
Krypton	2,34	39,9
Methan	2,28	27,1
Methanol	15,2	67
Neon	0,22	17,1
Propan	0,88	84,5
Propanol	15	101
Quecksilber	8,2	16,7
Sauerstoff	1,38	31,8
Stickstoff	1,41	39,2
Wasser	5,55	30,5
Wasserstoff	2,47	26,6
Xenon	4,15	51

Tabelle 3.34: Spezifische Verbrennungswarme von Brennstoffen

W_o obere Warme ≙ Verbrennungswarme ohne Berucksichtigung der Verluste durch Verdampfen des im Brennstoff enthaltenen Wassers

W_u untere Warme ≙ Verbrennungswarme mit Berucksichtigung der Verluste

Brennstoff	W_o 10^5 J/kg	W_u 10^5 J/kg
	feste Brennstoffe	
Anthrazit (Qualitat „A")	320...340	190...270
Braunkohle	250...290	100...170
Dynamit	–	54
Holz	190	100
Holzkohle (trocken)	300	–
Ölschiefer	270...330	63...84
Schießpulver	–	30...31
Steinkohle langflammend (O)	310...320	210...240
Torf	220...250	84...110
	flussige Brennstoffe	
Äthanol	–	272
Benzin, Super	–	441
Benzin, Normal	–	436
Dieselkraftstoff	–	427
Petroleum	–	430
Schwerol	–	390...410
	gasformige Brennstoffe	
Erdgas	–	360
Kohlenmonoxid	–	130
Kokereigas	–	160...190
Leuchtgas	–	175...210
Wasserstoff	–	110

Tabelle 3.35: Psychrometrische Tabelle der relativen Luftfeuchtigkeit

Ablesung am trockenen Thermometer °C	Differenz zwischen den Ablesungen am trockenen und feuchten Thermometer °C										
	0	1	2	3	4	5	6	7	8	9	10
0	100	81	63	45	28	11	–	–	–	–	–
2	100	84	68	51	35	20	–	–	–	–	–
4	100	85	70	56	42	28	14	–	–	–	–
6	100	86	73	60	47	35	23	10	–	–	–
8	100	87	75	63	51	40	28	18	7	–	–
10	100	88	76	65	54	44	34	24	14	4	–
12	100	89	78	68	57	48	38	29	20	11	–
14	100	90	79	70	60	51	42	33	25	17	9
16	100	90	81	71	62	54	45	37	30	22	15
18	100	91	82	73	64	56	48	41	34	26	20
20	100	91	83	74	66	59	51	44	37	30	24
22	100	92	83	76	68	61	54	47	40	34	28
24	100	92	84	77	69	62	56	49	43	37	31
26	100	92	85	78	71	64	58	50	45	40	34
28	100	93	85	78	72	65	59	53	48	42	37
30	100	93	86	79	73	67	61	55	50	44	39

Bemerkung: Die relative Feuchtigkeit bestimmt man mit dem *Psychrometer*, einem aus zwei Thermometern bestehenden Gerat. Das eine Thermometer ist trocken, während die Quecksilberkugel des anderen mit einem feuchten Stoff umgeben ist. In der Tabelle findet man die relative Luftfeuchtigkeit, indem man die Spalte wahlt, die der Differenz zwischen den Ablesungen des trockenen und des feuchten Thermometers entspricht. Weiterhin sucht man die am trockenen Thermometer abgelesene Temperatur in der ersten Spalte und entnimmt im Schnittpunkt der zugehörigen Zeile und der gewahlten Spalte die gesuchte relative Luftfeuchtigkeit.

4. Mechanische Schwingungen und Wellen – Grundbegriffe und Gesetze

4.1. Harmonische Schwingungen

In Physik und Technik versteht man unter *Schwingungen* Bewegungen (oder Zustandsanderungen), die sich wiederholen.

Sind die Schwingungen nur durch die Veränderung mechanischer Großen (Auslenkung, Geschwindigkeit, Dichte, Beschleunigung usw.) gekennzeichnet, so bezeichnet man sie als *mechanische Schwingungen.*

Schwingungen sind *periodisch*, wenn sich jeder Wert der sich verändernden Große unbegrenzt oft und in gleichen Zeitabständen wiederholt. Die kleinste Zeitspanne T, nach der sich die Werte der sich verändernden Größe wiederholen, nennt man *Schwingungsdauer.*

Die Große $\nu = 1/T$ ist die *Frequenz* der Schwingung. Die *Einheit der Frequenz* ν ist das **Hertz** (Hz). Die Frequenz von 1 Hz entspricht einer Schwingungsdauer von 1 s.

Läßt sich eine periodische Schwingung durch eine Sinuskurve (Kosinuskurve) entsprechend der Gleichung

$$y = A \sin(\omega t + \varphi) \tag{4.1}$$

beschreiben, so heißt sie *harmonisch.*

Die positive Größe A in (4.1) ist die *Amplitude* der Schwingung, d.h. ihre großte Auslenkung $y_{\max}$, $(\omega t + \varphi)$ ihre *Phase*, φ die *Anfangsphase* und ω die *Kreisfrequenz*:

$$\omega = \frac{2\pi}{T} = 2\pi\nu\,. \tag{4.2}$$

Die Phase bestimmt den zeitlichen Wert der sich bei der Schwingung verändernden Größe. Die *Einheiten der Phase* sind die Winkeleinheiten Radiant, rad, oder Grad, °. Die *Einheit der Kreisfrequenz* ist 1/s.

Als Beispiel einer harmonischen Schwingung diene die Projektion eines gleichformig mit der Kreisfrequenz ω rotierenden Punktes (Bild 4.1). Den Positionen 1 und 2 auf der Kreisbahn entsprechen die Auslenkungen

$$y_1 = r \sin\alpha = r \sin\omega t$$
$$y_2 = r \sin(\alpha + \varphi) = r \sin(\omega t + \varphi)$$

in der Projektion.

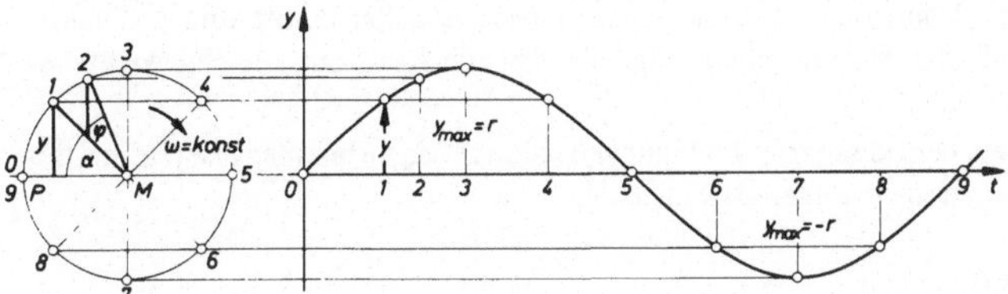

Bild 4.1. Harmonische Schwingung

Zwei Schwingungen gleicher Frequenz, jedoch mit unterschiedlichem Phasenbeginn, haben eine zueinander verschobene Phase (Bild 4.2).

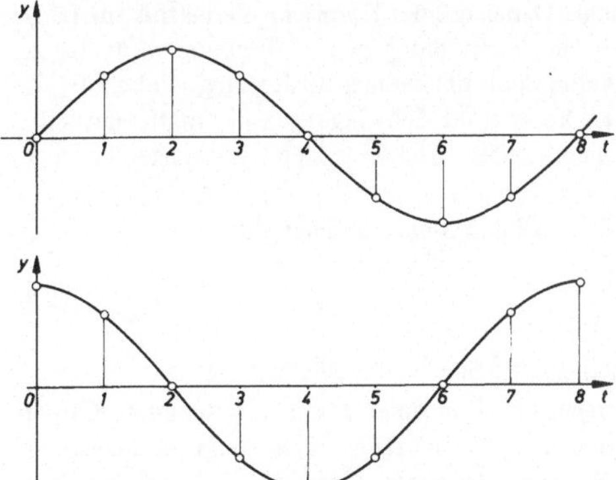

Bild 4.2
Zwei harmonische Schwingungen mit einer Phasenverschiebung von 90°

Die Differenz im Phasenbeginn nennt man *Phasenverschiebung* (oder *Phasendifferenz*). Die Phasenverschiebung zweier Schwingungen gleicher Frequenz ist vom Zeitpunkt der Messung unabhängig. So ist die Phasenverschiebung zwischen den Projektionen der Punkte 1 und 2 (Bild 4.1) in jedem beliebigen Zeitpunkt gleich φ.

Ein Körper schwingt harmonisch, wenn *quasielastische Kräfte* auf ihn wirken. Als quasielastisch bezeichnet man elastische Kräfte, deren Betrag proportional der Auslenkung eines Körpers aus seiner stabilen Gleichgewichtslage ist. Sie sind stets zur Gleichgewichtslage gerichtet. Der mathematische Ausdruck einer quasielastischen Kraft lautet

$$F = -ky, \tag{4.3}$$

wobei k der Proportionalitätsfaktor der quasielastischen Kraft und y die Auslenkung sind; das Minuszeichen zeigt an, daß die Kraft zur Gleichgewichtslage gerichtet ist.

Alle Arten periodischer Schwingungen können als zusammengesetzte harmonische Schwingungen aufgefaßt werden[1]).

4.2. Pendel

Jeder an einem Drehpunkt befestigte Körper, dessen Schwerpunkt sich unterhalb dieses Drehpunkts befindet, ist ein *physisches Pendel*. Ein derart aufgehängter Körper kann schwingen. Bei einem *mathematischen Pendel* denkt man sich die gesamte Masse eines (an einem gewichtslosen Faden) aufgehängten Körpers in einem Punkt konzentriert. Ein mathematisches Pendel läßt sich annähernd realisieren, wenn man einen (schweren) Körper (Kugel) an einem nicht dehnbaren Faden aufhängt. Dabei soll der Körper im Verhältnis zur Länge des Fadens klein bemessen sein; die Luftreibung und die Reibung im Aufhängepunkt sollen vernachlässigbar gering sein. Bei kleinen Auslenkungswinkeln ($< 5°$) und damit kleinen Amplituden können die Schwingungen des mathematischen Pendels als harmonisch angesehen werden. Alle folgenden Gleichungen beziehen sich auf solche Schwingungen.

Für die Schwingungsdauer des mathematischen Pendels gilt:

$$T = 2\pi\sqrt{\frac{l}{g}}, \tag{4.4}$$

wobei l die Länge des Pendels und g die Schwerebeschleunigung ist.

Die geradlinigen Schwingungen eines an einer Feder aufgehängten Körpers (Federpendel) können als harmonisch betrachtet werden, wenn die Amplitude im Geltungsbereich des Hookeschen Gesetzes (siehe S. 31) liegt und die Reibungskräfte genügend klein sind.

Die Schwingungsdauer eines Federpendels beträgt:

$$T = 2\pi\sqrt{\frac{m}{c}}, \tag{4.5}$$

wobei m die Masse des Körpers und c die *Federrate* der Feder ist. c ist der Quotient aus der Federspannkraft F_s und dem Federweg Δs:

$$c = \frac{F_s}{\Delta s}.$$

---

[1]) Die mathematische Analyse beweist, daß jede periodische Schwingung aus unendlich vielen harmonischen Schwingungen zusammengesetzt ist. Die Schwingungen lassen sich in Form von *Fourier-Reihen* darstellen

c ist zahlenmäßig gleich der Kraft, die zum Dehnen oder Verkürzen der Feder um eine Längeneinheit notwendig ist[1]).

Die *Einheit der Federrate* ist N/m.

Ein *Torsionspendel* stellt einen Körper dar, der unter Einwirkung elastischer Kräfte Drehschwingungen vollführt (z.B. ein an einem Stahldraht hängender Körper) (Bild 4.3). Unter bestimmten Bedingungen, wenn nämlich die Schwingungsamplitude und die Reibungskräfte klein genug sind, können auch diese Schwingungen als harmonisch angesehen werden. Für die Schwingungsperiode des Torsionspendels gilt:

$$T = 2\pi\sqrt{\frac{J}{D}}, \tag{4.6}$$

wobei J das *Trägheitsmoment* des Körpers in bezug auf die Drehachse und D das *Richtmoment* ist: Das Richtmoment ist, analog zur Federrate, der Quotient aus dem Rückstellmoment (Torsionsmoment) M_R und dem Drehwinkel (Torsionswinkel) $\Delta\varphi$:

$$D = \frac{M_R}{\Delta\varphi}.$$

D ist zahlenmäßig gleich dem Rückstellmoment, durch das der Körper um den Einheitswinkel gedreht wird.

Die *Einheit des Richtmoments* ist Nm/rad.

Die Schwingungsdauer eines *physischen Pendels* (Bild 4.4) beträgt:

$$T = 2\pi\sqrt{\frac{J}{mgl}}. \tag{4.7}$$

J ist das Trägheitsmoment in bezug auf die durch den Aufhängepunkt verlaufende Achse, l der Abstand zwischen dieser Achse und dem Schwerpunkt, m die Masse des schwingenden Körpers und g die Schwerebeschleunigung.

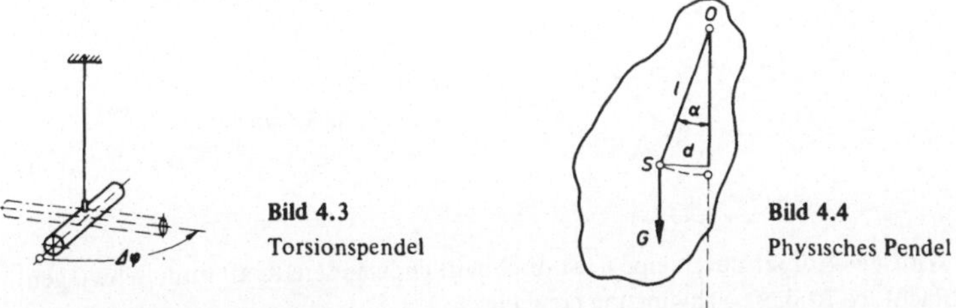

Bild 4.3 Torsionspendel

Bild 4.4 Physisches Pendel

[1]) Die Beziehung (4.5) gilt nicht nur für das Federpendel, sondern für alle Schwingungsarten, denen die Gl. (4.3) entspricht.

Die Größe $l' = J/ma$ ist die *reduzierte Lange* des physischen Pendels. Sie entspricht der Länge eines mathematischen Pendels mit der gleichen Schwingungsdauer.

4.3. Freie und erzwungene Schwingungen

Ein aus seiner (stabilen) Gleichgewichtslage gebrachter und dann freigelassener Körper vollführt *freie Schwingungen* (*Eigenschwingungen*).

Werden die Eigenschwingungen eines Körpers nur durch quasielastische Kräfte bewirkt, so sind sie harmonisch.

Wirken auf einen schwingenden Korper gleichzeitig quasielastische und Reibungskräfte (die letzteren sind der Momentangeschwindigkeit proportional: $F_r = -rv$[1]), wobei v die Geschwindigkeit ist), so ist die Schwingung gedämpft. Bei *gedämpften Schwingungen* gilt für die Auslenkung:

$$y = A\,e^{-\delta t}\sin(\omega t + \varphi)\,. \qquad (4.8)$$

Die positive Größe A ist die Anfangsamplitude, δ ist der Dampfungskoeffizient, e die Basis der natürlichen Logarithmen, $Ae^{-\delta t}$ die momentane Amplitude und ω die Kreisfrequenz; es gelten

$$\delta = \frac{r}{2m} \qquad (4.9)$$

und

$$\omega = \sqrt{\frac{k}{m} - \frac{r^2}{4m^2}}\,, \qquad (4.10)$$

wobei r der Widerstandskoeffizient, m die Masse des schwingenden Körpers und k der Koeffizient der quasielastischen Kraft ist.

Eine gedämpfte Schwingung ist in Bild 4.5 dargestellt.

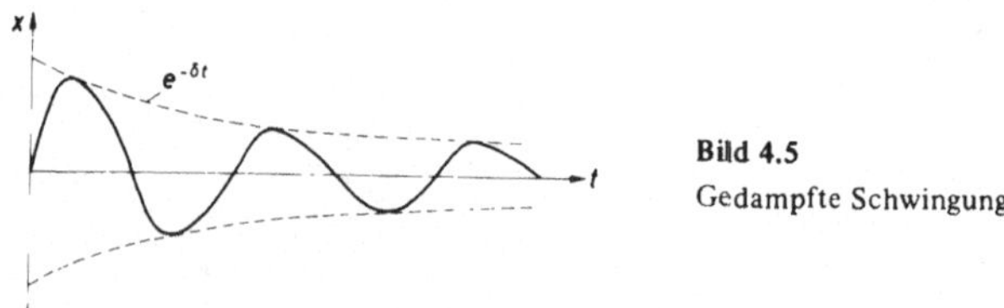

Bild 4.5
Gedampfte Schwingung

Wird ein Korper durch eine periodisch wirkende äußere Kraft zum Schwingen gebracht, so ist diese Schwingung *erzwungen*.

---

1) Das Minuszeichen bedeutet, daß Geschwindigkeit und Kraft entgegengesetzt gerichtet ist.

Die Amplitude einer *erzwungenen Schwingung* nimmt rasch zu, je mehr sich ihre Frequenz der Frequenz der Eigenschwingung nähert (Bild 4.6). Sie ist am größten, wenn beide Frequenzen übereinstimmen. Man nennt diese Erscheinung *Resonanz*.

Je stärker die Dämpfung, umso schwächer die Resonanz (Bild 4.6). Sie kann auch ganz ausbleiben, wenn $r/2m\,\omega_0 > 1$.

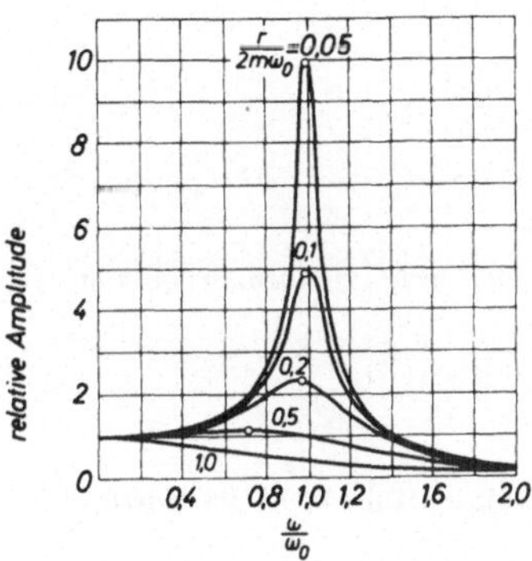

Bild 4.6
Resonanzkurven bei verschieden starker Dampfung. Die Ordinatenwerte entsprechen der relativen Amplitude $\frac{A}{F_0/k}$, wobei A die Amplitude und F_0/k die statistische Auslenkung bedeuten; letztere entspricht der Auslenkung, die durch eine konstant wirkende Kraft verursacht würde, die gleich ist dem Höchstwert der periodisch wirkenden Kraft. Auf der Abszisse ist die relative Frequenzänderung ω/ω_0 aufgetragen. $\omega_0 = \sqrt{k/m}$ ist die Frequenz der ungedampften Eigenschwingungen. Die einzelnen Kurven gelten für verschiedene Werte von $r/2m\,\omega_0$. Die kleinen Kreise bedeuten die Amplitudenmaxima.

In Uhren und ähnlichen Geräten wirken rhythmisch einsetzende äußere Kräfte der Dämpfung entgegen, so daß die Amplitude des Pendels oder der Unruh gleich bleibt. Die Zeitpunkte der Kraftwirkung werden hierbei vom schwingenden System selbst bestimmt. Solche Schwingungen werden als *parametererregt* bezeichnet.

4.4. Addition harmonischer Schwingungen

Vollführt ein Körper gleichzeitig zwei (oder mehr) Schwingungen, so ist die zu einem beliebigen Zeitpunkt resultierende Auslenkung stets gleich der vektoriellen Summe der Auslenkungen der einzelnen Schwingungen.

Die *Addition der beiden gleichgerichteten Schwingungen gleicher Frequenz*

$$y_1 = A_1 \sin(\omega t + \varphi_1),$$
$$y_2 = A_2 \sin(\omega t + \varphi_2)$$

erfolgt, wie in Bild 4.7 gezeigt, nach der *Parallelogrammregel*. Die resultierende Amplitude ist A_{res}.

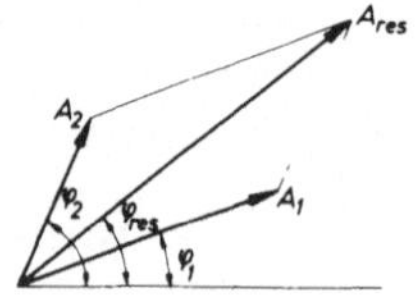

Bild 4.7
Zusammensetzung der Amplituden zweier gleichgerichteter harmonischer Schwingungen

Die resultierende Auslenkung betragt

$$y_{res} = A_{res} \sin(\omega t + \varphi_{res}),$$

wobei

$$A_{res} = \sqrt{A_1^2 + A_2^2 + 2A_1A_2 \cos(\varphi_2 - \varphi_1)},$$

$$\tan \varphi_{res} = \frac{A_1 \sin\varphi_1 + A_2 \sin\varphi_2}{A_1 \cos\varphi_1 + A_2 \cos\varphi_2}.$$

Vollführt ein Korper *gleichzeitig zwei senkrecht zueinander gerichtete Schwingungen gleicher Frequenz*, so gilt

$$x = A_1 \sin \omega t,$$
$$y = A_2 \sin(\omega t + \varphi);$$

der schwingende Korper beschreibt eine Ellipse (Bild 4.8), die durch die Gleichung

$$\frac{x^2}{A_1^2} + \frac{y^2}{A_2^2} - \frac{2xy}{A_1A_2} \cos\varphi = \sin^2\varphi$$

gegeben ist.

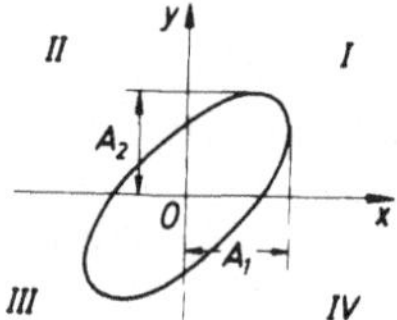

Bild 4.8
Zusammensetzung zweier senkrecht zueinander gerichteter harmonischer Schwingungen

Im Falle $A_1 = A_2$ und $\varphi = 90°$ entartet die Ellipse zu einem Kreis mit dem Radius A_1. Bei $\varphi = 0$ bewegt sich der Korper auf einer Geraden durch die Quadranten I und III. Bei $\varphi = \pi$ führt die Schwingung geradlinig durch die Quadranten II und IV.

4.5. Wellen

Unter *Wellen* versteht man die Ausbreitung einer Störung (bzw. einer Zustandsänderung).

Versetzt man einem Metallstab an einem Ende einen Schlag, so kommt es dort zu einer ortlichen Deformation, die sich anschließend mit bestimmter Geschwindigkeit längs des Stabes ausbreitet.

Die Geschwindigkeit, mit der sich eine Storung im Raum ausbreitet, bezeichnet man als *Ausbreitungsgeschwindigkeit* der Welle. Die Ausbreitungsgeschwindigkeit mechanischer Wellen hängt vom Medium und in bestimmten Fällen auch von der Frequenz ab. Die Abhängigkeit der Ausbreitungsgeschwindigkeit von der Frequenz bezeichnet man als *Dispersion*.

Bei der Ausbreitung mechanischer Wellen vollführen die Teilchen des Mediums Schwingungen. Die Geschwindigkeit dieser Bewegung nennt man *Schallschnelle* oder *Geschwindigkeitsamplitude*.

Wenn sich bei der Ausbreitung einer Welle die für den Zustand des Mediums charakteristische Größe (Dichte, Auslenkung der Teilchen, Druck usw.) harmonisch verändert, so spricht man von *harmonischen Wellen* (*sinusförmigen Wellen*).

Das wichtigste Charakteristikum einer sinusförmigen Welle ist die *Wellenlänge* λ. Sie ist die Entfernung zweier Teilchen, die sich aufeinanderfolgend im gleichen Schwingungszustand befinden, entspricht also der Strecke, die die Welle während einer Schwingung zurücklegt:

$$\lambda = cT = \frac{c}{\nu}, \tag{4.11}$$

$$\nu = \frac{c}{\lambda}, \tag{4.12}$$

wobei c die Ausbreitungsgeschwindigkeit, ν die Frequenz und T die Schwingungsperiode darstellen.

Durch die *Gleichung für ebene harmonische Wellen* wird die Zustandsänderung des Mediums bei Ausbreitung harmonischer (sinusförmiger) Wellen beschrieben:

$$x = A \sin\left(\omega t - \frac{l}{c}\right) = A \sin(\omega t - kl),$$

wobei A die Amplitude der Welle, ω die Kreisfrequenz, l der Abstand zwischen dem Punkt, in dem die Welle angeregt wurde, und dem Beobachtungspunkt (Punkt, in dem die Änderung einer bestimmten Eigenschaft des Mediums beobachtet wird), c die Ausbreitungsgeschwindigkeit der Welle; $k = 2\pi/\lambda$ ist die *Wellenzahl*, $\omega t - kr$ die *Wellenphase*.

In der Wellengleichung kann x als beliebiger Parameter des Mediums verstanden werden (z. B. Druck, Temperatur, Elongation usw.).

Den geometrischen Ort aller Punkte gleicher Phase nennt man *Wellenfläche* oder *Wellenfront*.

Der Form der Wellenfläche nach unterscheidet man zwischen ebenen, zylindrischen und sphärischen Wellen.

Die Gleichung für *zylindrische Wellen* lautet

$$x = \frac{A}{\sqrt{l}} \sin(\omega t - kl),$$

die für *sphärische Wellen*

$$x = \frac{A}{l} \sin(\omega t - kl).$$

Schwingen die Teilchen des Mediums parallel zur Ausbreitungsrichtung, so handelt es sich um *longitudinale Wellen*. Schwingen sie senkrecht zur Ausbreitungsrichtung, so ergeben sich *transversale Wellen*. In flüssigen und gasförmigen Medien sind mechanische Wellen longitudinal. In festen Medien sind longitudinale und transversale Wellen möglich.

Die Ausbreitungsgeschwindigkeit longitudinaler Wellen in einem Stab beträgt:

$$c_{\text{long}} = \sqrt{\frac{E}{\rho}}, \qquad (4.13)$$

mit E als Elastizitätsmodul und ρ als Dichte.

Für die Ausbreitungsgeschwindigkeit longitudinaler Wellen in einem festen Körper, dessen Querschnittsmaße wesentlich größer sind als die Wellenlänge, gilt

$$c_{\text{long F}}^{\infty} = \sqrt{\frac{E}{\rho} \frac{1-\mu}{(1+\mu)(1-2\mu)}}, \qquad (4.14)$$

wobei μ die Querzahl (s. Tabelle 2.17) bedeutet.

In dünnen Folien beträgt die Ausbreitungsgeschwindigkeit longitudinaler Wellen

$$c_{\text{long F}} = \sqrt{\frac{E}{\rho(1-\mu^2)}}, \qquad (4.15)$$

und für Flüssigkeiten gilt

$$c_{\text{long Fl}} = \sqrt{\frac{\gamma}{\rho\,\kappa_{\text{is}}}}. \qquad (4.16)$$

κ_{is} ist die isotherme Kompressibilität[1]) und $\gamma = \frac{c_p}{c_v}$.

Für die Ausbreitungsgeschwindigkeit transversaler Wellen gilt

$$c_{\text{tran}} = \sqrt{\frac{G}{\rho}}, \qquad (4.17)$$

wobei G der *Schubmodul* ist (siehe S. 32).

---

[1]) Kompressibilität siehe S. 32; die isotherme Kompressibilität bezieht sich auf die Kompression bei konstanter Temperatur.

Die Geschwindigkeit von Schallwellen in Gasen beträgt

$$c_g = \sqrt{\gamma \frac{p}{\rho}}; \tag{4.18}$$

$\gamma = c_p/c_v$; p bedeutet den Druck.

Bei idealen Gasen wird die Beziehung (4.18) in der Form

$$c_g = \sqrt{\gamma \frac{RT}{\mu'}} \tag{4.19}$$

geschrieben, wobei μ' das Molekulargewicht bedeutet (bezüglich R und T siehe S. 51).

Wellen, die sich an Flüssigkeitsoberflächen ausbreiten, sind weder transversal, noch longitudinal. Die Teilchenbewegung in Oberflächenwellen (z.B. Wasser) ist von komplizierter Natur und hängt von der Wassertiefe ab (Bild 4.9).

Für die Geschwindigkeit von *Oberflachenwellen*[1]) gilt

$$c_{ob} = \sqrt{\frac{g\lambda}{2\pi} + \frac{2\pi\alpha}{\lambda\rho}}; \tag{4.20}$$

hierbei ist g die Schwerebeschleunigung, λ die Wellenlänge, α die Oberflächenspannung und ρ die Dichte.

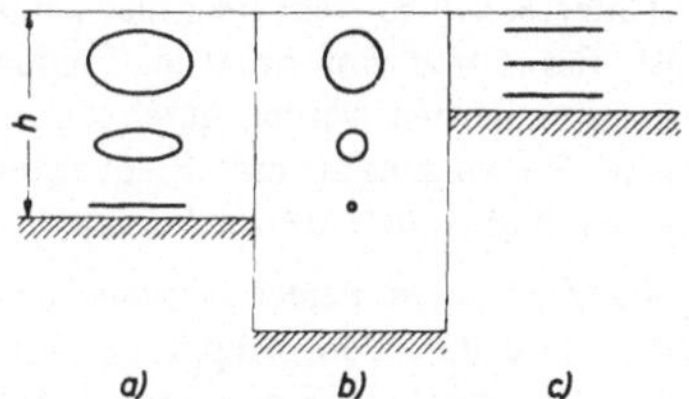

Bild 4.9
Bewegungsbahnen der Wasserteilchen bei der Ausbreitung von Oberflachenwellen:
a) in seichtem Wasser,
b) in tiefem Wasser (bei sehr großem Wert von $2\pi h/\lambda$),
c) in außerst seichtem Wasser (bei sehr geringen Werten von $2\pi h/\lambda$)

Die Gl. (4.20) gilt nur wenn die Flüssigkeitstiefe größer ist als 0,5 λ.

Ist die Tiefe h der Flüssigkeit geringer als 0,5 λ, so ist

$$c_{ob} = \sqrt{gh}. \tag{4.21}$$

Bei der Ausbreitung von Wellen wird Energie übertragen. Die Partikel des Mediums bewegen sich hierbei nicht in der Ausbreitungsrichtung, sondern schwingen nur um ihre Gleichgewichtslage (bei kleiner Amplitude in nicht viskosen Medien). Die mittlere Energie, die pro Sekunde durch 1 cm² Wellenfläche übertragen wird, bezeichnet man als *Intensität* der Welle.

---

[1]) Die Beziehung (4.20) gilt nur für Wellen an der Phasengrenze Gas – Flüssigkeit, wenn die Dichte der Flussigkeit wesentlich größer ist als die des Gases.

Die *Einheit der Intensitat* ist W/m^2.

Die Intensität von Schallwellen nennt man auch *Schallstarke*.

Beim Durchgang einer mechanischen Welle entsprechen Geschwindigkeit und Beschleunigung der Teilchen des Mediums ebenso dem Gesetz der harmonischen Schwingung wie ihre Auslenkung.

Bei einer harmonischen Welle mit der Kreisfrequenz ω und der (Auslenkungs-)Amplitude y beträgt die Hochstgeschwindigkeit der Schwingung (Amplitude der Schallschnelle)

$$v_{max} = \omega y_{max} , \tag{4.22}$$

die Hochstbeschleunigung der Schwingung (Amplitude der Beschleunigung) ist

$$a_{max} = \omega^2 y_{max} ; \tag{4.23}$$

für die Intensität ergibt sich

$$J = \frac{1}{2} \rho c v_{max}^2 , \tag{4.24}$$

wobei ρ die Dichte des Mediums und c die Geschwindigkeit der Welle ist.

4.6. Schall

Unter *Schall* versteht man mechanische Schwingungen in elastischen Medien (fest, flüssig und gasförmig) im Frequenzbereich von 17 Hz bis zu 20 000 Hz. Diese Frequenzen werden durch das menschliche Ohr wahrgenommen. Mechanische Schwingungen mit Frequenzen unter 17 Hz nennt man *Infraschall*, solche mit über 20 000 Hz *Ultraschall*.

Das Ohr unterscheidet zwischen Lautstarke, Hohe und Klangfarbe. Die *Lautstärke* wird durch die Amplitude bestimmt, die *Hohe* durch die Frequenz, die *Klangfarbe* durch die Frequenzen und die Amplituden der Obertöne.

Die bei der Ausbreitung von Schallwellen im Medium stattfindenden Druckänderungen (bezogen auf den Druck ohne Wellen) nennt man *Schalldruck* (auch Schallwechseldruck genannt). Der höchste Schalldruck einer Schwingung (Amplitude des Schalldruckes) p_{max} hängt mit der größten Schallschnelle durch die Beziehung

$$p_{max} = \rho c v_{max} \tag{4.25}$$

zusammen.

Die Intensität ebener Schallwellen verringert sich infolge Absorption durch das Medium entsprechend

$$J_x = J_0 e^{-2\alpha x} , \tag{4.26}$$

wobei J_0 die Intensität der in das Medium eintretenden Wellen und J_x ihre Intensität nach Zurücklegung des Weges x im Medium ist.

Die Größe α ist ein Maß für die Abschwächung der Schallwellen und heißt *Absorptionskoeffizient* (für die Amplitude).

Der Schallintensität entspricht die Empfindung der Lautstärke. Sinkt die Intensität unter ein bestimmtes Minimum, so wird der Schall nicht mehr wahrgenommen. Dieses Intensitätsminimum nennt man *Hörbarkeitsschwelle* (*Reizschwelle*). Die Reizschwelle besitzt bei verschiedenen Frequenzen unterschiedliche Werte. Bei starken Schallintensitäten tritt Schmerzempfinden auf. Die geringste Intensität, bei der Schmerzen empfunden werden, nennt man *Schmerzschwelle*.

Die *Einheit der Intensitätsänderungen* ist das **Dezibel** (dB).

Der Dezibel-Wert ist gleich dem zehnfachen dekadischen Logarithmus des Verhältnisses der Ausgangs- zur Eingangsintensität, nämlich $10 \lg \frac{J}{J_0}$.

In der Akustik wird allgemein J_0 gleich 10^{-11} W/m² angenommen. Diese Intensität entspricht der Reizschwelle bei 1000 Hz.

Tabellen und Diagramme

Tabelle 4.1: Schallgeschwindigkeit in reinen Flüssigkeiten und Ölen

Stoff	ϑ °C	c m/s	α m/s °C
		reine Flüssigkeiten	
Aceton	20	1192	- 5,5
Anilin	20	1656	- 4,6
Äthanol	20	1180	- 3,6
Benzol	20	1326	- 5,2
Glycerin	20	1923	- 1,8
Methanol	20	1123	- 3,3
Petroleum	34	1295	–
Quecksilber	20	1451	- 0,46
Wasser, Leitungswasser	25	1497	2,5
Wasser, Meerwasser	17	1510...1550	–
		Öle	
Arachisöl	31,5	1562	–
Eukalyptusöl	29,5	1276	–
Gasolin	34	1250	–
Leinöl	31,5	1772	–
Olivenöl	32,5	1381	–
Rüböl	30,8	1450	–
Spindelöl	32	1342	–
Transformatorenöl	32,5	1425	–
Zedernöl	29	1406	–

Bemerkung: In Flüssigkeiten (Wasser ausgenommen) verringert sich die Schallgeschwindigkeit mit zunehmender Temperatur. Für andere als die angegebenen Temperaturen kann die Schallgeschwindigkeit nach der Formel $c_\vartheta = c + \alpha(\vartheta - \vartheta_0)$ berechnet werden; hierbei ist c die in der Tabelle angeführte Geschwindigkeit, α der Temperaturkoeffizient (der für reine Flüssigkeiten in der letzten Spalte angegeben ist), ϑ die Temperatur, für die die Schallgeschwindigkeit berechnet wird, und ϑ_0 die Temperatur aus der Tabelle.

Tabelle 4.2: Schallgeschwindigkeit in festen Stoffen

$c_{long\,S}$ Geschwindigkeit longitudinaler Wellen in einem Stab

c_{long}^{∞} Geschwindigkeit longitudinaler Wellen in einem unbegrenzten Medium

c_{tran} Geschwindigkeit transversaler Wellen in einem unbegrenzten Medium

Stoff	$c_{long\,S}$ m/s	c_{long}^{∞} m/s	c_{tran} m/s
Aluminium	5080	6260	3080
Blei	2640	3600	1590
Ebonit	1570	2405	–
Eis	3280	3980	1990
Eisen	5170	5850	3230
Flintglas, leichtes	4550	4800	2950
Flintglas, schweres	3490	3760	2220
Gips	–	4970	2370
Glimmer	–	7760	2160
Gummi	46	1040	27
Kalkstein	–	6130	3200
Kautschuk	–	1479	–
Kork	500	–	–
Kronglas	5300	5660	3420
Kronglas, schweres	4710	5260	2960
Kupfer	3710	4700	2260
Marmor	–	6150	3260
Messing	3490	4430	2123
Nickel	4785	5630	2960
Plexiglas	–	2670	1121
Polystyrol	–	2350	1120
Porzellan	4884	5340	3120
Quarzglas	5370	5570	3515
Sandstein	–	3700...4900	–
Schiefer	–	5870	2800
Stahl, kohlenstoffhaltig	5050	6100	3300
Zink	3810	4170	2410
Zinn	2730	3320	1670

Tabelle 4.3: Kennzahlen des Erdinneren und Geschwindigkeit seismischer Wellen in verschiedenen Tiefen

Seismische Wellen sind mechanische Wellen, die sich in der Erdrinde ausbreiten.

c_{long} Geschwindigkeit longitudinaler Wellen
c_{tran} Geschwindigkeit transversaler Wellen
ρ Dichte
p Druck
g Schwerebeschleunigung

h m	ρ 10^3 kg/m^3	c_{long} 10^3 m/s	c_{tran} 10^3 m/s	p 10^6 bar	g m/s^2
33	3,32	8,18	4,63	0,009	9,85
100	3,38	8,18	4,63	0,031	9,89
200	3,47	8,29	4,63	0,065	9,92
500	3,89	9,65	5,31	0,174	9,99
1000	4,68	11,42	6,36	0,392	9,95
2000	5,24	12,79	6,93	0,88	9,86
4000	10,8	9,51	–	2,40	8,00
5000	11,5	10,44	–	3,18	6,13

Tabelle 4.4: Schallgeschwindigkeit in Gasen (bei 1,01 bar)

Gas	ϑ °C	c m/s	α m/s °C
Ammoniak	0	415	–
Äthanol	97	269	0,4
Benzoldampf	97	202	0,3
Helium	0	965	0,8
Kohlendioxid	0	259	0,4
Luft	0	331	0,59
Methanol	97	335	0,46
Neon	0	435	0,8
Sauerstoff	0	316	0,56
Stickstoff	0	334	0,6
Wasserdampf	134	494	–
Wasserstoff	0	1284	2,2

Bemerkungen:

1. Die Schallgeschwindigkeit nimmt in Gasen bei konstantem Druck mit steigender Temperatur zu. Zur Berechnung der Schallgeschwindigkeit bei anderen Temperaturen ist daher in der letzten Spalte der Temperaturkoeffizient der Schallgeschwindigkeit angegeben (siehe auch die Bemerkung zu Tabelle 4.1).
2. Bei hohen Frequenzen (oder geringen Drücken) ist die Schallgeschwindigkeit von der Frequenz abhängig. Die angeführten Werte beziehen sich nur auf Frequenzen und Drücke, bei denen keine Frequenzabhängigkeit der Schallgeschwindigkeit besteht.

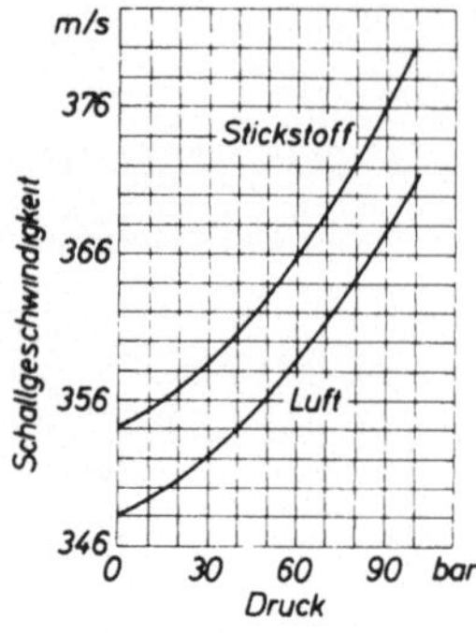

Bild 4.10
Abhangigkeit der Schallgeschwindigkeit vom Druck in Luft bzw. in Stickstoff. Die Kurven gelten bei 20 °C im Frequenzbereich von 200...500 kHz

Tabelle 4.5: Schallstarke und Schalldruck

dB	J W/m²	p Pa	Beispiele für Schall der genannten Starke
0	10^{-12}	0,000 02	Reizschwelle des menschlichen Gehors
10	10^{-11}	0,000 065	Rascheln von Blattern, Geflüster in 1 m Abstand
20	10^{-10}	0,000 2	stiller Garten
30	10^{-9}	0,000 65	ruhiges Zimmer, mittlerer Gerauschpegel in einem Zuschauersaal, Geigenpianissimo
40	10^{-8}	0,002	leise Musik, Wohnungsgerausch
50	10^{-7}	0,006 5	Lautsprecher auf Zimmerlautstarke, Gerausche in einem Restaurant oder in einem Buro mit offenen Fenstern
60	10^{-6}	0,02	laut eingestelltes Radio, Geschaftslarm, mittlerer Gerauschpegel eines Gespraches in 1 m Abstand
70	10^{-5}	0,064 5	Motorengerausch eines Lastwagens, Gerausch im Inneren einer Straßenbahn
80	10^{-4}	0,20	laute Straße, Raum mit mehreren Schreibmaschinen
90	10^{-3}	0,645	Autohupe, großes symphonisches Orchester beim Fortissimo
100	10^{-2}	2,0	Nietmaschine, Autosirene
110	10^{-1}	6,45	Preßlufthammer
120	1	20	Düsentriebwerk in 5 m Abstand, starker Donner
130	10	64,5	Schmerzschwelle, der Schall wird nicht mehr gehort

Lautstärkepegel

Die in Bild 4.11 gezeigten Kurven geben die Schallintensitäten bei verschiedenen Frequenzen wieder, die der gleichen, vom Gehör wahrgenommenen Lautstärke entsprechen. Die oberste Kurve entspricht der Schmerzschwelle, die unterste der Reizschwelle. Die Abszisse (Frequenzen) ist logarithmisch eingeteilt.

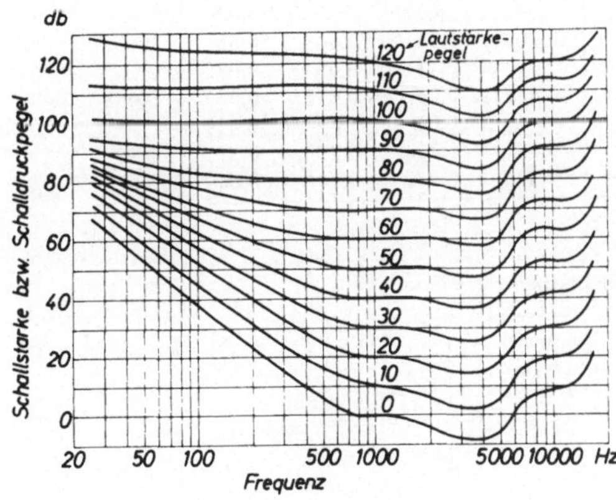

Bild 4.11
Lautstarkepegel

Tabelle 4.6: Absorptionskoeffizient des Schalls in Luft (α, 10^{-4} cm^{-1} bei 20 °C)

Frequenz kHz	relative Luftfeuchtigkeit in %				
	10	20	40	60	80
1	0,13	0,06	0,03	0,03	0,03
2	0,47	0,23	0,10	0,09	0,08
4	1,27	0,82	0,38	0,24	0,20
6	1,87	1,61	0,84	0,54	0,39
8	2,26	2,48	1,45	0,96	0,69
10	2,53	3,28	2,20	1,47	1,08

Bemerkung: Die angeführten Zahlen gelten für Drücke um den Normalwert.

Tabelle 4.7: Absorption des Schalls durch verschiedene Stoffe

Die Fähigkeit eines Stoffes, Schall zu absorbieren, wird durch das Verhältnis der absorbierten Schallenergie zur Energie des einfallenden Schalls bestimmt.

Stoff	Frequenz, Hz					
	125	250	500	1000	2000	4000
Baumwollgewebe	0,03	0,04	0,11	0,17	0,24	0,35
Filz (25 mm dick)	0,18	0,36	0,71	0,79	0,82	0,85
Gipsstuck	0,013	0,015	0,020	0,028	0,04	0,05
Glas, gewöhnliches	0,03	–	0,027	–	0,02	–
Glaswatte (9 cm dick)	0,32	0,40	0,51	0,60	0,65	0,60
Holzverkleidung	0,10	0,11	0,11	0,08	0,082	0,11
Kalkstuck	0,025	0,045	0,06	0,085	0,043	0,058
Marmor	0,01	–	0,01	–	0,015	–
Teppich, geknüpft	0,09	0,08	0,21	0,27	0,27	0,37
Ziegelmauer	0,024	0,025	0,032	0,041	0,049	0,07

Tabelle 4.8: Schallabsorption in Flüssigkeiten

Flüssigkeit	ϑ °C	Frequenz-intervall ν MHz	$\frac{\alpha}{\nu^2}$ 10^{-17} s²/cm
Aceton	25	4...20	50
Äthyläther	25	10	140
Benzol	20	1...200	850...900
Erdöl	25	10	≈ 100
Glycerin	26	4...20	1700
Petroleum	25	6...20	110
Quecksilber	20	05...1000	5,5
Rizinusöl	18,5	3	11 000
Stickstoff	- 199	44,5	11
Terpentinöl	25	10	150
Wasser	20	1...200	25

Bemerkung. Die angeführten Werte gelten für 1...20 bar.
In diesem Bereich ist die Absorption praktisch vom Druck unabhängig.

Tabelle 4.9: Absorption akustischer Wellen durch Meerwasser (bei 15...20 °C)

ν, kHz	20	24	100	200	230	480	940
α, 10^{-4} cm^{-1}	0,023	0,050	0,37	0,69	1,25	2,00	2,90

Geschwindigkeit von Wellen auf Wasseroberflächen

Kurze Wellen ($\lambda < 2$ cm) sind im wesentlichen durch die Oberflächenspannung bedingt. Man nennt sie *Kapillarwellen*.

Lange Wellen hingegen sind hauptsächlich durch die Schwerkraft bedingt; sie heißen daher auch *Schwerewellen*. Die Geschwindigkeit von *Oberflächenwellen* hängt von der Wellenlänge ab (Bild 4.12; Gl. (4.20)), wenn das Wasser genügend tief ist ($h > 0{,}5\ \lambda$).

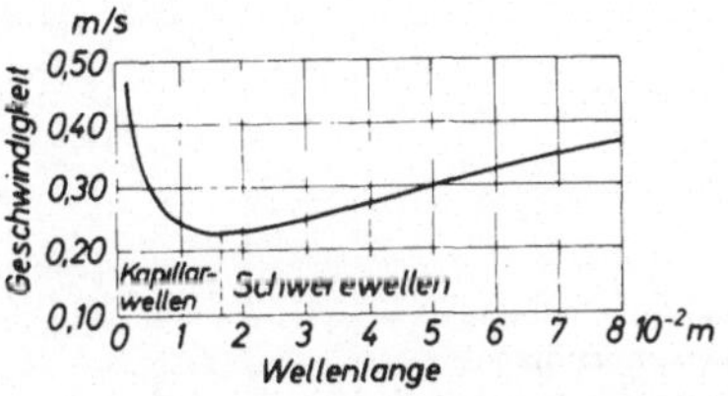

Bild 4.12
Dispersion von Oberflachenwellen ($h > 0{,}5\ \lambda$)

Auslenkung und Beschleunigung von Wasserteilchen beim Durchgang von Schallwellen verschiedener Intensität

In den Bildern 4.13 und 4.14 sind die Amplituden bzw. Beschleunigungen der schwingenden Wasserteilchen bei verschiedenen Frequenzen in Abhängigkeit von der Intensität wiedergegeben. Die Kurven wurden nach den Gln. (4.22) und (4.23) für $\rho c = 1{,}5 \cdot 10^5\ \mathrm{g \cdot cm^{-2} \cdot s^{-1}}$ berechnet. Beide Koordinaten sind logarithmisch geteilt.

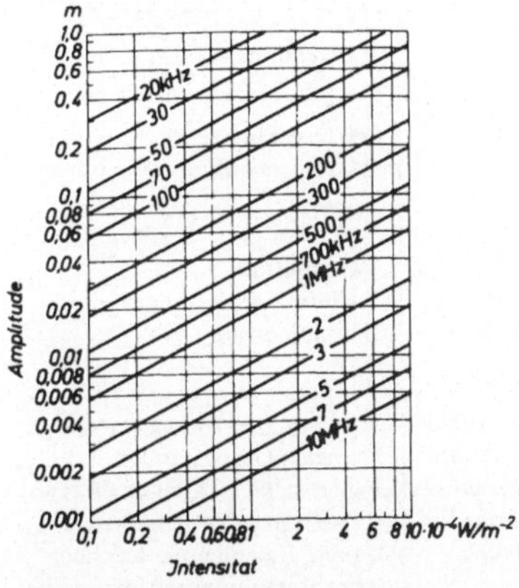

Bild 4.13
Auslenkung der Wasserteilchen bei der Ausbreitung von Schallwellen

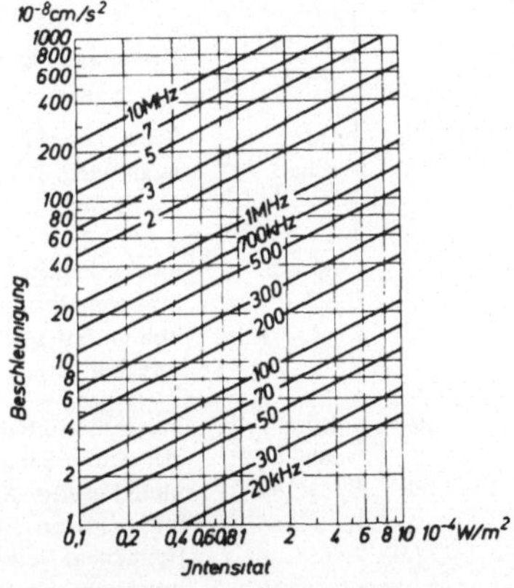

Bild 4.14
Beschleunigung der Wasserteilchen bei der Ausbreitung von Schallwellen

Tabelle 4.10: Reflexion von Schallwellen an der Phasengrenze verschiedener Medien (bei einem Einfallswinkel von 90°) in %

Der Reflexionskoeffizient entspricht dem Verhaltnis der Intensitaten des reflektierten und des einfallenden Schalls.

Stoff	Aluminium	Glas	Kupfer	Nickel	Quecksilber	Stahl	Transforma-torenol	Wasser
Aluminium	0	2	18	24	1	21	74	72
Glas		0	19	34	4	31	67	65
Kupfer			0	0,8	13	0,3	88	87
Nickel				0	19	0,2	90	89
Quecksilber					0	16	76	75
Stahl						0	89	88
Transformatorenol							0	0,6
Wasser								0

Bemerkungen.

1. Der Reflexionskoeffizient ist von der Richtung des Schallüberganges (z.B. von Quecksilber in Stahl oder umgekehrt) unabhangig.
2. Bei Reflexion an einer dünnen Schicht hängt der Reflexionskoeffizient vom Verhaltnis der Schichtdicke zur Wellenlänge ab.

Tabelle 4.11: Mechanische Wellen, Übersicht

Frequenz Hz	Bezeichnung	Ursache der Erregung	Verwendung
0,5...20	Infraschall	Schwingungen von Wasser in größeren Behaltern, Herzschlage	Wettervoraussagen, Herzdiagnostik
20...$2\cdot10^4$	hörbarer Schall	menschliche und tierische Stimme, Musikinstrumente, Pfeifen, Sirenen, Lautsprecher usw.	Signalisation, Entfernungsmessungen (Phonometrie)
$2\cdot10^4$...10^{10}	Ultraschall	magnetostriktive und piezoelektrische Sender, Galtonpfeife, gewisse Saugetiere und Insekten (Fledermause, Heimchen, Heuschrecken usw.)	Schallortung, Reinigung von kleinsten Gegenstanden, Fehlersuche an kleinen Gegenstanden bzw. an Baukonstruktionen, Beschleunigung chemischer Reaktionen, medizinische und biologische Forschung, Molekularphysik
10^{11} und hoher	Hyperschall	Molekulschwingungen	Wissenschaftliche Forschung

5. Elektrizität

5.1. Das elektrostatische Feld – Grundbegriffe und Gesetze

Die elektrische Ladung kann *positiv* oder *negativ* sein. Reibt man *Glas* mit einem Seidentuch, so lädt sich das Glas positiv, das Seidentuch negativ auf. *Hartgummi* lädt sich beim Reiben mit einem Pelz negativ, der Pelz positiv auf.

Gleichnamige Ladungen stoßen sich ab, ungleichnamige ziehen sich an.

Im Atom sind die *Elektronen* die negativen Ladungsträger, während die positiven Ladungen von den *Protonen* getragen werden. Protonen sind Bestandteile des Atomkerns (siehe S. 188). Im Atom ist die Summe der positiven und negativen Ladungen gleich Null; die Ladungen sind so verteilt, daß das gesamte Atom nach außen *elektrisch neutral* erscheint.

Beim *Elektrisieren* werden die beiden elektrischen Ladungen so auf die beteiligten Körper verteilt, daß der eine positiv, der andere negativ elektrisch wird (z.B. beim Elektrisieren durch Reibung oder in einem galvanischen Element; siehe S. 113), oder auch innerhalb ein und desselben Körpers getrennt (z.B. bei elektrostatischer Induktion, siehe S. 135).

Elektrische Ladungen können weder entstehen noch verschwinden; sie können nur von einem Körper auf einen anderen oder innerhalb eines Körpers oder Moleküls verschoben werden (*Gesetz von der Erhaltung der elektrischen Ladung*).

In verschiedenen Medien sind die Ladungsträger unterschiedlich. Als Ladungsträger gelten: *freie Elektronen* (*Leitungselektronen in Metallen*), *Ionen* (negativ oder positiv geladene Teile von Atomen oder Molekülen, z.B. in Gasen oder Elektrolyten) und *Molionen* (geladene Kolloidteilchen in Flüssigkeiten).

Jede elektrische Ladung ist ein ganzzahliges Vielfaches (des Absolutwertes) der Ladung eines Elektrons. Diese stellt die kleinstmögliche Ladung dar; man nennt sie daher die *elektrische Elementarladung*. Die Absolutwerte der Ladungen eines Protons und eines Elektrons sind gleich.

Wechselwirkung zwischen Ladungen. Elektrisches Feld. Die Wechselwirkung zweier punktförmiger Ladungen wird durch das *Coulombsche Gesetz* beschrieben:

$$F = \frac{Q_1 Q_2}{4\pi \epsilon r^2} \tag{5.1}$$

es sind: F die Kraft der Wechselwirkung, Q_1 und Q_2 die aufeinander wirkenden Ladungen, ϵ die absolute Dielektrizitätskonstante des Mediums und r der Abstand zwischen den Ladungen.

Bildet man den Quotienten aus ϵ und ϵ_0, der *absoluten Dielektrizitatskonstanten des Vakuums*, so erhalt man $\epsilon_r = \epsilon/\epsilon_0$. ϵ_r ist die *relative Dielektrizitätszahl.* Sie besagt, um wieviel sich die Wechselwirkung im jeweiligen Medium von der im Vakuum unterscheidet.

ϵ_r ist eine dimensionslose Zahl. Die *Einheit von ϵ und ϵ_0* ist F/m.

Die *Einheit der Ladung* ist das **Coulomb** C. Die elektrische Elementarladung e hat 10^{-19} C.

Als *elektrisches Feld* bezeichnet man den Bereich, in dem elektrisch geladene Teilchen oder Körper aufeinander Kräfte ausüben.

Elektrisch geladene Körper sind stets von einem elektrischen Feld umgeben. Ruhende elektrische Ladungen sind von einem *elektrostatischen Feld* umgeben. In einem gegebenen Punkt des Feldes ist die *elektrische Feldstärke* gleich dem Quotienten aus der Kraft, die auf eine in diesem Punkt befindliche Ladung wirkt, und der Ladung

$$E = \frac{F}{Q}. \qquad (5.2)$$

Die Feldstärke ist eine vektorielle Größe. Die Richtung des Vektors entspricht der Richtung der auf eine positive Ladung wirkenden Kraft. Die Feldstärken zweier oder mehrerer verschiedener elektrischer Ladungen werden vektoriell, nach der Parallelogrammregel addiert (siehe S. 1).

Für die Feldstärke einer punktförmigen elektrischen Ladung gilt

$$E = \frac{Q}{4\pi\epsilon_0\epsilon_r r^2}; \qquad (5.3)$$

r ist der Abstand zwischen der punktförmigen Ladung Q und dem Punkt, in dem die Feldstärke bestimmt wird.

Für die Feldstärke einer gleichmäßig geladenen ebenen Fläche gilt

$$E = \frac{\sigma}{2\epsilon_0\epsilon_r}, \qquad (5.4)$$

wobei σ die *Flächendichte* der Ladung ist: $\sigma = Q/A$ (A Fläche).

Für die Feldstärke einer gleichmäßig geladenen Kugel gilt

$$E = \frac{Q}{4\pi\epsilon_0\epsilon_r r^2}; \qquad (5.5)$$

r ist der Abstand zwischen dem Mittelpunkt der Kugel und dem Punkt, in dem die Feldstärke bestimmt wird.

Für die Feldstärke einer zylindrischen Ladungsanordnung gilt

$$E = \frac{Q'}{2\pi\epsilon_0\epsilon_r r}, \tag{5.6}$$

hierbei ist Q' die Ladung je Längeneinheit des Zylinders und r der Abstand zwischen der Zylinderachse und dem Punkt, in dem die Feldstärke bestimmt wird.

Die vektorielle Größe $D = \epsilon E$ nennt man die *elektrische Verschiebungsdichte* (*Induktion des elektrischen Feldes*).

Als *Feldlinien* (*Kraftlinien*) bezeichnet man Kurven, deren Tangenten in jedem Punkt mit der Richtung des Feldstärkevektors in diesem Punkt zusammenfallen. In den Bildern 5.1 bis 5.3 werden die Kraftlinien verschieden strukturierter elektrischer Felder gezeigt.

Bild 5.1
Feldlinien einer punktförmigen Ladung

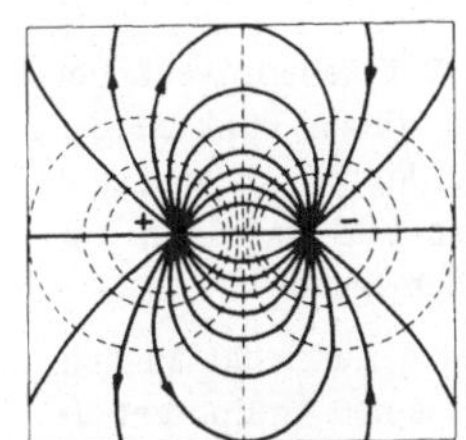

a)

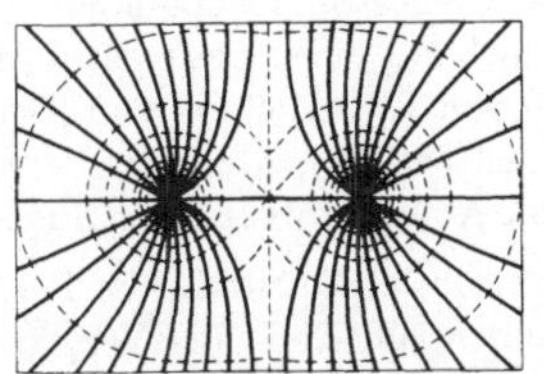

b)

Bild 5.2. Feldlinien zweier verschiedennamiger punktförmiger Ladungen (a), zweier gleichnamiger punktförmiger Ladungen (b)

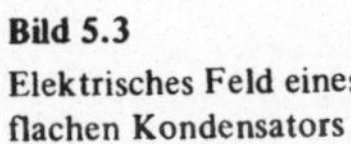

Bild 5.3
Elektrisches Feld eines flachen Kondensators

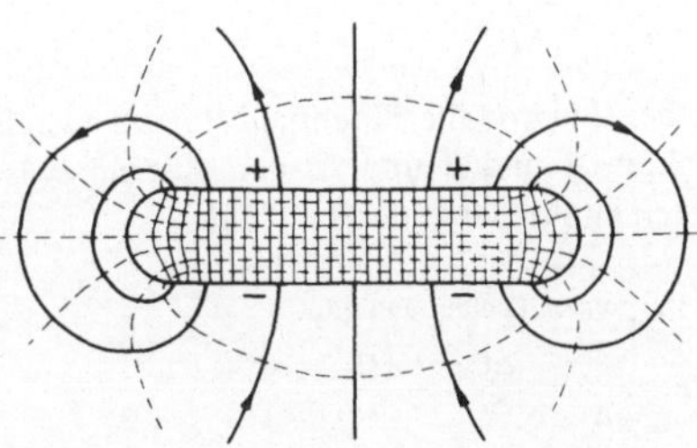

Arbeit und Spannung. Wird eine Ladung in einem elektrischen Feld verschoben, so wird dadurch Arbeit verrichtet. In einem elektrostatischen Feld ist die verrichtete Arbeit unabhängig von der Form der Bahn der bewegten Ladung.

Jede in einem beliebigen Punkt eines elektrischen Feldes befindliche Ladung besitzt *potentielle Energie*.

Die *potentielle Energie* einer positiven Einheitsladung in einem gegebenen Punkt eines elektrischen Feldes bezeichnet man als das *Potential* V in diesem Punkt. Das Potential ist eine skalare Größe. Sein Wert hängt vom gewählten Bezugspunkt ab (dessen Potential als Null angenommen wird und dessen Wahl frei ist). In der Physik wird der Nullpunkt meist in unendlicher Entfernung angenommen. Fur die Elektrotechnik gilt das Potential der Erdoberflache als Null.

Die Potentialdifferenz zwischen zwei Punkten eines elektrischen Feldes nennt man *Spannung* U. Die Spannung entspricht der Arbeit, die beim Verschieben einer Ladungseinheit von einem der beiden Punkte zum anderen durch die elektrische Kraft verrichtet wird.

Fur die *Arbeit im elektrostatischen Feld* gilt

$$W = QU. \tag{5.7}$$

Die *Einheit der Spannung* ist das **Volt**, V.

Zwischen zwei Feldpunkten ist die Spannung von 1 V gegeben, wenn bei Verschiebung einer positiven Ladung von 1 C zwischen diesen Punkten die Arbeit von 1 J verrichtet wird. Den geometrischen Ort aller Punkte, die dasselbe Potential besitzen, nennt man *Äquipotentialfläche*. In den Bildern 5.1 bis 5.3 sind die Äquipotentialflächen durch punktierte Linien wiedergegeben.

In einem elektrostatischen Feld verlaufen die Kraftlinien senkrecht zu den Äquipotentialflachen. Bei Verschiebung einer Ladung auf einer Äquipotentialflache wird keine Arbeit verrichtet. Der Zusammenhang zwischen der Feldstärke im Punkt A und der Potentialdifferenz zwischen den Punkten A und B wird naherungsweise durch folgende Gleichung beschrieben: [1])

$$E_A = -\frac{\Delta U}{\Delta l}, \tag{5.8}$$

hierbei sind ΔU die Potentialdifferenz zwischen den nahe aneinander gelegenen Punkten A und B und Δl der Abstand zwischen den Äquipotentialflachen der beiden Punkte langs der Kraftlinie.

---

[1]) Die genaue Gleichung lautet

$$E = -\lim_{\Delta l \to 0} \frac{\Delta U}{\Delta l} = -\frac{\mathrm{d}U}{\mathrm{d}l}. \tag{5.9}$$

Die Größe $\Delta U/\Delta l$ nennt man *Potentialgefälle* (*Spannungsgefälle*).

Ein elektrisches Feld bezeichnet man als *homogen*, wenn die Feldstärke in allen Feldpunkten nach Richtung und Betrag gleich ist (beispielsweise ist das Feld eines großen Plattenkondensators praktisch homogen). Für ein solches Feld gilt

$$E = -\frac{U}{l}, \tag{5.10}$$

wobei l die Länge der Kraftlinie bedeutet.

Die *Einheit der Feldstärke* ist V/m.

Ein homogenes elektrisches Feld besitzt die Feldstärke von 1 V/m, wenn die Potentialdifferenz an den Enden einer Kraftlinie von 1 m Länge 1 V beträgt.

Kapazität. Ein *Kondensator* ist ein Gerät, bestehend aus zwei Leitern, zwischen denen ein Feld aufgebaut ist, dessen Kraftlinien von einem Leiter zum anderen führen. Die beiden Leiter bezeichnet man als Kondensatorplatten.

Im einfachen Kondensator tragen die beiden Platten gleich große, aber ungleichnamige Ladungen.

Die *Kapazität* eines Kondensators ist proportional der Ladung einer Platte und umgekehrt proportional der Spannung zwischen den Platten:

$$C = \frac{Q}{U}. \tag{5.11}$$

Die *Einheit der Kapazität* ist das **Farad**, F.

Ein Kondensator besitzt die Kapazität von 1 F, wenn zwischen den Platten, die je eine Ladung von 1 C haben, eine Potentialdifferenz von 1 V herrscht.

Nach der Form der Leiter unterscheidet man Platten-, Zylinder- und Kugelkondensatoren.

Die Kapazität eines Plattenkondensators ist

$$C = \frac{\epsilon_0 \epsilon_r A}{d}, \tag{5.12}$$

wobei A die Oberfläche einer Platte (falls die Platten ungleich sind, die der kleineren), d den Abstand zwischen den Platten und ϵ_r die Dielektrizitätszahl des zwischen den Platten befindlichen Materials ist.

Für die Kapazität eines Zylinderkondensators oder eines Koaxialkabels gilt

$$C = \frac{2\pi \epsilon_0 \epsilon_r l}{\ln(b/a)}, \tag{5.13}$$

hierbei ist b der Radius des äußeren, a der des inneren Zylinders und l die Länge des Kondensators.

Für die Kapazität eines Kugelkondensators gilt

$$C = \frac{4\pi\,\epsilon_0\,\epsilon_r}{\frac{1}{a} - \frac{1}{b}}\,, \tag{5.14}$$

wobei a und b die Radien der inneren bzw. äußeren Kugel sind.

Die Kapazität einer aus zwei parallelen Drähten bestehenden Leitung ist

$$C = \frac{\pi\,\epsilon_0\,\epsilon_r\,l}{\ln\frac{d}{a}}\,, \tag{5.15}$$

d ist der Abstand zwischen den beiden Drahtachsen, a der Radius und l die Länge der Drähte.

Bei *Parallelschaltung* von Kondensatoren der Kapazitäten $C_1, C_2, C_3 \ldots C_n$ beträgt die Gesamtkapazität (Bild 5.4a)

$$C_{\text{ges.}} = C_1 + C_2 + C_3 + \ldots + C_n\,, \tag{5.16}$$

schaltet man sie *hintereinander* (Bild 5.4b), so gilt

$$\frac{1}{C_{\text{ges.}}} = \frac{1}{C_1} + \frac{1}{C_2} + \frac{1}{C_3} + \ldots + \frac{1}{C_n}\,. \tag{5.17}$$

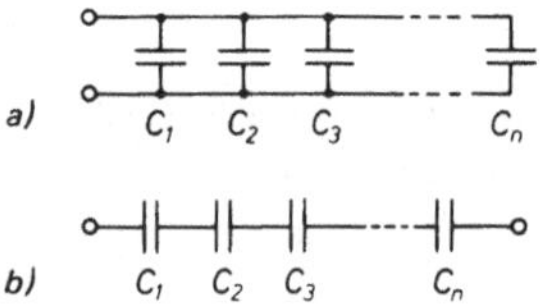

Bild 5.4
Schaltung von Kondensatoren
a) Parallelschaltung,
b) Hintereinanderschaltung

Handelt es sich nur um 2 hintereinandergeschaltete Kondensatoren, so nimmt Gl. (5.17) die Form an:

$$\frac{1}{C_{\text{ges.}}} = \frac{1}{C_1} + \frac{1}{C_2}\,.$$

Daraus folgt

$$C_{\text{ges.}} = \frac{C_1\,C_2}{C_1 + C_2}\,. \tag{5.18}$$

Die in einem geladenen Kondensator konzentrierte Energie beträgt

$$W = \tfrac{1}{2}\,C U^2\,. \tag{5.19}$$

Im Bereich eines elektrischen Feldes ist Energie konzentriert. Für ein homogenes elektrisches Feld berechnet man die Energie pro Volumeneinheit (*Energiedichte*) nach der Gleichung

$$W_\epsilon = \frac{1}{2}\,\epsilon_0\,\epsilon_r E^2 . \tag{5.20}$$

E ist die elektrische Feldstärke[1]).

Leiter und Isolatoren im elektrischen Feld. Ein in ein elektrisches Feld gebrachter Leiter wird dem Feld entgegengesetzt aufgeladen: Es wird eine Ladung *induziert*. Die Ladung ist an der Oberfläche des Leiters verteilt, so daß die Feldstärke in seinem Inneren gleich Null ist. Die Oberfläche des Leiters entspricht einer Äquipotentialfläche.

Isolatoren (*Dielektrika*) werden im elektrostatischen Feld polarisiert. Unter *Polarisation* versteht man das Auseinanderrücken ungleichnamiger molekülgebundener Ladungen gleicher Größe. Sie können als punktförmig angesehen werden, so daß um sie herum ein elektrisches Feld entsprechend Bild 5.2a entsteht.

Im allgemeinen bezeichnet man ein System von Ladungen, dessen äußeres Feld dem zweier gleichgroßer, ungleichnamiger punktförmiger Ladungen entspricht, als *elektrischen Dipol* (Bild 5.5).

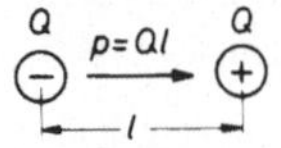

Bild 5.5. Elektrischer Dipol

Dipole werden durch das *elektrische Dipolmoment p* charakterisiert, das eine vektorielle Größe darstellt; es gilt

$$p = Q\,l , \tag{5.21}$$

l ist der Abstand zwischen den Ladungen.

Den Vektor **p** nimmt man als von $-Q$ nach $+Q$ gerichtet an. Das Maß der gesamten Polarisation eines Dielektrikums ist der elektrische *Polarisationsvektor*,

---

[1]) Für nicht homogene elektrische Felder wurde der Begriff der „Energiedichte in einem Punkt" eingeführt:

$$W_0 = \lim_{\Delta V \to 0} \frac{\Delta W}{\Delta V} .$$

Hierbei ist ΔW die Energie im „punktförmigen" Volumen ΔV. Betrachtet man E als die Feldstärke in diesem Punkt, so gilt die Gl. (5.20) für jedes beliebige elektrische Feld.

auch *elektrische Polarisation* genannt. Er ist gleich der Summe der elektrischen Dipolmomente pro Volumeneinheit:

$$P = \frac{1}{V} \Sigma p . \tag{5.22}$$

Zwischen dem Polarisationsvektor und der Verschiebung besteht folgender Zusammenhang:

$$D = \epsilon_0 E + P .$$

Die Moleküle gewisser Dielektrika stellen auch in Abwesenheit eines elektrischen Feldes Dipole dar. Bei der Polarisation solcher Stoffe orientieren sich die molekularen Dipole in Feldrichtung.

Seignetteelektrika (Ferroelektrika). Die *Seignetteelektrika* erhielten ihren Namen vom *Seignettesalz*, bei dem erstmals das Phänomen der *spontanen Polarisation* beobachtet wurde. Seignetteelektrika setzen sich aus einer Vielzahl mikroskopisch kleiner Bereiche zusammen (*Bezirke* oder *Domanen* genannt; siehe auch S. 137), die in Abwesenheit eines elektrischen Feldes in verschiedenen Richtungen polarisiert sind, so daß das Gesamtdipolmoment des Dielektrikums gleich Null ist.

Unter Einwirkung eines äußeren elektrischen Feldes orientieren sich die Bezirke in Feldrichtung, wodurch das gesamte Seignetteelektrikum polarisiert wird. Endet die Wirkung des Feldes, bleibt noch eine *Restpolarisation* erhalten.

Die Dielektrizitätskonstanten ϵ der Seignetteelektrika haben sehr hohe Werte (manchmal in der Größenordnung von einigen Tausend); sie hängen sehr stark von der Feldstärke ab.

Seignetteelektrika sind hitzeempfindlich: Bei entsprechend erhohten Temperaturen kommt es durch die Wärmebewegung zur Zerstörung der Bezirke (Domänen), wodurch die seignetteelektrischen Eigenschaften verloren gehen. Man bezeichnet diese Temperatur als *Curie-Punkt* θ.

Piezoelektrischer Effekt. Gewisse Kristalle haben die Eigenschaft, sich bei mechanischer Deformation in bestimmten Richtungen an ihren Endflächen ungleichnamig aufzuladen, wobei sich in ihrem Inneren ein elektrisches Feld aufbaut. Bei Änderung der Deformation ändern sich auch die Vorzeichen der Ladungen. Man bezeichnet diese Erscheinung als den *piezoelektrischen Effekt*. Der Effekt ist umkehrbar: Bringt man einen piezoelektrischen Kristall in ein elektrisches Feld, so ändern sich seine Abmessungen. Der umgekehrte piezoelektrische Effekt wird zur Erzeugung von Ultraschall verwendet. Die Große der beim piezoelektrischen Effekt auftretenden Ladung ergibt sich aus der Beziehung

$$Q = d_{mn} F_x ,$$

wobei F_x die zur Deformation benötigte Kraft und d_{mn} den *piezoelektrischen Koeffizient*, auch *piezoelektrischer Modul* genannt – eine Materialkonstante – bedeutet (siehe Tabelle 5.6).

Die *Einheit des piezoelektrischen Koeffizienten* ist C/N.

Tabellen und Diagramme

Tabelle 5.1: Das elektrische Feld der Erdatmosphäre

Höhe km	0	0,5	1,5	3	6	12
Feldstärke V/m	130	50	30	20	10	2,5

Bemerkungen:

1. Die Ladung einer Gewitterwolke beträgt 10…20 C (in Einzelfällen kann sie bis zu 300 C erreichen).
2. Die mittlere Ladungsdichte der Erdoberfläche beträgt $1{,}15 \cdot 10^{-9}$ C/m². Die gesamte Ladung der Erde beträgt $5{,}7 \cdot 10^5$ C.

Tabelle 5.2: Dielektrizitätskonstanten reiner Flüssigkeiten

Stoff	Temperatur, °C						
	0	10	20	25	30	40	50
Aceton	23,3	22,5	21,4	20,9	20,5	19,5	18,7
Äthanol	27,88	26,41	25,00	24,25	23,52	22,16	20,87
Äthyläther	4,80	4,58	4,38	4,27	4,15	–	–
Benzol	–	2,30	2,29	2,27	2,26	2,25	2,22
Glycerin	–	–	56,2	–	–	–	–
Petroleum	–	–	2,0	–	–	–	–
Wasser	87,83	83,86	80,08	78,25	76,47	73,02	69,73
Tetrachlorkohlenstoff	–	–	2,24	2,23	–	2,20	2,18

Bemerkung: Geringe Beimengungen fremder Stoffe haben nur wenig Einfluß auf die Dielektrizitätskonstanten.

Tabelle 5.3: Dielektrizitätskonstanten von Gasen (bei 18 °C und normalem Druck)

Stoff	ϵ	Stoff	ϵ
Helium	1,000 07	Stickstoff	1,000 61
Kohlendioxid	1,000 97	Wasserdampf	1,007 8
Luft	1,000 59	Wasserstoff	1,000 26
Sauerstoff	1,000 55		

Bemerkung. Die Dielektrizitätskonstanten von Gasen werden mit steigender Temperatur geringer; mit steigendem Druck nehmen sie zu.

Tabelle 5.4: Isolatoren

ϵ Dielektrizitätskonstante $\quad$ d Dichte
U_d Durchschlagsspannung $\quad$ ρ spezifischer Widerstand

Stoff	ϵ	U_d kV/mm	d g/cm³	ρ Ω cm
Asbest	–	2	2,3...2,6	$2 \cdot 10^5$
Bakelit	4...4,6	10...40	1,2	–
Bernstein	2,7...2,9	20...30	1,06...1,11	$1 \cdot 10^{18}$
Bienenwachs	2,8...2,9	20...35	0,96	$2 \cdot 10^{10}...2 \cdot 10^{15}$
Birke, trocken	3...4	40...60	0,7	–
Bitumen	2,6...3,3	6...15	1,2	–
Ebonit (KP)	4...4,5	25	1,3	$1 \cdot 10^{18}$
Glas	4...10	20...30	2,2...4,0	$10^{11}...10^{14}$
Guttapercha	4	15	0,95	$2 \cdot 10^9$
Karbolit (P) (Hartpapier)	–	10...14,5	1,2...1,3	–
Kolophonium	3,5	–	1,1	$5 \cdot 10^{16}$
Kunstleder, trocken	2,5...8	2...6	1,1...1,94	$5 \cdot 10^9$
Marmor	8...10	6...10	2,7	$1 \cdot 10^{10}$
Muskovitglimmer	4,5...8	50...200	2,8...3,2	–
Paraffin	2,2...2,3	20...30	0,4...0,9	$3 \cdot 10^{18}$
Plexiglas	3,0...3,6	18,5	1,2	–
Polystyrol	2,2...2,8	25...50	1,05...1,65	$5 \cdot 10^{15}...5 \cdot 10^{17}$
Polyvinylchlorid	3,1...3,5	50	1,38	–
Porzellan für die Starkstromtechnik	6,5	20	2,4	$3 \cdot 10^{14}$
Porzellan für die Schwachstromtechnik	6,0	15...20	2,5...2,6	–
Preßspan	3...4	9...12	0,9...1,1	$1 \cdot 10^9$
Schellack	3,5	50	1,02	$1 \cdot 10^{16}$
Schiefer	6...7	5...14	2,6...2,9	10^8
Seide, natürliche	4...5	–	–	–
Textolit (Hartgewebe)	7	2...8	1,3...1,4	–
Vinylplastik (PVC)	4,1	15	–	–
Weichgummi	2,6...3	15...25	1,7...2,0	$4 \cdot 10^{13}$
Zelluloid	3...4	30	–	$2 \cdot 10^{10}$

Bemerkungen.

1. Die ***Durchschlagsspannung*** ist die höchstzulässige Spannung; bei höheren Werten kommt es zur Entladung durch das Dielektrikum hindurch (es wird durchschlagen).
2. Die Buchstaben in Klammern bedeuten P Plastik (Kunststoff), KP Plastik auf Kautschukbasis.
3. Die angeführten Dielektrizitätskonstanten gelten für Temperaturen von 18...20 °C. Die Dielektrizitätskonstanten fester Körper sind mit Ausnahme der Seignetteelektrika nur sehr wenig temperaturabhängig (siehe Bild 5.6).
4. Über den spezifischen Widerstand siehe S. 108.

Tabelle 5.5: Piezoelektrischer Koeffizient verschiedener Kristalle

Kristall	d_{mn} 10^{-3} C/N	Kristall	d_{mn} 10^{-3} C/N
Ammoniumphosphat	44,4	Seignettesalz	2100
Bariumtitanat-Keramik	225	Turmalin	1,734
Kaliumphosphat	21	Zinkblende	2,94
Quarz	2,07		

Bemerkung. Gewisse Kristalle besitzen, in Abhangigkeit von der Deformationsrichtung, verschiedene Moduln; in solchen Fallen wird der Hochstwert angeführt.

Tabelle 5.6: Kennzahlen seignetteelektrischer Kristalle

θ Curie-Punkt
P_s spontane Polarisation
ϵ Dielektrizitätskonstante

Kristall	θ K	P_s 10^{-12}	ϵ
$NaK(C_4H_4O_6) \cdot 4H_2O$ (Seignettesalz)	297 255	2 640	≈ 9 000
$NaK(C_4H_2D_2O_6) \cdot 4D_2O$	368 249	–	–
$LiNH_4(C_4H_4O_6) \cdot H_2O$	106	2 079	–
KH_2PO_4 (Kaliumdihydrogenphosphat)	123	52 800	≈ 10^5
KD_2PO_2	218	59 400	–
KH_2AsO_4	96,5	–	–
$NH_4H_2PO_4$ (Ammoniumdihydrogenphosphat)	≈ 398	–	90
$BaTiO_3$ (Bariumtitanat)	391	158 400	≈ 10^4
$KNbO_3$ (Kaliumniobat)	708	257 400	–
$NaNbO_3$	913	–	–
$LiTiO_3$	–	231 000	–

Bemerkungen:

1. Einige der angeführten Stoffe weisen seignetteelektrische Eigenschaften nur innerhalb eines bestimmten Temperaturbereiches auf. Für sie ist der obere und untere Curie-Punkt angeführt.
2. Es sind stets die Höchstwerte der Dielektrizitatskonstante angeführt.

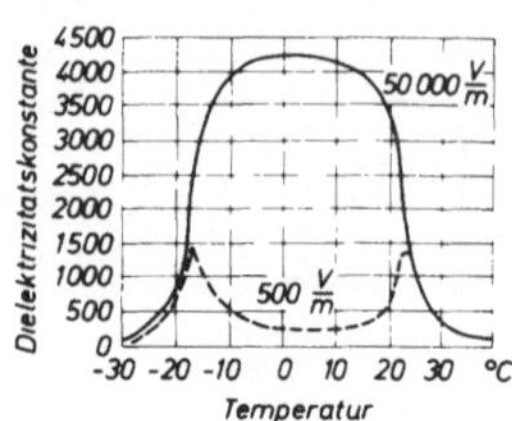

Bild 5.6

Abhängigkeit der Dielektrizitätskonstante einer losen Seignettesalzplatte von der Temperatur. Die beiden Kurven entsprechen verschiedenen Feldstärken

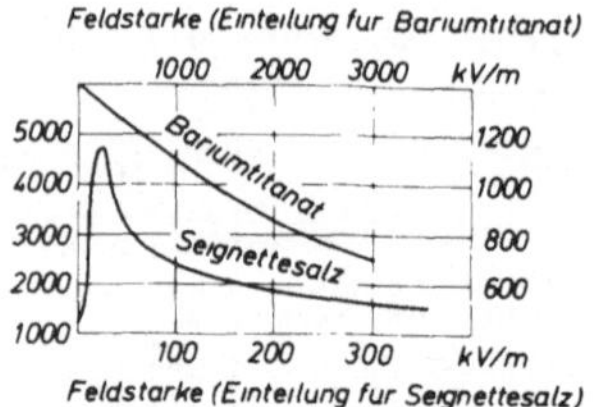

Bild 5.7

Abhängigkeit der Dielektrizitätskonstante von Bariumtitanat (rechte Ordinateneinteilung), bzw. Seignettesalz (linke Einteilung) von der Feldstärke (bei 20 °C)

5.2. Gleichstrom – Grundbegriffe und Gesetze

5.2.1. Strom in Metallen

Unter *elektrischem Strom* versteht man jede geordnete Bewegung von Ladungsträgern. Die Ladungsträger in Metallen sind Elektronen. Es sind dies Teilchen, die mit je einer negativen Elementarladung beladen sind. Als Stromrichtung wird vereinbarungsgemäß die der Bewegungsrichtung negativer Ladungsträger entgegengesetze Richtung angesehen.

Fließt in der Zeit von t bis $t + \Delta t$ die Elektrizitätsmenge ΔQ durch den Leiterquerschnitt, so beträgt die *Stromstärke* im Moment t (Momentanstrom)

$$I = \lim_{\Delta t \to 0} \frac{\Delta Q}{\Delta t}. \tag{5.23}$$

Gleichstrom liegt vor, wenn in gleichen Zeitabständen gleiche Elektrizitätsmengen durch den Leiterquerschnitt fließen.

Die *Einheit der Stromstärke* ist das **Ampere**, A.

Bei einer Stromstärke von 1 A fließt in 1 s die Elektrizitätsmenge von 1 C durch den Leiterquerschnitt.

Die *Stromdichte* (j) ist der Quotient aus der Stromstärke und der Querschnittsfläche, sie ist zahlenmäßig die Stromstärke (Strom), die durch die Querschnittseinheit eines Leiters fließt.

Die *Einheit der Stromdichte* ist das A/m^2.

Es ist dies jene Dichte, bei der ein Strom von 1 A durch eine senkrecht zur Stromrichtung gelegene Fläche von $1\ m^2$ fließt.

Für die Stromdichte gilt

$$j = n e v . \tag{5.24}$$

n ist die Anzahl der Ladungsträger pro Volumeneinheit, e die Ladung eines Ladungsträgers und v die mittlere Geschwindigkeit der in geordneter Bewegung befindlichen Ladungsträger.

Die mittlere Geschwindigkeit der Elektronen in einem Feld der Stärke 1 V/m nennt man ihre *Beweglichkeit* (u): $u = v/E$, also $v = u E$; daraus folgt

$$j = n e u E = \gamma E ; \tag{5.25}$$

dabei ist E die Feldstärke im Inneren des Leiters, während γ die Leitfähigkeit (siehe unten) darstellt:

$$\gamma = n e u . \tag{5.26}$$

Stoffe, in denen der elektrische Strom durch die Verschiebung von (freien) Elektronen zustande kommt, nennt man *Leiter erster Art* (Ordnung); zu ihnen gehören die Metalle.

Sind in einem Leiter ungleichnamige Ladungsträger vorhanden, so entspricht die gesamte Stromdichte der Summe aus den Stromdichten der einzelnen Arten von Ladungsträgern:

$$j = \sum_i n e_i v_i . \tag{5.27}$$

Die Stromstärke ist eine skalare, die Stromdichte eine vektorielle Größe.

In einem Leiter fließt Strom, wenn an seinen Enden eine Potentialdifferenz aufrecht erhalten wird (d.h. eine dauernde Spannung angelegt wird). Geräte, die die Aufrechterhaltung von Potentialdifferenzen ermöglichen, nennt man *Stromquellen* (*Spannungsquellen*). Die Anschlußklemmen einer Stromquelle nennt man *Pole*. Der Pol mit dem höheren Potential wird als positiver oder *Pluspol*, der mit dem geringeren als negativer oder *Minuspol* bezeichnet.

In *Stromquellen* wird nichtelektrische Energie in elektrische umgewandelt. Die Spannung an den Polen einer nicht belasteten Stromquelle wird durch die Arbeit nichtelektrischer Kräfte aufrecht erhalten. Man nennt sie auch *Fremdkräfte*. In einer Stromquelle werden durch die Wirkung von Fremdkräften Ladungen entgegen der Wirkungsrichtung der elektrischen Kräfte verschoben. Durch die elektrischen Kräfte werden die Ladungen in der Stromquelle vom positiven Pol zum negativen übertragen, durch Fremdkräfte vom negativen zum positiven.

Die durch eine Fremdkraft bei der Verschiebung einer positiven Ladungseinheit verrichteten Arbeit nennt man die *elektromotorische Kraft* (EMK), auch *Urspannung* der Stromquelle genannt. Die EMK einer Stromquelle entspricht der Spannung an ihren Polen im unbelasteten Zustand. Man mißt sie daher in denselben Einheiten wie die Spannung (z.B. in Volt).

EMK entsteht bei der Diffusion von Ionen in Elektrolyten (siehe S. 113), durch elektromagnetische Induktion (siehe S. 135), beim Belichten von Halbleiter-Photoelementen (siehe S. 173) u. a. m.

Die Gesamtheit aus Stromquelle, verbindenden Leitungen und angeschlossenen Geräten (in denen Arbeit verrichtet wird), nennt man *Stromkreis* (Bild 5.8). Die Arbeit wird durch die EMK der Quelle aufgebracht.

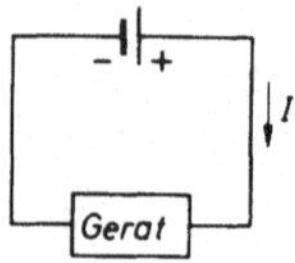

Bild 5.8. Elektrischer Stromkreis

Das *Ohmsche Gesetz* für den Teil eines Stromkreises, in dem keine Fremdkräfte wirken, besagt, daß die Stromstärke in einem Leiter proportional der Spannung an seinen Enden ist:

$$I = \frac{U}{R}. \tag{5.28}$$

In dieser Gleichung ist $\frac{1}{R}$ der Proportionalitätsfaktor; er wird *Leitfähigkeit* genannt. R bezeichnet man als *elektrischen Widerstand*.

Die *Einheit des Widerstandes* ist das **Ohm**, Ω.

Ein Leiter besitzt den Widerstand von 1 Ω, wenn bei einer Spannung von 1 V an seinen Enden ein Strom von 1 A fließt.

Für den Widerstand eines Leiters (mit gleichmäßigem Querschnitt) gilt

$$R = \rho \frac{l}{A}; \tag{5.29}$$

hierbei bedeutet ρ den *spezifischen Widerstand*, l die Länge des Leiters und A die Querschnittsfläche.

Die *Einheit des spezifischen Widerstandes* ist Ωm.

Der reziproke Wert des spezifischen Widerstandes ist die Leitfähigkeit

$$\frac{1}{\rho} = \gamma.$$

Bei den meisten Metallen erhöht sich der spezifische Widerstand mit zunehmender Temperatur. Diese Abhängigkeit wird näherungsweise durch folgende Gleichung beschrieben:

$$\rho_\vartheta = \rho_0 (1 + \alpha \vartheta). \tag{5.30}$$

ρ_ϑ bedeutet den spezifischen Widerstand bei der Temperatur ϑ, ρ_0 den bei 0 °C. α ist der *Temperaturkoeffizient des Widerstandes*; er entspricht der Änderung des Widerstandes beim Erwärmen des Leiters um 1 °C, dividiert durch den anfänglichen Widerstand. Der spezifische Widerstand gewisser Metalle sinkt beim Abkühlen auf bestimmte sehr niedrige Temperaturen sprunghaft auf Null ab. Man bezeichnet diese Erscheinung als *Supraleitfähigkeit*.

Bei *hintereinander geschalteten* (Bild 5.9a) Widerständen ist der Gesamtwiderstand R_{ges} gleich der Summe aus den einzelnen Widerständen:

$$R_{ges} = R_1 + R_2 + R_3 + \ldots + R_n\,. \tag{5.31}$$

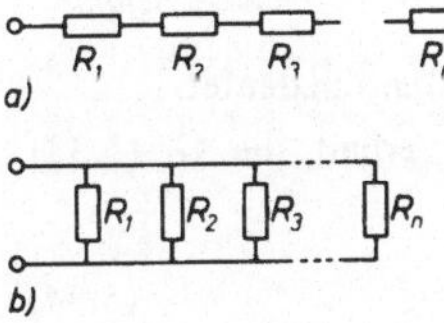

R_1 R_2 R_3 R_n

a)

R_1 R_2 R_3 R_n

b)

Bild 5.9
Schaltung von Widerständen
a) Hintereinanderschaltung
b) Parallelschaltung

Für *parallel geschaltete* (Bild 5.9b) Widerstände gilt

$$\frac{1}{R_{ges}} = \frac{1}{R_1} + \frac{1}{R_2} + \frac{1}{R_3} + \ldots + \frac{1}{R_n}\,. \tag{5.32}$$

Handelt es sich nur um zwei Widerstände, so vereinfacht sich Gl. (5.32) zu

$$R_{ges} = \frac{R_1 \cdot R_2}{R_1 + R_2}\,. \tag{5.32a}$$

Für den Teil eines Stromkreises, in dem eine EMK wirkt, lautet das *Ohmsche Gesetz*

$$I = \frac{U + E}{R}\,, \tag{5.33}$$

wobei R den Widerstand des betreffenden Stromkreisteiles, U die Spannung an diesem Teil und E die EMK bedeuten.

Es ist zu beachten, daß E wie U positiv oder negativ sein können. Die EMK bezeichnet man als positiv, wenn sie das Potential in Stromrichtung erhöht (der Strom fließt vom Minuspol der Stromquelle zum Pluspol); die Spannung ist positiv, wenn der Strom in der Quelle in Richtung des niederen Potentials fließt (vom Pluspol zum Minuspol). Beispielsweise gilt für den Ladestrom beim Laden eines Akkumulators

$$I_1 = \frac{U - E_a}{R_a}\,,$$

hierbei sind U die *Klemmenspannung* der Stromquelle während des Ladens, E_a die EMK des Akkumulators und R_a sein Widerstand (wobei der Widerstand der Verbindungsleitungen nicht einbezogen ist).

Für den Teil *ADB* (Bild 5.10) gilt unter diesen Bedingungen

$$I_1 = \frac{E_i - U}{R_i},$$

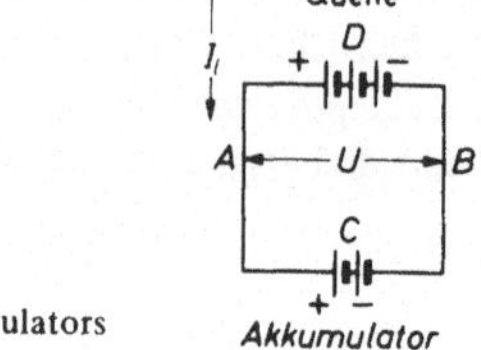

Bild 5.10
Aufladen eines Akkumulators

wobei E_i die EMK der Quelle und R_i ihren *inneren Widerstand* bedeutet.

Für einen unverzweigten geschlossenen Stromkreis erhält die Gl. (5.33) die Form

$$I = \frac{E}{R + R_i}; \quad (5.34)$$

hier ist $U = 0$. R ist der Widerstand des Kreises.

Die Arbeit des elektrischen Stromes. Die in einem Teil des Stromkreises durch Gleichstrom verrichtete *Arbeit* ist

$$W = I\,U\,t, \quad (5.35)$$

t ist die Zeit des Stromflusses, U die Spannung am betreffenden Stromkreisteil und I die Stromstärke.

Für die Arbeit des elektrischen Stromes in Verbindung mit der Änderung der inneren Energie eines Leiters (Abgabe von Wärme) bei Fehlen von EMK in diesem Stromkreisabschnitt gilt:

$$W = \frac{U^2}{R}\,t. \quad (5.36)$$

Für die Arbeit in Verbindung mit der Änderung der inneren Energie, unabhängig vom Vorhandensein einer EMK im betreffenden Stromkreisabschnitt, gilt:

$$W = I^2 R\,t. \quad (5.37)$$

Die *Einheit der Arbeit* (*und der Energie*) ist das **Joule**, J.

1 J entspricht der durch einen Gleichstrom von 1 A während 1 s auf einen Abschnitt mit der Spannung von 1 V verrichteten Arbeit. Häufig wird auch die Einheit **Kilowattstunde** (kWh) verwendet:

$$1\ \text{kWh} = 3{,}6 \cdot 10^6\ \text{J}.$$

Die Kirchhoffschen Regeln. In verzweigten Stromkreisen werden Ströme, Spannungen und EMK auf Grund der *Kirchhoffschen Regeln* berechnet.

Erste Kirchhoffsche Regel: Die Summe aller in einem *Knoten* (*Verzweigungspunkt*) zusammenlaufenden Ströme ist gleich Null. So ist entsprechend Bild 5.11

$$I_1 + I_2 + I_3 + I_4 = 0.$$

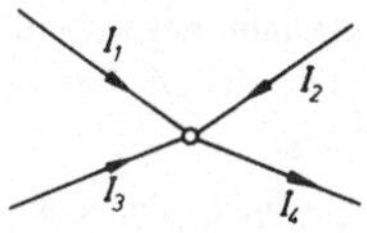

Bild 5.11
Stromknoten

Zweite Kirchhoffsche Regel: In jeder *geschlossenen Schleife* eines verzweigten Stromkreises ist die Summe der Produkte aus den Stromstärken und den entsprechenden Widerständen gleich der Summe der EMK in dieser Schleife.

In Anwendung dieser Regel zählen alle in der (willkürlich vereinbarten) Umlaufrichtung der Schleife fließenden Ströme, sowie alle EMK, durch die das Potential in dieser Richtung erhöht wird, als positiv. Das heißt, die Umlaufrichtung deckt sich mit dem Übergang vom negativen zum positiven Pol (Bild 5.12)

$$I_1 R_1 + I_2 R_2 - I_3 R_3 = E_1 + E_2 - E_3.$$

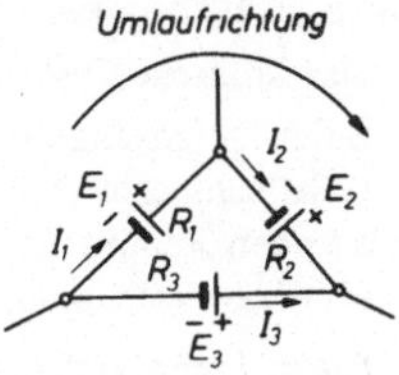

Bild 5.12
Schleife aus einem verzweigten Kreis

Für hintereinander geschaltete gleichstarke Stromquellen gilt:

$$I(nR_i + R) = nE; \tag{5.38}$$

n ist die Anzahl der Stromquellen, R_i der innere Widerstand einer Quelle, R der äußere Widerstand und E die EMK einer Quelle.

Für n parallel geschaltete gleichstarke Stromquellen gilt

$$I\left(R + \frac{R_i}{n}\right) = E. \tag{5.39}$$

5.2.2. Strom in Elektrolyten

Elektrolyte bezeichnet man als *Leiter zweiter Art*. Elektrolyte sind Lösungen von Säuren, Basen und Salzen in Wasser oder anderen Lösungsmitteln. Auch Salzschmelzen leiten den elektrischen Strom. In Elektrolyten sind die Ladungsträger *Ionen*. Ionen sind positiv oder negativ geladene Molekülteile.

Taucht man in einen Elektrolyten zwei leitende Platten, *Elektroden*, die mit je einem Pol einer Spannungsquelle verbunden sind, so entsteht zwischen den Elektroden ein elektrisches Feld. Die positive Elektrode nennt man *Anode*, die negative *Kathode*.

Positive Ionen, die im elektrischen Feld zur Kathode wandern, nennt man *Kationen*, negative, die zur Anode wandern, *Anionen*.

Die aus der Bewegung beider Ionenarten im Felde resultierende Stromdichte beträgt

$$j = n_+ e v_+ + n_- e v_- , \tag{5.40}$$

darin ist n_+ die Kationenkonzentration, e die Ladung eines Ions, v_+ die Geschwindigkeit der Kationen, n_- und v_- die Konzentration und Geschwindigkeit der Anionen.

Die *Beweglichkeit* der Ionen entspricht der mittleren Geschwindigkeit, die sie in einem Feld der Stärke 1 V/m erhalten. Die Stromdichte kann auch durch die Beweglichkeiten u_+ und u_- ausgedrückt werden:

$$j = (n_+ u_+ + n_- u_-) e E , \tag{5.41}$$

mit E als Feldstärke.

Das Ohmsche Gesetz gilt auch für Elektrolyte.

Beim Durchgang eines elektrischen Stromes durch einen Elektrolyten (oder eine Salzschmelze) verändert sich dessen chemische Zusammensetzung. An den Elektroden kommt es zur Abscheidung verschiedener Reaktionsprodukte. Man nennt diese Erscheinung *Elektrolyse*.

Erstes Faradaysches Gesetz: Die Menge m eines bei der Elektrolyse an einer Elektrode abgeschiedenen Stoffes ist der Elektrizitätsmenge Q, die durch den Elektrolyten geflossen ist, proportional:

$$m = c Q = c I t . \tag{5.42}$$

Der Proportionalitätsfaktor c, das *elektrochemische Äquivalent*, entspricht der Masse des betreffenden Stoffes, die bei Durchgang der Einheit der Elektrizitätsmenge abgeschieden wird.

Zweites Faradaysches Gesetz: Das elektrochemische Äquivalent eines Stoffes ist seinem *chemischen Äquivalent* proportional:

$$c = C \frac{A}{Z} . \tag{5.43}$$

Hierbei ist A/Z das chemische Äquivalent (entsprechend dem Verhältnis von Atomgewicht zu Wertigkeit). Die Konstante C ist für alle Stoffe gleich.

Die *Einheit des chemischen Äquivalents* ist kg/kmol.

Das zweite Faradaysche Gesetz findet man häufig auch in folgender Form: Die von einer bestimmten Elektrizitätsmenge abgeschiedenen Mengen verschiedener Stoffe verhalten sich wie deren Äquivalentmassen.

Faraday-Konstante. Zur elektrolytischen Abscheidung eines Mols eines beliebigen Stoffes wird eine Elektrizitätsmenge von 96 487 C benötigt. Somit lautet die *Faraday-Konstante*:

$F = 96\,487$ C/mol.

Galvanische Elemente. Zwischen einer Elektrolytlösung und einer darin eingetauchten Elektrode besteht stets eine Potentialdifferenz. Man bezeichnet sie als das *elektrochemische Potential* dieser Elektrode in der betreffenden Lösung.

Das elektrochemische Potential eines Metalls, das in eine normale Lösung seiner Ionen (das ist eine Lösung, die 1 mol der Ionen pro Liter enthält) eintaucht, nennt man sein (absolutes) *Normalpotential*. Das Normalpotential hängt nur von der Art des Metalls ab.

Werden zwei verschiedene Elektroden in einen Elektrolyten getaucht, so entsteht zwischen ihnen eine Spannung, die der Differenz der elektrochemischen Potentiale der Elektroden entspricht. Geräte dieser Art bezeichnet man als *galvanische Elemente*. Beispielsweise besteht das *Volta-Element*, das erste Element dieser Art, aus einer Kupfer- und einer Zinkplatte, die in eine Schwefelsäurelösung eintauchen.

Akkumulatoren sind galvanische Elemente, die nach der Entladung wieder regeneriert, aufgeladen, werden können. Die Elektroden verändern sich chemisch beim Entladen. Das Aufladen macht diese Veränderung wieder rückgängig.

Die Elektrizitätsmenge, die aus einem Akkumulator unter bestimmten Bedingungen (Temperatur, Entladestromstärke, Anfangsspannung) gewonnen werden kann, nennt man seine *Kapazität*. Die Kapazität eines Akkumulators wird in **Amperestunden**, Ah, ausgedrückt:

1 Ah = 3 600 C.

5.2.3. Strom in Gasen

Gase leiten den elektrischen Strom nur, wenn Ionen in ihnen vorhanden sind. Unter der *Ionisation* eines Gases versteht man das Abtrennen von Elektronen von neutralen Atomen oder Molekülen dieses Gases, bzw. das Anlagern eines Teiles dieser Elektronen an neutrale Moleküle oder Atome. Die zur Abtrennung eines Elektrons von einem Molekül oder Atom erforderliche Arbeit nennt man *Ionisationsarbeit*.

Die *Einheit der Ionisationsarbeit* ist das **Elektronenvolt**, eV. 1 eV entspricht der Energie, die ein Elektron beim Durchgang durch ein Feld mit der Potentialdifferenz von 1 V erhält.

Wie in Metallen und Lösungen wird auch in Gasen die Stromdichte durch die Konzentration der Ladungsträger (Ionen), ihre Beweglichkeit und die Größe ihrer Ladung bestimmt. Da jedoch die Ionenkonzentration von der Feldstärke abhängt und die Ionen nicht gleichmäßig im Gasvolumen verteilt sind, kann auf die meisten gasförmigen Leiter das *Ohmsche Gesetz* nicht angewandt werden.

Man unterscheidet zwischen einer *unselbständigen* und einer *selbständigen Gasentladung*. Bei unselbständiger Gasentladung wird das Gas durch äußere Ionisationsquellen, wie Röntgenstrahlen, Erhitzung u.a., nicht aber durch das angelegte elektrische Feld leitend gemacht. Bei selbständiger Gasentladung bilden sich Ionen unter Einwirkung eines angelegten elektrischen Feldes.

Im Vakuum (z.B. in Elektronenröhren) kann Strom mit Hilfe von Elektronen erzeugt werden, die beispielsweise durch Erhitzen aus den Elektroden austreten.

Zur Abtrennung eines Leitungselektrons aus einem Metall ist eine bestimmte Energiemenge benötigt, die man als *Austrittsarbeit* bezeichnet.

Erfolgt der Austritt von Elektronen aus einem Metall unter Einwirkung von Wärme, so spricht man von *thermischer Elektronenemission*. Zur Emission eines Elektrons muß die Bedingung

$$\frac{1}{2} m_e v_n^2 \geqslant \Phi \tag{5.44}$$

erfüllt sein. Darin ist m_e die Masse eines Elektrons, v_n die Projektion der thermischen Geschwindigkeit des Elektrons auf die Normale zur Oberfläche und Φ die Austrittsarbeit.

Die bei thermischer Emission (bei konstanter Temperatur) erreichbare maximale Stromstärke nennt man *Sättigungsstrom*. Für die Stromdichte des Sättigungsstroms gilt

$$j = A' T^2 e^{-\varphi/kT}. \tag{5.45}$$

A' ist eine Konstante, T die absolute Temperatur (Kelvintemperatur), k die Boltzmannkonstante (siehe S. 54) und e ≈ 2,72 die Basis der natürlichen Logarithmen. A' und φ bezeichnet man häufig als *Emissionskonstanten*.

Die Größe A' müßte nach der Theorie für alle reinen Metalle gleich sein, 0,0602 $A/m^2 K^2$. Experimentell erhält man jedoch unterschiedliche Werte.

In der Praxis werden für die Elektronenemission meist *Oxid-Kathoden* eingesetzt. Sie bestehen aus einer Metallgrundlage, auf die Bariumoxid oder Oxide bestimmter anderer Metalle aufgetragen sind. Bei derartigen Kathoden ist die *Austrittsarbeit* wesentlich geringer als bei reinen Metallen.

Zwischen kalten Elektroden in einem Gas kommt es bei entsprechend hohen Spannungen zu *Funkenentladungen* (*Durchschlag*). Die zum Durchschlag erforderliche Spannung hängt vom Elektrodenmaterial, der Form und den Abmessungen der Elektroden, dem Abstand zwischen ihnen, sowie von der Art des Gases und dem Druck unter dem es sich befindet, ab.

Bei planparallelen Elektroden, deren Abmessungen mit dem Abstand zwischen ihnen vergleichbar sind, hängt die Durchschlagspannung für ein gegebenes Gas bzw. ein bestimmtes Elektrodenmaterial lediglich vom Produkt pd ab, mit p als Gasdruck und d als Elektrodenabstand. Ändern sich p und d derart, daß ihr Produkt gleich bleibt, so bleibt auch die Durchschlagspannung konstant.

Der Elektrodenabstand, bei dem es bei einer gegebenen Spannung zum Durchschlag kommt, wird *Funkenabstand* genannt. Auf Grund des Funkenabstandes kann die Spannung an den Elektroden bestimmt werden.

5.2.4. Halbleiter

Halbleiter sind Stoffe, in denen der Strom durch Elektronen geleitet wird, deren spezifischer Widerstand jedoch bei Raumtemperatur im Bereich von $10^{-4} \ldots 10^{7}\,\Omega\text{m}$ liegt. Der spezifische Widerstand von Halbleitern ist stark temperaturabhängig. Zum Unterschied von Metallen sinkt .. mit zunehmender Temperatur rasch ab. Er hängt auch stark von Beimengungen an Fremdstoffen ab.

Die Elektronen eines Atoms befinden sich auf diskreten Energieniveaus (siehe S. 189); jedes Elektron besitzt eine ganz bestimmte Energie, die sich von der Energie der übrigen Elektronen unterscheidet. In einem Atom können sich höchstens zwei Elektronen auf dem gleichen Energieniveau befinden, doch auch sie unterscheiden sich durch die Orientierung ihres Spins (siehe S. 190). Dieses Gesetz heißt *Pauli-Prinzip*.

Die Energieniveaus der einzelnen Atome eines beliebigen Elements sind gleich. Im Falle einer Wechselwirkung werden die Energieniveaus eines Atoms im Vergleich zu den nicht betroffenen Atomen nur geringfügig verändert; dennoch unterscheiden sich die Energieniveaus von Atomen in Wechselwirkung voneinander.

Bild 5.13a stellt das K- und L-Niveau von nicht in Wechselwirkung befindlichen Atomen dar. Bei Wechselwirkung von n Atomen wird jedes Niveau in n

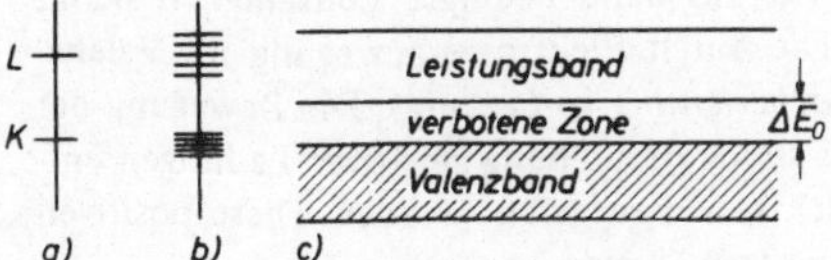

Bild 5.13
Schematische Darstellung der Energieniveaus der Elektronen in Halbleitern

verschiedene „Unterniveaus" aufgespalten (Bild 5.13b). Die Energieunterschiede zwischen den „Unterniveaus" liegen in der Großenordnung zwischen 10^{-22} eV und 10^{-23} eV. Die Gesamtheit der „Unterniveaus" eines aufgespaltenen Energieniveaus bildet ein Band erlaubter Niveaus (*Übergange*). Die Bander sind voneinander durch Intervalle unerlaubter Energiebeträge, sogenannte *verbotene Zonen* getrennt. Das Energieniveau eines Elektrons kann sich nicht in einer verbotenen Zone befinden.

In Metallen und Halbleitern wird der Strom ausschließlich durch die *Valenzelektronen* geleitet; die Elektronen der inneren Schalen sind fest an den Kern gebunden. Bei 0 K befinden sich die Valenzelektronen auf den niedrigsten Energieniveaus. Alle erlaubten Niveaus dieses Bandes sind besetzt; man bezeichnet es als *Valenzband*. In der zweiten Zone erlaubter Energieniveaus befindet sich bei 0 K kein Elektron. Man bezeichnet es als *Leitungsband*. Valenzband und Leitungsband sind voneinander durch eine verbotene Zone getrennt (Bild 15c). Die zum Übergang eines Elektrons aus dem Valenzband in das Leitungsband erforderliche Energie nennt man die Breite der verbotenen Zone (ΔE_0). Bei Metallen überlappen sich die Valenz- und die Leitungsbänder. Bei Isolatoren ist $\Delta E_0 > 2$ eV.

Die Leitfähigkeit eines Stoffes ist durch das Vorhandensein von Elektronen in dem Leitungsband bedingt. Befinden sich keine Elektronen im Leitungsband, so ist kein Strom möglich.

Durch die Wärmebewegung (unter anderem) treten Elektronen in das Leitungsband über. In der folgenden Beziehung ist die Temperaturabhängigkeit der Zahl n der Elektronen im Leitungsband wiedergegeben:

$$n = A\,\mathrm{e}^{-\Delta E_0/2kT}. \qquad (5.46)$$

A ist eine Konstante, k die Boltzmannkonstante und T die absolute Temperatur.

Für die *Temperaturabhängigkeit der spezifischen Leitfähigkeit* gilt

$$\gamma \approx \gamma_0\,\mathrm{e}^{-\Delta E_0/2kT}. \qquad (5.47)$$

Beim Übergang der Elektronen in das Leitungsband, werden die entsprechenden Niveaus im Valenzband frei. Unter der Wirkung eines äußeren elektrischen Feldes kommt es in beiden Zonen zur Verschiebung von Elektronen. Die durch Elektronenbewegung im Leitungsband bedingte Leitfähigkeit nennt man *Elektronenleitung, n-Leitung*. Die durch Elektronenbewegung im Valenzband bedingte Leitfähigkeit heißt *Locherleitung* (*p-Leitung*). Die Bewegung der Elektronen im Valenzband kann als die Verschiebung positiver Ladungen entgegen der Bewegungsrichtung der Elektronen aufgefaßt werden. Diese positiven Ladungen bezeichnet man vereinbarungsgemäß als *„Locher"*.

Die durch Bewegung gleicher Mengen von Elektronen und Löchern (die durch den Übergang der Elektronen aus dem Valenzband in das Leitungsband entstanden sind) bedingte Leitfähigkeit ist die *Eigenleitfähigkeit*. Die Eigenleitfähigkeit beruht auf gestörten kovalenten Bindungen (*Gitterdefekten*).

In der Praxis ist die durch Beimengungen von Fremdstoffen bedingte Leitfähigkeit (*Fremdleitfähigkeit*) der Halbleiter von größter Bedeutung. Bei den beigemengten Fremdatomen unterscheidet man zwischen *Donatoren* und *Akzeptoren*. Donator-Beimengungen bewirken zusätzliche erlaubte Energieniveaus an der oberen Grenze der verbotenen Zone. Donatoratome geben Elektronen in das Leitungsband ab und bewirken dadurch die *Fremdelektronenleitung* (*Überschußleitung*). Durch Akzeptoratome entstehen zusätzliche Niveaus an der unteren Grenze der verbotenen Zone. Solche Atome nehmen Elektronen aus dem Valenzband in ihre Niveaus auf und bewirken auf diese Weise die *Fremdlocherleitung* (*Mangelleitung*).

Beimengungen von Elektronen der fünften Gruppe des periodischen Systems (z.B. Antimon) zu Germanium wirken als Donatoren, während Elemente der dritten Gruppe (z.B. Gallium) als Akzeptoren wirken.

Fremdleitfähigkeit ist in einem Halbleiter durch Beimengungen von Akzeptoren und Donatoren möglich.

Es sei bemerkt, daß in allen Halbleitern stets Elektronen und Löcher vorhanden sind, daß aber ihr Anteil an der Leitfähigkeit auf Grund unterschiedlicher Konzentrationen und Beweglichkeiten verschieden sein kann.

5.2.5. Thermoelektrizität

In einem geschlossenen Kreis, bestehend aus zwei verschiedenen Leitern (*Thermoelement*), fließt Strom, wenn die Verbindungsstellen auf verschiedenen Temperaturen gehalten werden. Der Strom wird durch die EMK, die an den Verbindungsstellen entsteht, aufrecht erhalten. Die so zustande gekommene EMK bezeichnet man als *thermoelektromotorische Kraft, Thermospannung*, die gesamte Erscheinung als *thermoelektrischen Effekt* oder *Thermoelektrizität*.

In bestimmten Temperaturbereichen ist die Thermospannung proportional der Temperaturdifferenz an den Verbindungsstellen. Es gilt $E_T = \alpha(T_1 - T_2)$. α ist der Koeffizient der spezifischen thermoelektromotorischen Kraft (für das betreffende Leiterpaar) und entspricht der Thermospannung, die bei einer Temperaturdifferenz von 1 °C an den Verbindungsstellen entsteht.

Tabellen und Diagramme

Elektrische Ströme in der Erdatmosphäre

Unter Wirkung des elektrischen Feldes der Erde (siehe Tabelle 5.1 auf S. 103) kommt es in der Atmosphäre zu einem von Ionen getragenen Strom, der senkrecht zur Erde gerichtet ist. Die Dichte dieses Stromes ist beinahe unabhängig von der Höhe und beträgt bei klarem Wetter $2\ldots3\cdot10^{-12}\,A/m^2$. Bei *Gewittertätigkeit* entstehen entgegengesetzt gerichtete Ströme.

In der *Hydrosphäre* beträgt die Stromdichte $10^{-2}\,A/m^2$.

Die Dichte von Strömen,die durch Bewegung von geladenen Regentropfen, Schneeflocken und Hagelkornern entstehen, liegen in folgenden Größenordnungen: bei sanftem Regen zwischen $10^{-7}\,A/m^2$ und $10^{-6}\,A/m^2$, bei Wolkenbrüchen und Hagel bis zu $10^{-4}\,A/m^2$.

In *Blitzen* kann die Stromstärke bis zu 500 000 A betragen; sie liegt jedoch zumeist im Bereich zwischen 20 000 A und 40 000 A.

Die Spannung kann in Blitzen Werte bis zu $10^9\,V$ erreichen. Ihre Dauer beträgt etwa $10^{-3}\,s$. Blitze haben eine Länge von etwa 10 km und einen Durchmesser bis zu 20 cm.

Tabelle 5.7: Spezifischer Widerstand und Temperaturkoeffizient des Widerstandes von Metallen (bei 20 °C)

Metall	ρ $10^{-6}\,\Omega m$	α $°C^{-1}$
Aluminium	0,028	0,0049
Blei	0,221	0,0041
Chrom	0,027	–
Eisen	0,098	0,0062
Kupfer	0,0175	0,0039
Messing	0,025...0,06	0,002...0,007
Molybdan	0,057	0,0033
Nickel	0,100	0,0050
Phosphorbronze	0,08	0,0040
Quecksilber	0,958	0,0009
Silber	0,016	0,0036
Tantal	0,155	0,0031
Wolfram	0,055	0,0045
Zink	0,059	0,0035
Zinn	0,115	0,0042

Bemerkung: Die in der Tabelle angeführten Zahlen sind Mittelwerte. Im Einzelfall unterliegen die Werte einer bestimmten Streuung in Abhangigkeit vom Reinheitsgrad, der thermischen Bearbeitung usw.

Der *Temperaturkoeffizient des Widerstandes reiner Metalle* betragt annahernd $\frac{1}{273}\,°C^{-1} = 0{,}003\,67\,°C^{-1}$.

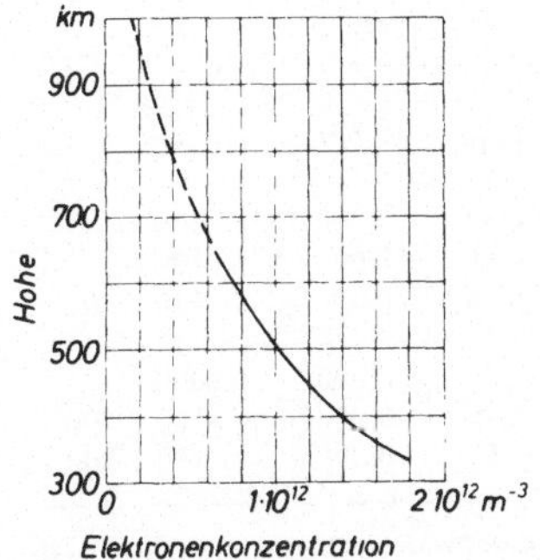

Bild 5.14
Abhängigkeit der Elektronenkonzentration in der Atmosphäre von der Höhe (nach Messungen aus Satelliten bzw. Raketen). Dem gestrichelten Kurventeil entsprechen vermutete Werte

Tabelle 5.8: Sprungtemperatur (zur Supraleitung) von Metallen und Legierungen

Stoff	$\frac{T}{K}$	Stoff	$\frac{T}{K}$
Metalle		Sn-Hg	4,2
Aluminium	1,2	Pb-Ag	5,8...7,3
Blei	7,3	Pb-Sb	6,6
Cadmium	0,6	Pb-Ca	7,0
Niob	9,2	*Verbindungen*	
Quecksilber	4,1	NiBi	4,2
Tantal	4,4	PbSe	5,0
Zink	0,8	$NbBi_2$	5,5
Zinn	3,7	NbB	6
Zirkonium	0,3	MoC	7,6...8,3
Legierungen		Nb_2C	9,2
Bi-Pt	0,16	NbC	10,1...10,5
Pb-Au	2,0...7,3	NbN	15...16
Sn-Zn	3,7	V_3Si	17,1
Pb-Hg	4,1...7,3	Nb_2Sn	18

Bemerkungen:

1. Von supraleitenden Legierungen, die aus mehr als zwei Metallen bestehen, seien folgende genannt: Rosesches Metall (8,5 K), Newtonsches Metall (8,5 K), Woodsches Metall (8,2 K), Pb-As-Bi (9,0 K), Pb-As-Bi-Sb (9,0 K).
2. Bei Verbindungen und Legierungen erfolgt der Übergang zur Supraleitfähigkeit oft innerhalb eines verhältnismäßig großen Temperaturintervalls (manchmal bis zu 2 K). Zudem hängt die Sprungtemperatur von der thermischen Vorbehandlung ab. In solchen Fällen ist in der Tabelle der Bereich angegeben, in dem die Sprungtemperatur verändert werden kann.

Tabelle 5.9: Legierungen mit hohem ohmschen Widerstand

Legierung	ρ $10^{-2}\ \Omega m$	α $°C^{-1}$	ϑ_{max} °C
Konstantan (58,8 % Cu, 40 % Ni, 1,2 % Mn)	0,44...0,52	0,000 01	500
Manganin (85 % Cu, 12 % Mn, 3 % Ni)	0,42...0,48	0,000 03	100
Neusilber (65 % Cu, 20 % Zn, 15 % Ni)	0,28...0,35	0,000 04	150...200
Nichrom (67,5 % Ni, 15 % Cr, 16 % Fe, 1,5 % Mn)	1,0...1,1	0,000 2	1000
Nickelin (54 % Cu, 20 % Zn, 26 % Ni)	0,39...0,45	0,000 02	150...200
Rheotat (84 % Cu, 12 % Mn, 4 % Zn)	0,45...0,52	0,000 4	150...200

Bemerkung: Die angeführten *Temperaturkoeffizienten des Widerstandes* α sind Mittelwerte für den Temperaturbereich von 0...100 °C. In der letzten Spalte sind die höchstzulässigen Arbeitstemperaturen angegeben.

Der Temperaturkoeffizient des Widerstandes von Konstantan kann von Probe zu Probe zwischen - 0,000 04 und + 0,000 01 schwanken. Das Minuszeichen bedeutet hierbei, daß sich der Widerstand mit zunehmender Temperatur verringert.

Tabelle 5.10: Höchstzulässige Stromstärke in isolierten Leitungen bei Dauerbelastung in A

Leiter \ Querschnitt $10^{-6} m^2$	1	1,5	2,5	4	6	10	16	25
Aluminium	8	11	16	20	24	34	60	80
Eisen	–	–	8	10	12	17	30	–
Kupfer	11	14	20	25	31	43	75	100

Tabelle 5.11: Schmelzsicherung

Stromstärke, A	5	15	30	60	100
Durchmesser des verzinnten Kupferdrahtes, 10^{-3} m	0,213	0,508	0,914	1,42	2,03

Bemerkung. Der in der Kennzeichnung der Sicherung angegebene Strom stellt den für Dauerbelastung zulässigen Höchstwert dar. Erst 1,8 bis 2 mal so starke Stromstärken bewirken ein rasches Schmelzen des Sicherungsdrahtes.

Tabelle 5.12: Spezifischer Widerstand von Elektrolytlösungen unterschiedlicher Konzentration (bei 18 °C)

gelöster Stoff	Konzentration %	Dichte 10^{-3} kg/m³	spezifischer Widerstand 10^{-2} Ωm	Temperaturkoeffizient °C⁻¹
Ätznatron	5	1,05	5,1	0,020 1
	10	1,11	3,2	0,021 7
	20	1,22	3,0	0,029 9
	40	1,43	8,3	0,064 8
Kochsalz	5	1,034	14,9	0,021 7
	10	1,071	8,3	0,021 4
	20	1,148	5,1	0,071 6
Kupfervitriol	5	1,062	52,9	0,021 6
	10	1,107	31,5	0,021 8
	17,5	1,206	23,8	0,023 6
Salmiak	5	1,011	10,9	0,019 8
	10	1,029	5,6	0,018 6
	20	1,057	3,8	0,016 1
Salpetersaure	10	1,05	2,1	0,014 5
	20	1,12	1,5	0,013 7
	30	1,18	1,3	0,013 9
	40	1,25	1,4	0,015 0
Salzsaure	5	1,023	2,5	0,015 8
	20	1,1	1,3	0,015 4
	40	1,2	1,9	–
Schwefelsaure	5	1,032	4,8	0,012 1
	20	1,14	1,5	0,014 5
	30	1,22	1,4	0,016 2
	40	1,30	1,5	0,017 8
Zinkvitriol	5	1,062	52,4	0,022 5
	10	1,107	31,2	0,022 3
	20	1,232	21,3	0,024 3

Bemerkung. Bei Elektrolyten nimmt der spezifische Widerstand mit steigender Temperatur ab (zum Unterschied von Metallen). Für von 18 °C unterschiedliche Temperaturen kann der spezifische Widerstand ρ entsprechend der Beziehung (5.30) wie folgt berechnet werden:

$$\rho_\vartheta = \rho_{18}\,[1 - \alpha(\vartheta - 18\,°\mathrm{C})];$$

hierbei ist α der in der Tabelle angeführte Temperaturkoeffizient, ρ_{18} der spezifische Widerstand bei 18 °C, ϑ die Temperatur, für die der Wert berechnet werden soll.

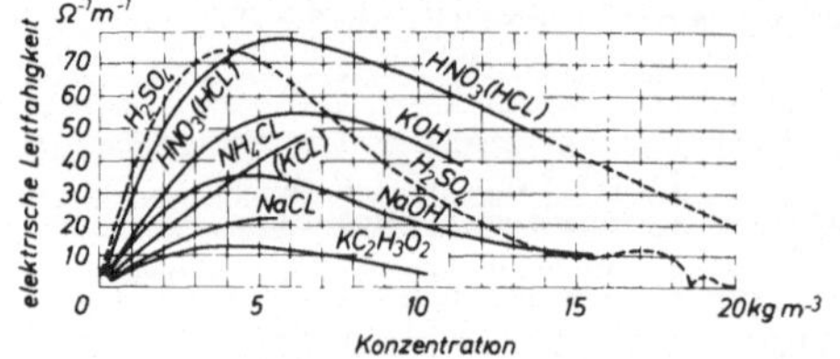

Bild 5.15
Abhängigkeit der elektrischen Leitfähigkeit wäßriger Lösungen von der Konzentration des gelösten Stoffes (bei 18 °C)

Tabelle 5.13: Thermospannungen einiger Thermopaare in 10^{-3} V

Temperatur an einer der beiden Verbindungsstellen °C	Platin – Platin mit 10 % Rhodium	Eisen – Konstantan	Kupfer – Konstantan
- 200	–	8	5,5
100	0,64	5	4
200	1,44	11	9
300	2,32	16	15
400	3,25	22	21
500	4,22	27	–
600	5,22	33	–
700	6,26	39	–
800	7,33	46	–
1 000	9,57	58	–
1 500	15,50	–	–

Bemerkung. Die Temperatur der anderen Verbindungsstelle beträgt stets 0 °C.

Tabelle 5.14: Koeffizient α der spezifischen Thermospannung verschiedener Metalle bezogen auf Platin (bei °C)

Metall	α 10^{-6} V/°C	Metall	α 10^{-6} V/°C
Antimon	17,0	Kupfer(I)oxid	1 000
Bleitellurit	- 300	Nickel	- 16,4
Eisen	16,0	Wismut	- 65,0
Konstantan	- 34,4	Zinkantimonit	200
Kupfer	7,4		

Bemerkung. In der wärmeren Verbindungsstelle fließt der Strom vom Metall mit kleinerem α zu dem mit größerem. Beispielsweise fließt in der erhitzten Verbindungsstelle des Thermopaares Kupfer – Konstantan (Bild 5.16) der Strom vom Konstantan zum Kupfer.

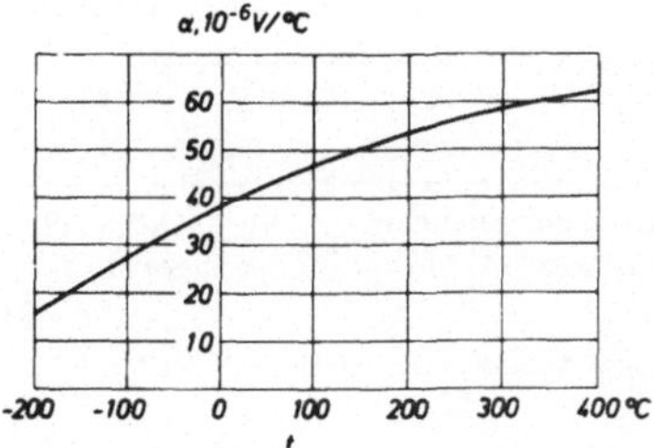

Bild 5.16
Abhängigkeit der spezifischen Differenz der Thermo-EMK des Thermopaares Kupfer-Konstantan von der Temperatur

Tabelle 5.15: Elektrochemische Äquivalente

Ion	mol	$\frac{c}{10^{-6}\,\text{kg/C}}$	Ion	mol	$\frac{c}{10^{-6}\,\text{kg/C}}$
H^+	1,008	0,0104	CO_3^{--}	30,0	0,3108
O^{--}	8,0	0,0829	Cu^{++}	31,8	0,3297
Al^{+++}	9,0	0,0936	Zn^{++}	32,7	0,3387
OH^-	17,0	0,1762	Cl^-	35,5	0,3672
Fe^{+++}	18,6	0,1930	SO_4^{--}	48,0	0,4975
Ca^{++}	20,1	0,2077	NO^-	62,0	0,642
Na^+	23,0	0,2388	Cu^+	63,6	0,6590
Fe^{++}	27,8	0,2895	Ag^+	107,9	1,118

Bemerkung: Die Zahl der Plus- bzw. Minuszeichen bei den Symbolen gibt die Anzahl der Elementarladungen an, die von einem Ion transportiert werden.

Tabelle 5.16: Spannungsreihe (Normalpotentiale) der Metalle

Metall	$\frac{U_n}{V}$	Metall	$\frac{U_n}{V}$
Blei	0,15	Mangan	- 0,78
Cadmium	- 0,13	Nickel	0,04
Chrom	- 0,29	Quecksilber	1,13
Eisen	- 0,17	Silber	1,07
Kupfer	0,61	Zink	- 0,50

Tabelle 5.17: EMK galvanischer Elemente

Bezeichnung des Elements	negativer Pol	positiver Pol	Lösung	EMK V
Blei-akkumulator	Blei-schwamm	Blei-peroxid PbO_2	chlorfreie Schwefelsäure, 27...28 %ig	2,0...1,9 bei 15 °C
Zink-Silber-Akkumulator	Zinkoxid	Silber	Kaliumhydroxidlösung, KOH	1,5
Eisen-Nickel-Akkumulator	Eisen-pulver	Nickel-dioxid	Kaliumhydroxidlösung, KOH, 20 %ig	1,4...1,1
Nickel-Cadmium-Akkumulator	Cadmium-pulver mit beigemeng-tem Eisen-oxid	Nickel-dioxid	Kaliumhydroxidlösung, KOH, 20 %ig	1,4...1,1
Westonsches Element (Normal-element)	Cadmium-amalgam	Queck-silber	gesättigte $CdSO_4$-Lösung, Hg_2SO_4-$CdSO_4$-Paste	1,0183
Grenetsches Element	Zink	Kohle	12 Teile $K_2Cr_2O_7$, 25 Teile H_2SO_4, 100 Teile H_2O	2,01
Daniellsches Element	Zink	Kupfer	Zinkelektrode in 5...10 %iger Schwefelsäurelösung, Kupfer-elektrode in gesättigter Kupfersulfatlösung ($CuSO_4$)	1,1
Leclanché-Element	Zink	Kohle	Ammoniumchloridlösung, Mangandioxid mit Kohlepulver	1,46
Leclanché-Trocken-element	Zink	Kohle	1 Teil ZnO, 1 Teil NH_4Cl, 3 Teile $ZnCl_2$ mit etwas Wasser zu einer Paste gerührt	1,3

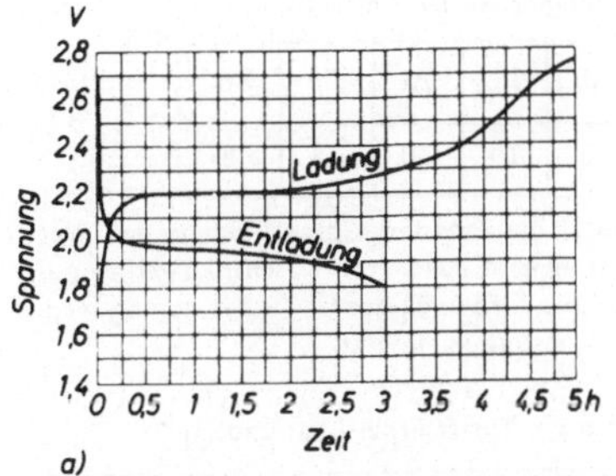

Bild 5.17

a) Änderung der Spannung eines Bleiakkumulators (einer Zelle) während der Aufladung mit $\frac{Q}{4}$ A (Q ist die Kapazität des Akkumulators in Ah (Ampere-Stunden)), bzw. bei einer 3h währenden Entladung $(\frac{Q}{3}\text{ A})$;

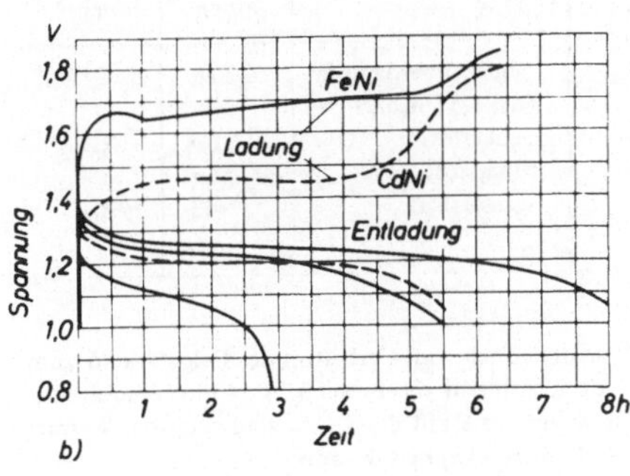

b) Spannungsänderung beim Aufladen, bzw. Entladen (einer Zelle) eines Nickel-Säure-Akkumulators (ausgezogene Kurven), bzw. eines Nickel-Cadmium-Akkumulators (gestrichelte Kurve). Die Aufladung erfolgt bei $\frac{Q}{6}$ A (6h), die Entladung während 5h $(\frac{Q}{5}\text{ A})$.

Die Kurven des Eisen-Nickel-Akkumulators entsprechen einer achtstündigen $(\frac{Q}{8}\text{ A})$, bzw. dreistündigen $(\frac{Q}{3}\text{ A})$ Entladungsdauer

Tabelle 5.18: Beweglichkeit von Ionen in wäßriger Lösung bei 18 °C

Kationen	10^{-4} m²/sV	Kationen	10^{-4} m²/sV
H^+	0,003 263	OH^-	0,001 80
K^+	0,000 669	Cl^-	0,000 68
Na^+	0,000 450	NO_3^-	0,000 62
Ag^+	0,000 56	SO_4^{--}	0,000 68
Zn^{++}	0,000 48	CO_3^{--}	0,000 62
Fe^{+++}	0,000 46		

Bemerkungen.

1. Bei Erwärmung um 1 °C nimmt die Beweglichkeit der Ionen um etwa 2 % zu.
2. Die Anzahl der Plus- bzw. Minuszeichen bei den Symbolen gibt die Anzahl der durch ein Ion transportierten Elementarladungen an.

Tabelle 5.19: Beweglichkeit der Elektronen in Metallen (in 10^{-4} m^2/sV)

Metall	Ag	Na	Be	Cu	Au	Li	Al	Cd	Zn
Beweglichkeit	56	48	44	35	30	19	10	7,9	5,8

Bemerkung: Innerhalb eines Metalls überschreitet die Feldstärke praktisch nie den Wert von 0,001 V/cm. Die Geschwindigkeit der Elektronen ist daher stets wesentlich geringer als die in der Tabelle angeführten Beweglichkeiten. Dies geht auch aus Gl. (5.24) hervor, wenn man die in Tabelle 5.10 angeführten zulässigen Stromstarken einsetzt.

Tabelle 5.20: Beweglichkeit von Ionen in Gasen in 10^{-4} m^2/sV (bei 1 bar und 20 °C)

Gas	positive Ionen	negative Ionen	Gas	positive Ionen	negative Ionen
Argon	1,5	1,7	Quecksilberdampfe (bei 1,33 mbar)	220	–
Helium	16,0	–	Sauerstoff	1,3	1,8
Kohlendioxid	0,8	0,8	Stickstoff	2,7	–
Luft, trocken	1,4	1,9	Wasserstoff	6,3	8,1
Luft, mit Wasserdampf gesattigt	1,4	2,1			

Bemerkungen:

1. Im allgemeinen hangt die Beweglichkeit der Ionen vom Verhältnis der Feldstarke E zum Gasdruck p ab. Bei kleinen Werten von E/p bleibt die Beweglichkeit unverandert; bei Geschwindigkeiten (der geordneten Bewegung), die mit der Geschwindigkeit der Warmebewegung vergleichbar sind, andert sich die Beweglichkeit der Ionen.
2. Die Beweglichkeit einer gegebenen Ionenart ändert sich umgekehrt proportional zur Dichte des Gases. Bei konstanter Temperatur ändert sich die Beweglichkeit umgekehrt proportional zum Druck (im Druckbereich zwischen 0,133 mb und 60 bar). Die Beweglichkeit eines Ions hängt nur wenig von seiner Ladung ab.
3. Die Beweglichkeit hangt in hohem Grad von der Reinheit des Gases ab. Die in der Tabelle gebrachten Zahlen können daher nur als Richtwerte dienen.

Tabelle 5.21: Ionisationsarbeit

Ionisationsreaktion	E_{ion} eV	Ionisationsreaktion	E_{ion} eV
$He \rightarrow He^+$	24,5	$H \rightarrow H^+$	13,5
$Ne \rightarrow Ne^+$	21,5	$O \rightarrow O^+$	13,5
$N_2 \rightarrow N^+$	15,8	$H_2O \rightarrow H_2O^+$	13,2
$Ar \rightarrow Ar^+$	15,7	$Xe \rightarrow Xe^+$	12,8
$H_2 \rightarrow H_2^+$	15,4	$O_2 \rightarrow O_2^+$	12,5
$N \rightarrow N^+$	14,5	$Hg \rightarrow Hg^+$	10,4
$CO_2 \rightarrow CO_2^+$	14,4	$Na \rightarrow Na^+$	5,1
$Kr \rightarrow Kr^+$	13,9	$K \rightarrow K^+$	4,3

Tabelle 5.22: Emissionskonstanten von Metallen und Halbleitern

Element	φ eV	A' A/m²K²	Element	φ eV	A' A/m²K²
Aluminium	3,74	–	Nickel	4,84	0,003
Antimon	2,35	–	Platin	5,29	0,0032
Barium	2,29	–	Selen	4,72	–
Cäsium	1,89	0,01	Silicium	4,10	–
Chrom	4,51	0,0048	Tellur	4,12	–
Eisen	4,36	0,0026	Thorium	3,41	0,007
Germanium	4,56	–	Uran	3,74	–
Kupfer	4,47	0,0065	Wolfram	4,50	0,006...0,01
Molybdän	4,37	0,0115	Zinn	4,31	–

Bemerkung: Die Austrittsarbeit hängt stark von der Reinheit der Oberfläche und der Art und Menge eventueller Beimengungen ab. Die angeführten Zahlen gelten für reine Stoffe.

Tabelle 5.23: Emissionskonstanten von Metallschichten auf Metallen

Basismetall	Schichtmetall	φ eV	A' A/m²K²
Molybdän	Thorium	2,58	0,000 15
Tantal	Thorium	2,52	0,000 05
Wolfram	Barium	1,56	0,000 15
Wolfram	Cäsium	1,36	0,000 32
Wolfram	Thorium	2,63	0,000 3
Wolfram	Uran	2,81	0,000 32
Wolfram	Zirkonium	3,14	0,000 5

Tabelle 5.24: Emissionskonstanten von Oxidkathoden

Kathode (Zusammensetzung)	φ eV	A' A/m²K²
Barium auf oxidiertem Wolfram	1,10	0,000 03
Nickel – BaO – SrO	1,20	0,000 096
Barium – Sauerstoff – Wolfram	1,34	0,000 018
Platin – Nickel – BaO – SrO	1,37	0,000 245
BaO auf einer Nickellegierung	1,50...1,83	0,000 008 7...0,000 218
Thoriumoxidkathode (Mittelwerte)	2,59	0,000 435

Tabelle 5.25: Kenndaten von Halbleıtern

ϑ_S Schmelztemperatur
ΔE_0 Breıte der verbotenen Zone
u_-, u_+ Beweglıchkeıten der Elektronen bzw. Locher

Stoff	ϑ_S °C	ΔE_0 ξO	u_- m^2/sV	u_+ m^2/sV
Bor (B)	2 300	1,1	0,001	0,001
Graphıt (C)	–	0,1	–	–
Dıamant (C)	–	6...7	0,18	0,12
Sılicıum (Sı)	1 414	1,12	0,19	0,05
Germanium (Ge)	958	0,75	0,39	0,19
Zinn, grau (Su)	–	0,08	0,3	–
Schwefel (S)	113	2,4	–	–
Selen, grau (Se)	220	2,3	–	–
Tellur (Te)	452	0,36	0,17	0,12
Jod (J)	113,5	1,3	0,002 5	–
Ag_2Te	955	0,17	0,4	–
Hg Te	670	0,2	1,0	0,01
B_2Te_3	585	0,25	0,06	0,015
Mg_2Sn	778	0,36	0,02	0,015
Pb Se	1 065	0,5	0,14	0,14
Zn Te	1 240	0,6	0,01	–
Pb S	1 114	1,2	0,065	0,08
Ag Br	430	1,35	0,003 5	–
Cd Te	1 045	1,45	0,045	0,01
Cu_2O	1 232	1,5...1,8	–	0,01
Al_2O_3	2 050	2,5	–	–
Zn O	1 975	3,2	0,02	–

Bemerkung: Die angeführten Beweglichkeıten gelten bei Raumtemperatur und Feldstarken, die geringer sınd als das kritische Feld.

In Halbleitern werden, im Zusammenhang mıt der Abhangıgkeıt der Beweglıchkeit von der Feldstarke, Abweıchungen vom Ohmschen Gesetz festgestellt. Die gerıngste Feldstarke, bei der eben eine Abweichung von dıesem Gesetz eintritt, bezeichnet man als krıtısches Feld (E_{kr}). Beı ϑ = 20 °C betragt das E_{kr} für

n-Germanıum	9 V/m
p-Germanıum	1,4 V/m
n-Sılıcıum	2,5 V/m
p-Sılıcıum	7,5 V/m

Mıt sinkender Temperatur verrıngert sıch das krıtısche Feld.

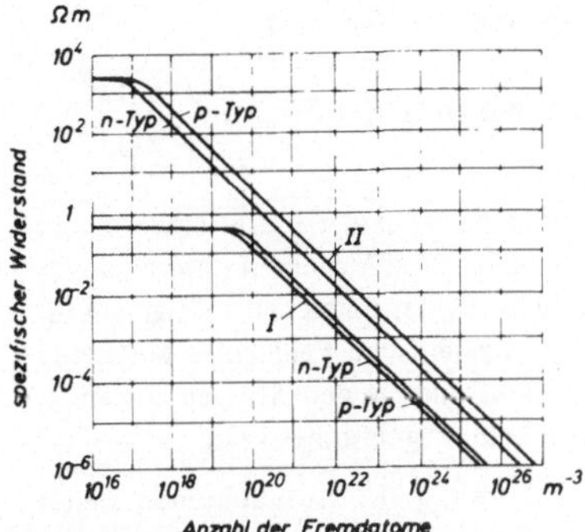

Bild 5.18
Abhängigkeit des spezifischen Widerstandes von Germanium (I) und Silicium (II) von der Konzentration an Fremdatomen bei Temperaturen um 20 °C

Bild 5.19
Temperaturabhängigkeit des spezifischen Widerstandes von Germanium. Auf der logarithmisch eingeteilten Ordinate sind die Werte für den spezifischen Widerstand aufgetragen, auf der Abszisse die reziproke Temperatur; N_{Ge} ist die Anzahl der Germaniumatome, N_{Sb} die Anzahl der Antimonatome

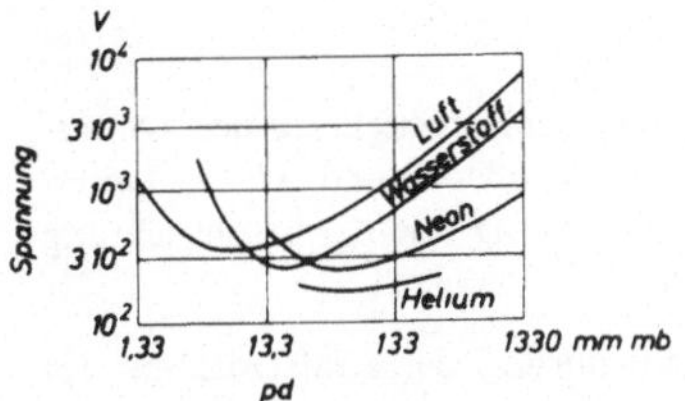

Bild 5.20
Abhängigkeit der Durchschlagsspannung vom Produkt pd (p bedeutet den Gasdruck, d den Elektrodenabstand) für flache Metallelektroden

Tabelle 5.26: Funkenlänge in Luft in m (bei 1 bar)

Elektrodenform / Spannung, V	zwei Spitzen	zwei Kugeln mit Durchmessern von je 0,05 m	zwei ebene Flachen
20 000	0,015 5	0,005 8	0,006 1
40 000	0,045 9	0,013	0,013 7
100 000	0,200	0,045	0,036 7
200 000	0,410	0,262	0,075 3
300 000	0,600	0,530	0,114

5.3. Elektromagnetismus – Grundbegriffe und Gesetze

5.3.1. Magnetische Induktion. Wechselwirkung der Ströme. Magnetisches Moment

Die Wechselwirkung zwischen zwei stromführenden Leitern bzw. einem stromführenden Leiter und einem Magneten, oder zwei Magneten untereinander erfolgt über das *magnetische Feld*. Magnetische Felder entstehen infolge geordneter Bewegung elektrischer Ladungen; das magnetische Feld eines Magneten kommt durch die geordnete Bewegung der Elektronen in den Atomen zustande. Um ruhende elektrische Ladungen bildet sich kein magnetisches Feld.

Ein magnetisches Feld wird durch seine Wirkung auf stromführende Leiter (oder bewegte Ladungen) bzw. eine Magnetnadel nachgewiesen. In einem Magnetfeld wirken magnetische Kräfte. Sie haben jedoch auf ruhende Ladungen keinen Einfluß.

Als Maß für die Stärke eines Magnetfeldes dient die *magnetische Induktion B*. Sie ist eine vektorielle Größe, deren Richtung mit der Richtung jener Kraft zusammenfällt, die auf die nördliche Spitze einer in den gegebenen Punkt des Feldes versetzte Magnetnadel wirkt. Die auf einen stromführenden Leiter in einem Magnetfeld wirkende Kraft ergibt sich aus dem Ampèreschen Gesetz:

$$\Delta F = I \Delta l B \sin\alpha; \qquad (5.48)$$

hierbei bedeutet I die Stromstärke, Δl kleiner Längenabschnitt des Leiters, B die magnetische Induktion und α den Winkel zwischen B und Δl. Das Leiterelement der Länge Δl ist ein Vektor, dessen Richtung mit der Stromrichtung zusammenfällt. Das Produkt $I\,\Delta l$ nennt man *Stromelement*.

Die *magnetische Induktion* entspricht zahlenmäßig der Kraft, die auf ein Stromelement der Größe 1 wirkt, ($I\,\Delta l = 1$ Am), das senkrecht zum Induktionsvektor liegt.

Die magnetische Induktion hängt von der Art des Mediums ab.

Die *Einheit der magnetischen Induktion* ist das **Tesla**, T. 1 T = 1 Vs/m^2.

Ein magnetisches Feld hat die Induktion von 1 T, wenn es auf ein senkrecht zum Induktionsvektor gelegenes Stromelement $I\,\Delta l$ der Größe 1 Am mit der Kraft von 1 N wirkt.

Zur Charakterisierung eines magnetischen Feldes im Vakuum verwendet man die *magnetische Feldstärke H*. Sie ist gleich der magnetischen Induktion im Vakuum.

Zur Bestimmung der magnetischen Feldstärke muß der Raum, in dem sich das Feld befindet, evakuiert werden. Anschließend wird die Kraft gemessen, die auf ein Stromelement der Größe einer Einheit ($I \Delta l = 1$ Am), das senkrecht zum Induktionsvektor gelegen ist, wirkt.

Die magnetische Feldstärke ist vom Medium unabhängig und lediglich durch die Stromstärke und die Form des Leiters bedingt.

Das Verhältnis $B/H = \mu$ nennt man die *Permeabilität*.

Die magnetische Feldstärke ist ein Vektor, der in homogenen Medien die gleiche Richtung wie der Induktionsvektor hat, dessen Betrag jedoch entsprechend $H = B/\mu$ kleiner ist.

Die *Einheit der magnetischen Feldstärke* ist A/m.

Daraus folgt als *Einheit der Permeabilität*

$$[\mu] = \frac{[B]}{[H]} = \frac{\mathrm{T}}{\mathrm{A/m}} = \frac{\mathrm{Vs/m^2}}{\mathrm{A/m}} = \frac{\mathrm{Vs}}{\mathrm{Am}},$$

Vs/A wird auch als **Henry**, H, bezeichnet. So ergibt sich als Einheit der Permeabilität H/m.

Die Größe $\mu_r = \mu/\mu_0$ wird als *Permeabilitätszahl* bezeichnet. μ_0 ist die *magnetische Feldkonstante*:

$$\mu_0 = 1{,}256\,64 \cdot 10^{-6}\ \mathrm{H/m}. \qquad (5.49)$$

Die Richtung der auf einen stromführenden Leiter wirkenden Kraft wird nach der *„Linke Hand Regel"* bestimmt: Die offene linke Hand wird so gedreht, daß die Kraftlinien des Magnetfeldes durch die Handfläche gehen und die ausgestreckten Finger in Stromrichtung zeigen. Der wegstehende Daumen gibt dann die Richtung der auf den Leiter wirkenden Kraft an (Bild 5.21).

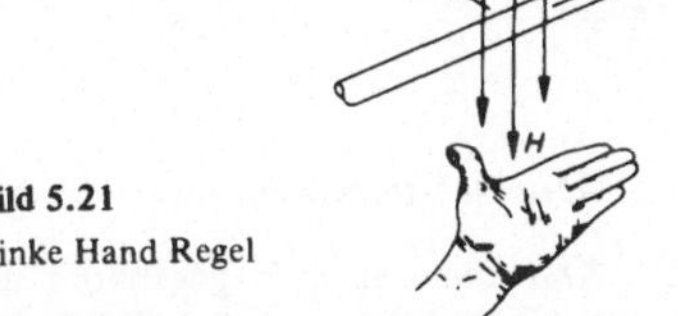

Bild 5.21
Linke Hand Regel

Zwischen zwei genügend langen geradlinigen und parallelen stromführenden Leitern kommt es zur Wechselwirkung: Bei gleichgerichteten Strömen ziehen sie sich an, bei entgegengesetzt gerichteten stoßen sie sich ab.

Die mathematische Formulierung dieses Gesetzes lautet:

$$F = \frac{\mu_r \mu_0 I_1 I_2}{2\pi r} l. \qquad (5.50)$$

r ist der Abstand zwischen den Leitern, l deren Länge, I_1 und I_2 sind die Ströme, μ_r ist die Permeabilitätszahl des Mediums und μ_0 die magnetische Feldkonstante.

Auf eine bewegte Ladung in einem magnetischen Feld wirkt die Kraft

$$F = Q v B \sin\alpha \tag{5.51}$$

(auch *Lorentz-Kraft* genannt); es bedeutet Q die Ladung des Teilchens, v dessen Geschwindigkeit, α den Winkel zwischen Geschwindigkeits- und Induktionsvektor B. Die Lorentz-Kraft ist senkrecht zur Ebene von B und v gerichtet.

Auf eine ebene, in ein Magnetfeld gebrachte Stromschleife, wirkt das Kraftmoment M:

$$M = I A B \sin\alpha\,, \tag{5.52}$$

wobei I die Stromstärke, A die Fläche der Schleife, B die Induktion des Magnetfeldes und α der Winkel zwischen der Normalen zur Wicklungsebene und dem Vektor B ist.

Die Größe $M_{\text{magn}} = IA$ nennt man das *magnetische Moment* einer (ebenen, geschlossenen) Stromschleife. Das magnetische Moment stellt einen Vektor dar. Seine Richtung wird nach der *„Rechtsschrauben-Regel"* bestimmt: Wird der Schraubenkopf in Stromrichtung gedreht, so rückt die Schraube in Richtung von M_{magn} weiter.

Das *gesamte* magnetische Moment mehrerer Stromschleifen (Windungen) ist gleich der *vektoriellen Summe* der Momente der einzelnen Schleifen.

Für das magnetische Moment eines sich im Kreis (mit dem Radius r) mit der Lineargeschwindigkeit v bewegenden Teilchens (mit der Ladung Q) gilt

$$M_{\text{magn}} = \tfrac{1}{2}\, Q v r\,. \tag{5.53}$$

5.3.2. Durch Ströme erzeugte Magnetfelder

Die *Kraftlinien* eines Magnetfeldes sind Kurven, deren Tangenten in jedem ihrer Punkte in Richtung der Feldstärke liegen. Die magnetischen Kraftlinien sind in sich geschlossen (im Gegensatz zu den Kraftlinien eines elektrischen Feldes). Felder solcher Art bezeichnet man als *Wirbelfelder* (Bilder 5.22 und 5.23). Die magnetischen Kraftlinien eines geradlinigen Stromes stellen konzentrische Kreise dar, die in Ebenen senkrecht zum Leiter liegen (Bild 5.24). Die Richtung einer solchen Kraftlinie läßt sich nach der Rechtsschrauben-Regel bestimmen: Wird die Schraube so gedreht, daß sie in Stromrichtung weiterrückt, so entspricht die Drehrichtung der Richtung der Kraftlinien.

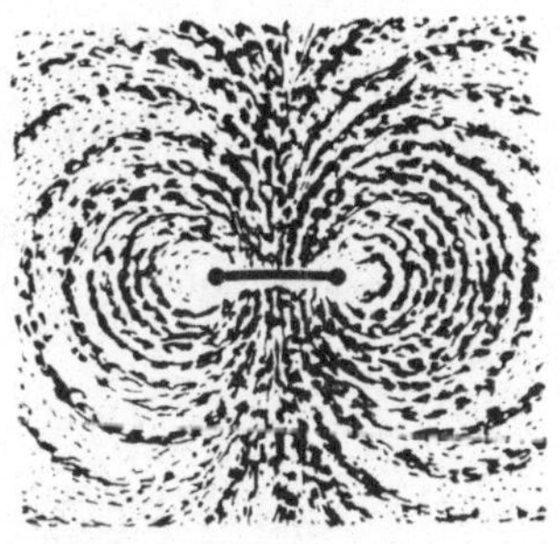

Bild 5.22
Kraftlinien eines Magnetfeldes, das durch einen kreisförmig fließenden Strom hervorgerufen wurde. Die Linien entstanden durch Einwirkung des Feldes auf Eisenfeilspäne

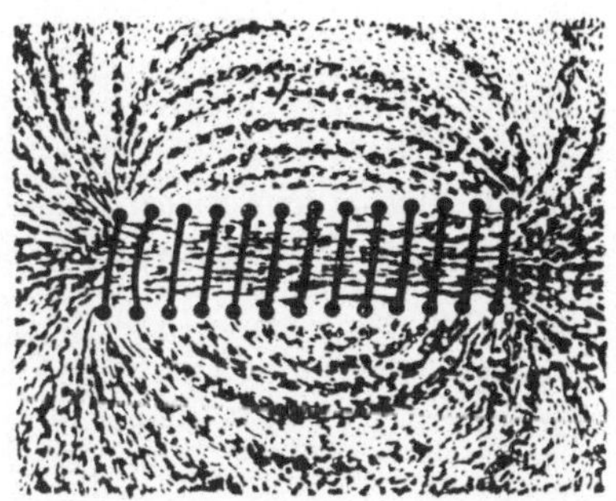

Bild 5.23
Kraftlinien des Magnetfeldes eines Solenoids. Die Linien entstanden durch Einwirkung des Feldes auf Eisenfeilspäne

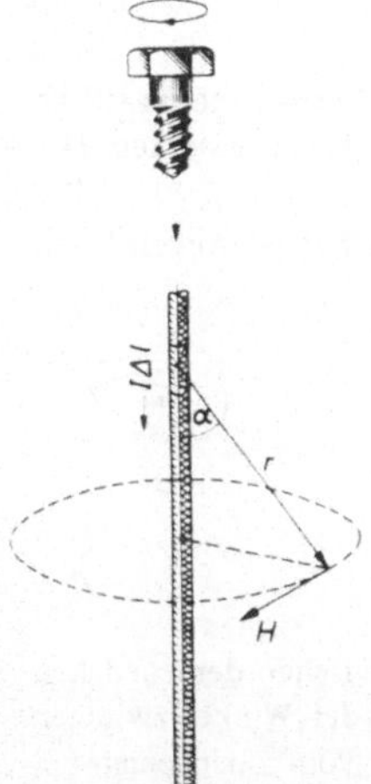

Bild 5.24
Schraubenregel (zum Biot-Savart-Laplaceschen Gesetz)

Für die Stärke eines Magnetfeldes, das durch ein Stromelement $I\,\Delta l$ hervorgerufen wird, gilt:

$$\Delta H = \frac{I\,\Delta l \sin\alpha}{4\pi r^2}. \qquad (5.54)$$

r ist der Abstand zwischen dem Stromelement und dem Punkt, in dem die Feldstärke bestimmt wird, und α der Winkel zwischen r und $I\,\Delta l$. Obige Gleichung bezeichnet man als das *Biot-Savart-Laplacesche Gesetz*.

Die Stärke eines Magnetfeldes, das durch einen langen geraden stromführenden Leiter hervorgerufen wird, beträgt:

$$H = \frac{I}{2\pi r} \qquad (5.55)$$

r ist der kürzeste Abstand zwischen dem Leiter und dem Punkt, in dem die Feldstärke bestimmt wird.

Für die magnetische Feldstärke im Zentrum eines kreisförmigen Stromes gilt

$$H = \frac{I}{2R}, \tag{5.56}$$

mit R dem Radius der Windung.

Die magnetische Feldstärke im Inneren einer Spule (Bild 5.25) beträgt:

$$H = \frac{nI}{2\pi r}. \tag{5.57}$$

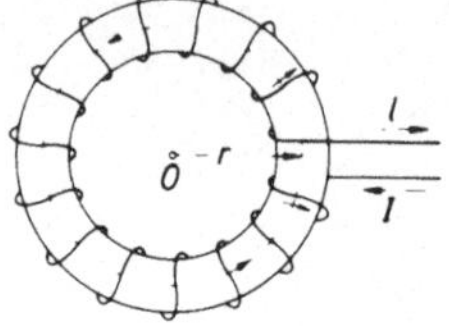

Bild 5.25. Toroid-Spule

Hierbei bedeutet n die Gesamtzahl der Windungen und r den mittleren Radius der Spule.

Die magnetische Feldstärke im Inneren einer Spule, deren Länge wesentlich größer als der Durchmesser der Windungen ist, ein Solenoid, beträgt

$$H = \frac{nI}{l}. \tag{5.58}$$

l ist die Länge der Spule (des Solenoids). In einem derartigen Solenoid ist die magnetische Feldstärke in jedem Punkt gleich groß und gleich gerichtet: *Das Feld ist homogen.*

Für die Stärke eines durch ein bewegtes geladenes Teilchen hervorgerufenen Magnetfeldes (Bild 5.26) gilt:

$$H = \frac{Q v \sin\alpha}{4\pi r^2}. \tag{5.59}$$

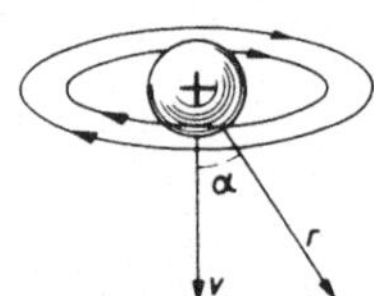

Bild 5.26
Magnetfeld eines bewegten Teilchens

v ist die Geschwindigkeit des Teilchens, r der Abstand zwischen dem Teilchen und dem Punkt in dem die Feldstärke bestimmt wird, α der Winkel zwischen der Bewegungsrichtung des Teilchens und der Geraden vom obengenannten Punkt zum Teilchen.

Die *Einheit der Feldstärke* ist A/m (siehe auch S. 131).

Die Feldstärke von 1 A/m ist in 2 m Abstand von einem geradlinigen, unendlich langen Leiter gegeben, in dem ein Strom von 4π A fließt.

5.3.3. Die bei Verschiebung eines stromführenden Leiters in einem Magnetfeld verrichtete Arbeit. Elektromagnetische Induktion

Bei Verschiebung eines stromführenden Leiters in einem Magnetfeld wird Arbeit verrichtet:

$$W = I(\Phi_2 - \Phi_1). \tag{5.60}$$

Φ_1 ist der magnetische Fluß durch die Stromschleife zu Beginn der Bewegung, Φ_2 der magnetische Fluß am Ende der Bewegung.

Als *magnetischen Fluß* durch eine beliebige, von einem Leiter umgebene Fläche (in einem homogenen Feld) bezeichnet man das Produkt aus der magnetischen Induktion B, dem Flächeninhalt A und dem Kosinus des Winkels α zwischen der Richtung des Feldvektors und der Normalen auf die Fläche (Bild 5.27):

$$\Phi = BA\cos\alpha. \tag{5.61}$$

Die *Einheit des magnetischen Flusses* ist das **Weber**, Wb. 1 Wb = 1 Vs.

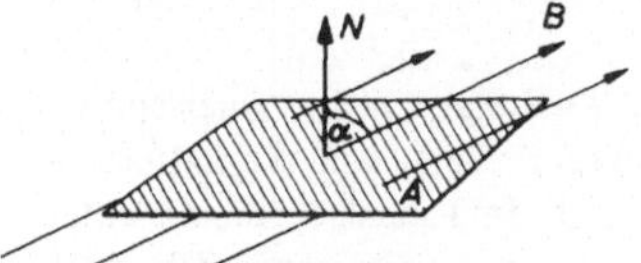

Bild 5.27
Magnetischer Fluß durch die Fläche A

Ein *sich verändernder magnetischer Fluß* ruft ein elektrisches Feld mit geschlossenen Kraftlinien (*elektrisches Wirbelfeld*) hervor. Ein solches Feld wirkt in einem Leiter als EMK (siehe S. 107). Diese Erscheinung wird als *elektromagnetische Induktion* bezeichnet; die hierbei auftretende elektromotorische Kraft bezeichnet man als *Induktionsspannung*.

Die durch die Induktionsspannung hervorgerufenen Ströme nennt man *Induktionsströme*.

Der Induktionsstrom ist so gerichtet, daß sein Magnetfeld der Änderung des Magnetfeldes, durch das er hervorgerufen wurde, entgegen wirkt (*Lenzsche Regel*).

Die Induktionsspannung läßt sich wie folgt berechnen:

$$E = -\frac{\Delta\Phi}{\Delta t}. \tag{5.62}$$

Somit ist der Absolutwert der Induktionsspannung gleich der Änderungsgeschwindigkeit des Magnetflusses durch die vom Leiter umgebene Fläche.

Die Vorzeichen der Spannung und von $\Delta\Phi/\Delta t$ sind entsprechend der Lenzschen Regel entgegengesetzt.

5.3.4. Selbstinduktion

Ändert sich die Stromstärke in einem Leiter, so wird durch den stromeigenen magnetischen Fluß eine Spannung induziert.

Diese selbstinduzierte Spannung läßt sich nach folgender Gleichung berechnen:

$$E = -L\frac{\Delta I}{\Delta t}. \tag{5.63}$$

L ist die *Induktivität*, $\Delta I/\Delta t$ die Geschwindigkeit der Stromstärkeänderung. L hängt von Form und Abmessungen des Leiters sowie vom umgebenden Medium ab.

Die *Einheit der Induktivität* ist das **Henry**, H.

Die Induktivität eines Leiters beträgt 1 H, wenn durch eine Stromstärkeänderung von 1 A/s eine Spannung von 1 V induziert wird.

Für die Induktivität eines Solenoids mit Kern gilt

$$L = \frac{\mu_r\,\mu_0\,n^2 A}{l}. \tag{5.64}$$

μ_r ist die Permeabilitätszahl, n die Anzahl der Windungen, A die Querschnittsfläche und l die Länge des Solenoids. Der Faktor k hängt vom Verhältnis der Länge der Wicklung zum Spulendurchmesser l/d ab. In Tabelle 5.36 sind unterschiedliche Werte von k angegeben. Bei der Berechnung von L nach der Gl. (5.64) ist zu berücksichtigen, daß μ_r für ferromagnetische Kerne von deren Form abhängt.

Die Induktivität eines Koaxialkabels der Länge l beträgt:

$$L = \frac{\mu_r\,\mu_0\,n^2 A}{l}\ln\frac{r_2}{r_1}. \tag{5.65}$$

r_1 ist der Radius des inneren, r_2 der des äußeren Zylinders.

Für die Induktivität einer Doppelleitung der Länge l und dem Durchmesser des Leiters d gilt:

$$L = \frac{\mu_r\,\mu_0\,l}{\pi}\ln\frac{a}{d}. \tag{5.66}$$

a ist der Abstand zwischen den Achsen der beiden parallelen Leiter (unter der Bedingung $d \ll a$).

Die Energie des den stromführenden Leiter umgebenden Magnetfeldes beträgt:

$$W = \tfrac{1}{2}\,L\,I^2. \tag{5.67}$$

In einem Magnetfeld ist die Energie raumlich verteilt. Die Energiedichte (Energie pro Volumeneinheit) eines homogenen Magnetfeldes berechnet man nach

$$W_\epsilon = \frac{\mu_r \mu_0 H^2}{2}. \tag{5.68}$$

Fur die Anziehungskraft eines Elektromagneten gilt

$$F = \frac{B^2 A}{2 \mu_0}, \tag{5.69}$$

wobei A die Polfläche des Elektromagneten ist.

Unter *Wirbelstromen* versteht man die in massiven Leitern durch ein magnetisches Wechselfeld induzierten Strome.

5.3.5. Magnetische Eigenschaften der Materie

In einem magnetischen Feld erhält jeder Korper ein magnetisches Moment: Der Körper wird *magnetisiert*.

Ein magnetisierter Körper bildet ein zusätzliches Magnetfeld mit der Induktion B', die mit der durch makroskopische Strome bedingten Induktion $B_0 = \mu H$ in Wechselwirkung steht. Beide Felder addieren sich vektoriell und ergeben ein resultierendes Feld mit der Induktion B.

In den Molekülen zirkulieren geschlossene Strome. Jeder dieser Ströme besitzt ein magnetisches Moment (siehe S. 132). In Abwesenheit eines äußeren Magnetfeldes sind die einzelnen Molekularstrome untereinander beliebig nach allen Richtungen orientiert, so daß die Gesamtfeldstärke eines aus vielen dieser Moleküle aufgebauten Magnetfeldes gleich Null ist. Unter der Wirkung eines äußeren Magnetfeldes kommt es zur Orientierung der magnetischen Momente der Moleküle (vornehmlich längs der Feldrichtung), wodurch der betreffende Körper magnetisiert wird. Das Maß für die Magnetisierung eines Stoffes ist der Vektor der *Magnetisierung M*. Er entspricht der Summe aller molekularen magnetischen Momente M_{magn}, die in der Volumeneinheit des betreffenden Stoffes enthalten sind:

$$M = \frac{1}{V} \Sigma M_{magn}. \tag{5.70}$$

Der Vektor der Magnetisierung ist dem Vektor der Feldstärke proportional:

$$M = \chi_m H. \tag{5.71}$$

Die Größe χ_m nennt man die *magnetische Suszeptibilität*; sie ist dimensionslos.

Es gilt

$$B' = \mu_r M, \tag{5.72}$$

$$B = \mu_0 H + \mu_0 M = \mu_0 (H + M) \tag{5.73}$$

$$\mu_r = 1 + \chi_m . \tag{5.74}$$

Die Abhängigkeit von H von B, bzw. H von M ist aus der *Magnetisierungskurve* ersichtlich.

Stoffe, deren χ_m nur wenig größer als Null ist, sind *paramagnetische Stoffe*. Stoffe, bei denen $\chi_m < 0$, sind *diamagnetische Stoffe*, während Stoffe, deren χ_m wesentlich größer als eins ist, als *ferromagnetische Stoffe* bezeichnet werden.

Ferromagnetische Stoffe unterscheiden sich von para- und diamagnetischen zudem durch eine Reihe von Eigenschaften:

a) Während die Magnetisierungskurven der paramagnetischen Stoffe Geraden mit positiver Steigung, die der diamagnetischen Stoffe Geraden mit negativer Steigung darstellen, sind die Kurven der ferromagnetischen Stoffe Kurven wie in Bild 5.28. Die magnetische Suszeptibilität bzw. Permeabilität der ferromagnetischen Stoffe ist, zum Unterschied von den dia- und paramagnetischen Stoffen, von der Feldstärke abhängig.

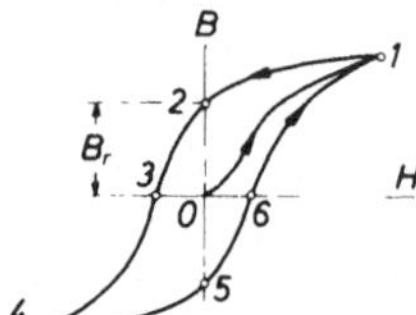

Bild 5.28
Hystereseschleife. 0–1 Magnetisierungskurve, beginnend im entmagnetisierten Zustand; 1–2–3 Entmagnetisierungskurve

Ferromagnetische Stoffe weisen zumeist eine *Anfangs-Permeabilität* (μ_b) auf. Es ist dies der Grenzwert der Permeabilität, wenn Feldstärke und Induktion nahe Null sind:

$$\mu_b = \lim_{H \to 0} \mu .$$

Bei ferromagnetischen Kurven durchläuft die die Abhängigkeit von μ von H darstellende Kurve ein Maximum (siehe Bild 5.30). In Tabellen wird gewöhnlich der Maximalwert μ_{max} angeführt.

b) Die magnetische Suszeptibilität der ferromagnetischen Stoffe nimmt mit steigender Temperatur zu. Bei einer bestimmten Temperatur, im sogenannten *Curie-Punkt* θ, verwandeln sich ferromagnetische Stoffe in paramagnetische

Stoffe. Oberhalb des Curie-Punktes sind sämtliche Stoffe paramagnetisch. Nahe dem Curie-Punkt nimmt die magnetische Suszeptibilität der ferromagnetischen Stoffe rasch zu.

Während die magnetische Suszeptibilität der diamagnetischen und einiger paramagnetischer Stoffe (z.B. der Alkalimetalle) von der Temperatur unabhängig ist, ändert sich die Suszeptibilität fast aller paramagnetischer Stoffe umgekehrt proportional der absoluten Temperatur.

c) Ein nichtmagnetisches Ferromagnetikum wird, sobald es in ein Magnetfeld gebracht wird, magnetisiert. Die Abhängigkeit von B (bzw. M) von H wird durch die Magnetisierungskurve, Kurve 0–1 in Bild 5.28, veranschaulicht: Die Magnetisierung nimmt mit wachsender Feldstärke zu Beginn stark, dann immer schwächer zu und erreicht schließlich einen Höchstwert, der sich bei weiter zunehmender Feldstärke nicht mehr ändert.

Man bezeichnet diesen Maximalwert als *Sättigungswert der Magnetisierung*, M_S.

Verringert man H vom Sättigungswert herab bis 0, so ändert sich B (bzw. M) entsprechend dem Kurvenstück 1–2: Die Induktion ändert sich im Vergleich zur Feldstärke nur sehr wenig. Diese Erscheinung wird *Hysterese* genannt.

Die nach Wegnahme des Feldes ($H = 0$) in einem Ferromagnetikum verbleibende Induktion nennt man *Restinduktion* (B_r) (*remanente Induktion*). In Bild 5.28 entspricht B_r der Ordinatenabschnitt 0–2. Um einen ferromagnetischen Stoff zu entmagnetisieren, muß die Restinduktion zum Verschwinden gebracht werden. Dies geschieht, indem man ein entgegengesetzt gerichtetes Feld anlegt. Die Änderung der Induktion in einem solchen Feld wird durch den Kurvenabschnitt 2–3–4 dargestellt.

Die dem Abszissenabschnitt 0–3 in Bild 5.28 entsprechende Feldstärke H_c, bei der die Induktion wieder gleich Null wird, bezeichnet man als *Koerzitivkraft*.

Die Änderung von B (bzw. M) bei einer periodischen Änderung der Feldstärke von $+H$ bis $-H$ ist in der geschlossenen Kurve 1–2–3–4–5–6–1 veranschaulicht. Man bezeichnet diese Kurve als *Hystereseschleife*.

Die zur Änderung der Feldstärke von $+H$ bis $-H$ und zurück bis $+H$ erforderliche Energie ist der von der Hystereseschleife umrissenen Fläche proportional.

Die Eigenschaften der ferromagnetischen Stoffe lassen sich durch das Vorhandensein von kleinen Bezirken (Domänen) mit ursprünglicher, nicht durch ein äußeres Magnetfeld bewirkter Sättigungsmagnetisierung erklären. Diese Bezirke sind in Abwesenheit eines äußeren Magnetfeldes untereinander verschieden gerichtet und unterschiedlich magnetisiert, so daß die Magnetisierung des gesamten Körpers gleich Null ist.

Wird ein Ferromagnetikum in ein Magnetfeld gebracht, so kommt es zu einer Verschiebung der Grenzen zwischen den Bezirken (bei schwächeren Feldern) und zur Ausrichtung der Bezirke in Feldrichtung (bei großeren Feldstarken), wodurch der Korper magnetisiert wird.

Bringt man einen ferromagnetischen Stoff in ein Magnetfeld, so andern sich seine linearen Abmessungen: Er wird deformiert. Man nennt diese Erscheinung *Magnetostriktion*. Die relative Verlangerung oder Verkurzung hangt von der Art des ferromagnetischen Stoffes und von der Feldstarke ab.

Die Stärke des Magnetostriktions-Effektes ist von der Richtung des Feldes unabhangig. Je nach Art des ferromagnetischen Stoffes beobachtet man eine Verkürzung (Nickel), oder Verlangerung (Eisen in schwachen Feldern) längs der Feldrichtung. Man benutzt diesen Effekt zur Erzeugung von Ultraschall bis zu 100 kHz.

Tabellen und Diagramme

Das Magnetfeld der Erde

Die Erde ist von einem Magnetfeld umgeben.

Jene Punkte der Erde, in denen das Magnetfeld senkrecht zur Erde gerichtet ist, nennt man magnetische Pole. Der *magnetische Nordpol* liegt auf der sudlichen Hemisphäre in der Nähe des Südpols, und der *magnetische Sudpol* auf der nördlichen Hemisphare in der Nähe des Nordpols.

Die durch die beiden magnetischen Pole führende Gerade nennt man *magnetische Erdachse*. Entsprechend bezeichnet man den großten in einer Ebene senkrecht zur magnetischen Erdachse gelegenen Erdumfang als *magnetischen Äquator*. Am magnetischen Äquator ist das Magnetfeld horizontal gerichtet.

Die magnetische Feldstärke beträgt am Äquator etwa 27,06 N/m, auf den Polen etwa 52,52 N/m. Auf der Erdoberfläche gibt es Bereiche, in denen die Feldstärke wesentlich größer ist als an anderen Orten gleicher geographischer Breite. Man spricht von Bereichen *magnetischer Anomalie*. Im Bereich von Kursk erreicht die Feldstärke 159,15 N/m.

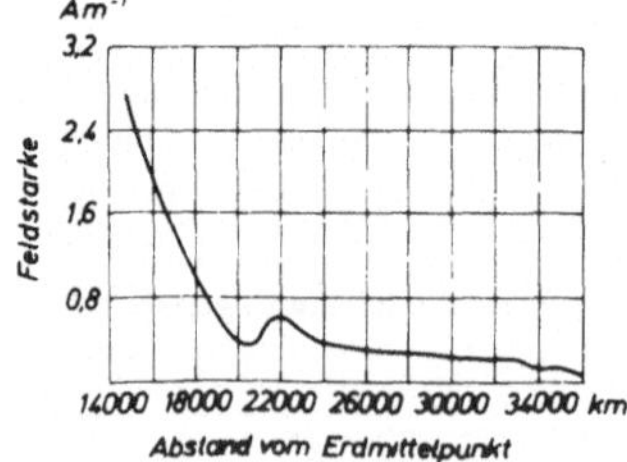

Bild 5.29

Feldstarke des Magnetfeldes der Erde in großen Hohen

Tabelle 5.27: Magnetische und elektrische Kennzahlen elektrotechnischer Stähle

μ_b Anfangs-Permeabilität
μ_{max} Maximalwert der Permeabilität
H_c Koerzitivkraft
B Induktion
ρ spezifischer elektrischer Widerstand

Stahlsorte	μ_b 10^{-8} H/m	μ_{max} 10^{-8} H/m	H_c A/m	B (bei 2 kA/m) T	ρ 10^{-4} Ωm
E 31	31 416	691 154	43,77	1,46	0,5
E 41	37 699	753 987	35,81	1,46	0,6
E 42	50 265	942 483	31,83	1,45	0,6
E 45	75 398	1 256 644	19,89	1,46	0,6
E 310	125 664	3 769 934	9,55	1,75	0,5

Tabelle 5.28: Magnetische und elektrische Kennzahlen von Eisen-Nickel-Legierungen

μ_b Anfangs-Permeabilität
μ_{max} Maximalwert der Permeabilität
H_c Koerzitivkraft
M_S Sättigungswert der Magnetisierung
ρ spezifischer elektrischer Widerstand

Die Legierungen besitzen eine hohe magnetische Permeabilität, die sich bei großen Feldstärken und hohen Frequenzen stark verringert. Zudem hängt μ sehr stark von mechanischen Spannungen ab.

Legierung	μ_b 10^{-5} H/m	μ_{max} 10^{-5} H/m	H_c A/m	M_S T	ρ 10^{-4} Ωm
79 NM	2 513,3	12 566,4	2,38	0,8	0,55
80 NChS	4 398,3	15 079,7	1,19	0,7	0,62
50 NSCh	377,0	3 769,9	15,91	1,0	0,85
50 N	377,0	4 398,3	9,55	1,5	0,45
65 NP	377,0	12 566,4	7,96	1,3	0,35
50 NP	251,3	2 513,3	15,91	1,55	0,45
Mo-Permalloy	2 513,3	9 424,8	2,38	0,85	0,55
78,5 Ni-Permalloy	1 256,6	12 566,4	1,99	1,07	0,16

Tabelle 5.29: Kennzahlen dauermagnetischer Stoffe

Diese Stoffe zeichnen sich durch eine hohe Koerzitivkraft aus. Man verwendet sie zur Herstellung von permanenten Magneten. Ihr wichtigstes Charakteristikum ist ihr Maximalwert von $HB/8\pi$. Diese Größe ist der maximalen Energie des Magnetfeldes des Ferroelektrikums proportional.

Stoff	H_c A/m	B_r T	$HB/8\pi$ $10^{-9}\ \frac{J}{m^3}$
Legierungen:			
Alni 1 (AN 1)	19 894	0,7	2,8
Alni 3 (AN 3)	39 788	0,5	3,6
Alnisi (ANS)	59 683	0,4	4,3
Alniko 12 (ANCO 1)	39 788	0,68	5,5
Alniko 18 (ANCO 3)	51 725	0,9	9,7
Magniko (ANCO 4)	39 788	1,23	15
Stahle:			
E Ch 3	4 775	0,95	1,2
E 7 V 6	4 934	1,0	1,3
E Ch 5 Si 5	7 958	0,85	1,8
E Ch 9 Si 15 M	13 528	0,8	2,8
weitere Stoffe.			
magnetische Platinlegierungen	$119{,}4\ldots318{,}3\cdot10^3$	0,3…0,6	1…1,5
Barium-Ferrite	$127{,}3\ldots230{,}8\cdot10^3$	0,18…0,4	3…15

Tabelle 5.30: Kennzahlen magnetischer Dielektrika

Magnetische Dielektrika bestehen aus feinen ferromagnetischen Teilchen (Durchmesser $10^{-1}\ldots10^{-4}$ cm), die durch ein Dielektrikum gebunden werden. Der spezifische Widerstand dieser Stoffe liegt im Bereich von 0,01…4 Ωm. α ist der Temperaturkoeffizient des Widerstandes.

Stoff	μ 10^{-8} H/m	α $10^{-6}\ {}^\circ C^{-1}$
Preßperm T4-180	20 106…25 133	+ 400
Alsifer T4-90	9 425…10 681	+ 400
Alsifer T4-60	6 912… 8 168	− 300, − 400
Alsifer V4-32	3 770… 4 773	− 200, + 250
Karbonyleisen K-12	1 382… 1 759	− 50, + 50
Alsifer R4-6	628… 1 005	− 80, − 150
Ferroplast K-9	1 131… 1 257	− 50, + 50

Tabelle 5.31: Grundkennzahlen der Ferrite

Ferrite sind Mischungen von Metalloxiden (Nickel, Zink, Eisen), die einer speziellen thermischen Behandlung unterworfen werden, durch die sie einen höheren spezifischen Widerstand erhalten. α ist der Temperaturkoeffizient des Widerstandes.

Bezeichnung	μ_b 10^{-5} H/m	α 10^{-6} °C^{-1}	ρ 10^{-4} Ωm
Mangan-Zink-Ferrite			
4 000 NM	502,7	2	10^2
3 000 NM	377,0	3	
2 000 NM	251,3	0,6...1,5	
1 500 NM	188,5	0,6...1,5	
1 000 NM	125,7	1,5	
Nickel-Zink- und Lithium-Zink-Ferrite			
2 000 NN	251,3	3	$10^4...10^7$
600 NN	75,4	6	
400 NN	50,3	5	
200 NN	25,1	4...25	
100 NN	12,6	10...30	
50 VTsch	6,3	50	

Tabelle 5.32: Magnetische Permeabilität von paramagnetischen und diamagnetischen Stoffen

paramagnetische Stoffe	$\mu_r - 1$ 10^{-6}	diamagnetische Stoffe	$1 - \mu_r$ 10^{-6}
Stickstoff	0,013	Wasserstoff	0,063
Luft	0,38	Benzol	7,5
Sauerstoff	1,9	Wasser	9,0
Ebonit	14	Kupfer	10,3
Aluminium	23	Glas	12,6
Wolfram	176	Steinsalz	12,6
Platin	360	Quarz	15,1
flüssiger Sauerstoff	3 400	Wismut	176

Tabelle 5.33: Curie-Punkt verschiedener Metalle

Stoff	θ °C	Stoff	θ °C
Gadolinium	20	Magnetit	585
Permalloy 30 %ig	70	Elektrolyteisen	769
Geißlersche Legierung	200	Eisen, in Wasserstoff-atmosphäre geschmolzen	774
Nickel	358		
Permalloy 78 %ig	550	Kobalt	1 140

Tabelle 5.34: Spezifische magnetische Suszeptibilitat verschiedener Metalle (pro kg bei 18 °C)

Die *spezifische Suszeptibilitat* χ_ρ ist der Quotient aus der Suszeptibilitat χ und der Dichte ρ des betreffenen Stoffes. $\chi_\rho = \chi/\rho$

Metall	χ_ρ 10^{-6} kg^{-1}	Metall	χ_ρ 10^{-6} kg^{-1}
Aluminium	580	Mangan	7 500
Antimon	- 870	Natrium	600
Blei	- 120	Quecksilber	- 190
Cadmium	- 180	Selen	- 320
Calcium	500	Silber	- 200
Chrom	3 600	Tellur	- 310
Germanium	- 120	Vanadium	1 400
Indium	- 110	Wolfram	280
Kupfer	- 86	Zink	- 157
Lithium	500	Zinn	30

Abhängigkeit der magnetischen Permeabilität und Induktion von der Feldstärke des Magnetfeldes (bei erstmaliger Magnetisierung)

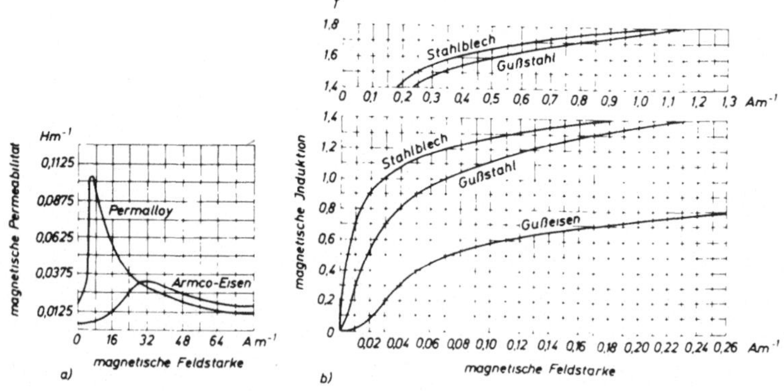

Bild 5.30. a) Abhangigkeit der Permeabilitat von Eisen und Permalloy von der Feldstarke schwacher Felder; b) Abhangigkeit der Induktion von der Starke des Magnetfeldes bei Stahl und Gußeisen

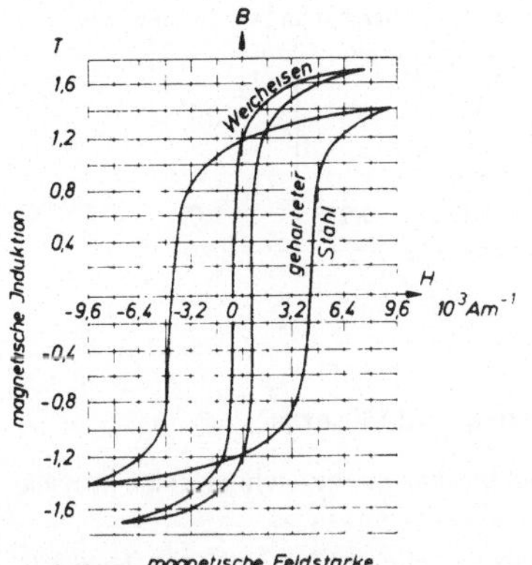

Bild 5.31
Hystereseschleifen von Weicheisen und gehartetem Stahl (~ 1 % C)

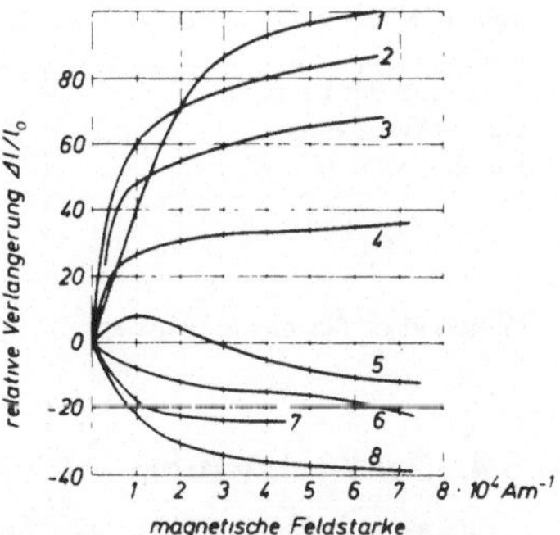

Bild 5.32
Magnetostriktion bei Ferromagnetika
1 54 % Pt, 46 % Fe; *2* 70 % Co, 30 % Fe; *3* 50 % Co, 50 % Fe; *4* 50 % Ni, 50 % Fe; *5* Eisen; *6* Kobalt (getempert); *7* Ferrit 20 % Ni, 80 % Zn; *8* Nickel

Tabelle 5.35: Induktion und Hystereseverluste bei ferromagnetischen Stoffen und Ferriten

Stoff	Induktion B (in T) bei Feldstarken H (in A/m) von						Hysterese-verlust 10^{-7} J
	8	40	160	800	4 000	40 000	cm^3 · Zyklus
Elektrolyteisen	0,004	0,05	1,1	1,5	1,7	2,1	2 500
Eisen, getempert	0,01	0,075	1,4	1,65	1.72	2,1	600
Eisenblech (4,3 % Si)	0.02	0,45	1,0	1,35	1,53	1,95	690
Eisen-Kobalt (35 % Co)	–	–	0,4	1,5	2,1	2,42	3 500
Gußeisen, getempert	–	–	0,06	0,5	0,85	1,4	10 000
Weichstahl (0,1 % C)	0,003	0,03	0,6	1,4	1,7	2,1	5 000
Stahlblech	0,004	0,04	0,9	1,45	1,65	2,1	2 500
Mn-Zn-Ferrit	0,008	0,05	0.23	0,36	–	–	–
Ni-Zn-Ferrit	0,0005	0,008	0,013	0,15	0.24	–	–
Mg-Mn-Ferrit	–	0,01	0,2	0,23	–	–	–
Ferrit, 30 % Ni-Fe	–	–	–	0,25	0,31	–	–
Ferrit, 70 % ni–Cu	–	–	–	0,06	0,1	–	–

Bemerkungen.

1. Die angeführten Zahlen sind Richtwerte, die genauen Werte unterscheiden sich von Probe zu Probe.
2. Die angeführten Hystereseverluste gelten für das Ummagnetisieren von 1 cm^3 Substanz (für einen Zyklus), für eine Hystereseschleife mit der maximalen Induktion von 0,1 T.

Tabelle 5.36: Verschiedene Werte des Koeffizienten k zur Berechnung der Induktivität

Verhältnis der Länge der Wicklung zum Durchmesser, l/d	0,1	0,5	1	5	10
k	0,2	0,5	0,6	0,9	$\approx 1{,}0$

Bemerkung: Bei $l/d \geqslant 10$ ist $k \approx 1$.

5.4. Der Wechselstrom – Grundbegriffe und Gesetze

Ändert ein Strom mit der Zeit seine Stärke, so bezeichnet man ihn als *pulsierenden Strom*.

Ändert er außerdem ständig seine Richtung, so handelt es sich um *Wechselstrom*.

Der am häufigsten gebrauchte Wechselstrom ist *sinusförmig* (Bild 5.33). Nicht sinusförmige, periodische Wechselströme können stets mit beliebiger Genauigkeit als Summe sinusförmiger Ströme dargestellt werden (siehe S. 77) (Fourieranalyse).

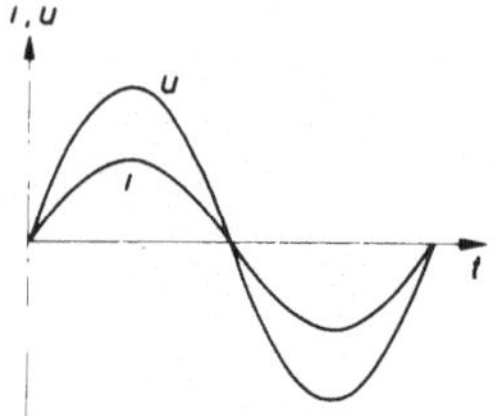

Bild 5.33
Graphische Darstellung eines sinusförmigen Wechselstroms, bzw. einer Wechselspannung ($\varphi = 0$)

Die Momentanwerte der Stromstärke bzw. der Spannung eines sinusförmigen Wechselstromes berechnet man wie folgt:

$$i = I_{max} \sin \omega t\,, \tag{5.75}$$

$$u = U_{max} \sin \omega t\,. \tag{5.76}$$

Hierbei bedeuten I_{max} und U_{max} die Maximalwerte der Stromstärke und der Spannung, ω die Kreisfrequenz, t die Zeit, φ die Phasendifferenz zwischen Strom und Spannung (siehe S. 76), $\omega = 2\pi f$, und f die Frequenz des Stromes.

Die *effektive Stromstärke* eines Wechselstromes entspricht der Stärke eines Gleichstromes, der bei gleichem Ohmschen Widerstand die gleiche Leistung erbringt wie der Wechselstrom.

Zumeist (aber nicht immer) zeigen die im Stromkreis befindlichen Ampere- bzw. Voltmeter die effektiven Werte von Stromstärke und Spannung an.

Für sinusförmige Ströme gilt:

$$I = \frac{I_{max}}{\sqrt{2}}, \qquad U = \frac{U_{max}}{\sqrt{2}}. \tag{5.77}$$

Die mittlere Leistung eines Wechselstromes beträgt:

$$P = UI \cos\varphi. \tag{5.78}$$

$\cos\varphi$ bezeichnet man als *Leistungsfaktor*.

In einem Wechselstromkreis wirkt eine Induktivität L als Widerstand, d.h. sie verringert die Stromstärke.

Für den *induktiven Widerstand* gilt:

$$R_L = \omega L. \tag{5.79}$$

Der Widerstand ist auf die in der Spule durch Selbstinduktion bewirkte Spannung zurückzuführen.

In einem Wechselstromkreis, der nur induktive Widerstände enthält, beträgt die Phasenverschiebung zwischen Strom und Spannung 90°, wobei der Strom hinter der Spannung zurückbleibt (Bild 5.34).

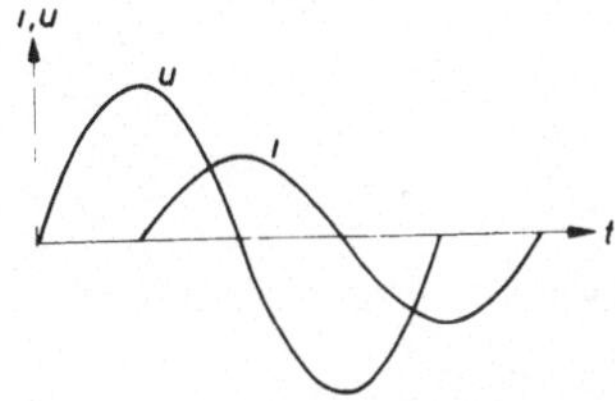

Bild 5.34
Strom- und Spannungsverlauf bei induktivem Widerstand

Im Wechselstrom sind Kapazitäten stromdurchlässig (zum Unterschied von Gleichstrom). Auch eine Kapazität wirkt im Wechselstromkreis als Widerstand.

Für den *kapazitiven Widerstand* gilt:

$$R_C = \frac{1}{\omega C}. \tag{5.80}$$

In einem Kondensator beträgt die Phasenverschiebung zwischen Strom und Spannung 90°, wobei der Strom der Spannung vorauseilt (Bild 5.35).

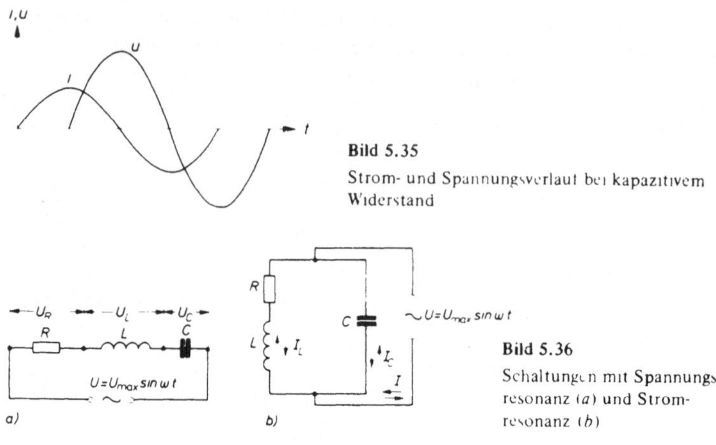

Bild 5.35
Strom- und Spannungsverlauf bei kapazitivem Widerstand

Bild 5.36
Schaltungen mit Spannungsresonanz (*a*) und Stromresonanz (*b*)

Schaltet man einen induktiven und einen kapazitiven Widerstand hintereinander (Bild 5.36a), so beträgt der gesamte Widerstand

$$Z = \sqrt{R^2 + (R_L - R_C)^2}. \tag{5.81}$$

Z ist der *Scheinwiderstand* zum Unterschied von R, dem *Wirkwiderstand*.

Für die Amplitude der Stromstärke in einem mit Resonanzfrequenz schwingenden unverzweigten Stromkreis gilt

$$I = \frac{U_{max}}{Z} = \frac{I_{max}}{\sqrt{1 + Q^2\left(\frac{\omega}{\omega_0} - \frac{\omega_0}{\omega}\right)^2}}. \tag{5.82}$$

Q ist der *Gütefaktor* (siehe unten); den Phasenwinkel φ zwischen Strom und Spannung bestimmt man nach den Gleichungen

$$\tan\varphi = \frac{R_L - R_C}{R}, \qquad \cos\varphi = \frac{R}{Z}. \tag{5.83}$$

Bei $R_L = R_C$ und $\varphi = 0$ besitzt der Widerstand Z seinen Minimalwert (siehe Bild 5.38) und der Strom seinen Höchstwert I_{max} (siehe Bild 5.39).

Diese Erscheinung wird als *Resonanz bei Serienschaltung* bezeichnet. Bei dieser Art von Resonanz sind die Spannungen an Induktivität und Kapazität dem Betrage nach gleich groß, jedoch in der Phase entgegengesetzt (Phasenverschiebung um 180°). Für das Verhältnis der Spannung an einem Kondensator U_C (oder an einer Spule U_L) zur Spannung, die an den Stromkreis angelegt ist, gilt

$\omega_0 L/R = 1/\omega_0 CR = Q$. Q ist der bereits oben erwähnte *Gütefaktor*; ω_0 bedeutet in dieser Gleichung die Resonanzfrequenz, die sich aus der Bedingung $R_L = R_C$ ergibt. Bei Gütefaktoren Q, die sehr viel größer als 1 sind, können die an Induktivität und Kapazität anliegenden Spannungen wesentlich größer sein als die an den Stromkreis angelegte Spannung U: $U_L = U_C = QU$. Diese Erscheinung wird daher auch *Spannungsresonanz* genannt.

Ist die Kapazität mit der Induktivität sowie dem ohmschem Widerstand parallel geschaltet (Bild 5.36b), so beträgt der Scheinwiderstand der Schaltung

$$Z = R_C \sqrt{\frac{R^2 - R_L^2}{R^2 + (R_L - R_C)^2}}. \tag{5.84}$$

Die Phasenverschiebung wird nach der folgenden Gleichung bestimmt:

$$\tan\varphi = \frac{R_L}{R}\left(1 - \frac{R_L}{R_C}\right) - \frac{R}{R_C}. \tag{5.85}$$

Bei $\varphi = 0$ und $R_L \approx R_C$ erhalt der Scheinwiderstand seinen Höchstwert. Man spricht von *Resonanz bei Parallelschaltung*.

Bei Resonanz dieser Art besitzt die Stromstärke I des Gesamtkreises seinen Minimalwert; er ist mit der angelegten Spannung U phasengleich; die durch die Spule bzw. den Kondensator gehenden Ströme I_L und I_C sind gleich groß, jedoch in der Phase entgegengesetzt, um 180° verschoben. Die Stromstärken in den einzelnen Zweigen können hierbei wesentlich stärker sein als die Stromstärke des Gesamtkreises (bei $Q \gg 1$): $I_C = I_L = QI$. Man spricht in diesem Falle von *Stromresonanz*. Der Widerstand Z hat dann (bei $Q > 1$) seinen Höchstwert Z_{max}. Die Abhangigkeit von Z/Z_{max} von der relativen Frequenz ω/ω_0 ist durch die Kurven in Bild 5.40 veranschaulicht.

Fuhrt ein Leiter einen Wechselstrom, so treten Induktionsströme auf. Die Stromdichte an der Oberfläche des Leiters ist größer als im Inneren. Der Unterschied wird um so großer, je höher die Stromfrequenz ist. Bei hohen Frequenzen kann die Stromdichte im Inneren eines Leiters praktisch gleich Null sein. Man nennt diese Erscheinung *Skin-Effekt*.

Tabellen und Diagramme

Widerstand bei Gleich- und Wechselstrom

Der Widerstand für Wechselstrom ist mit dem Widerstand für Gleichstrom durch den Parameter ξ verbunden:

$$\xi = 0{,}14\, d\, \sqrt{\mu f/\rho}\,.$$

d ist der Leiterdurchmesser (m), f die Frequenz (Hz), ρ den spezifischen Widerstand (Ωm), μ die magnetische Permeabilität (Hm^{-1}).

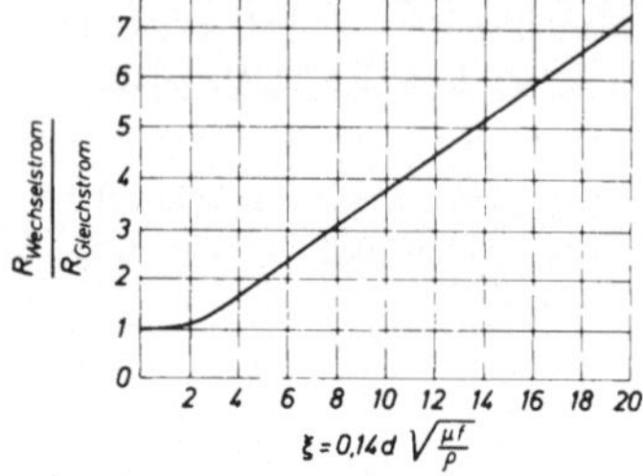

Bild 5.37
Abhängigkeit des Quotienten aus dem Wechselstromwiderstand und dem Widerstand bei Gleichstrom von ξ

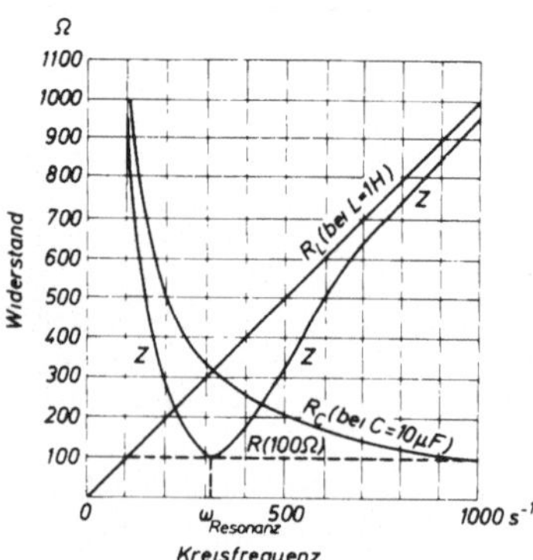

Bild 5.38
Änderung des induktiven, kapazitiven und Scheinwiderstandes eines Kreises mit Spannungsresonanz in Abhängigkeit von der Frequenz

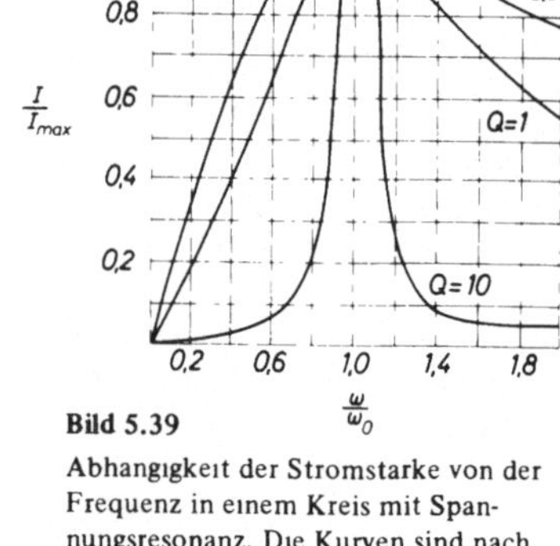

Bild 5.39
Abhängigkeit der Stromstärke von der Frequenz in einem Kreis mit Spannungsresonanz. Die Kurven sind nach Gl. (5.82) berechnet. Die Koordinaten entsprechen den Quotienten I/I_{max} und ω/ω_0

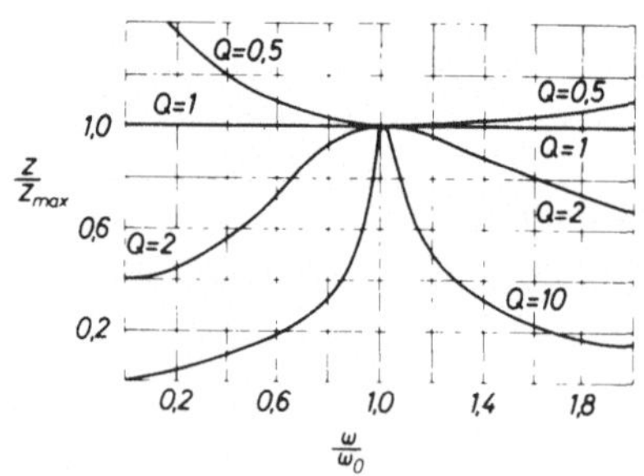

Bild 5.40
Abhängigkeit des Widerstandes Z von der Frequenz in einem Schaltkreis mit Stromresonanz. Die Koordinaten entsprechen den Quotienten Z/Z_{max} und ω/ω_0. Die Berechnung erfolgte unter der Annahme, daß die Widerstände im L-Zweig und im C-Zweig gleich sind

Tabelle 5.37: Eindringtiefe σ hochfrequenter Ströme (in einem runden gestreckten Kupferdraht)

Frequenz MHz	0,01	0,1	1	10	100
σ, mm	0,65	0,21	0,065	0,021	0,006

Bemerkungen:

1. Für andere Frequenzen bzw. Leiter kann σ nach folgender Gleichung berechnet werden:

   $\sigma = 503{,}3\,\sqrt{\rho/\mu f}$.

   ρ ist der spezifische Widerstand (10^{-6} Ωm), μ die magnetische Permeabilität des Leitermaterials und f die Frequenz.
2. Unter *Eindringtiefe* versteht man jenen Abstand von der Oberfläche zum Inneren eines Leiters, in dem die Stromdichte auf den e-ten Teil der Dichte an der Oberfläche abgesunken ist ($e \approx 2{,}72$ ist die Basis der natürlichen Logarithmen).

5.5. Elektrische Schwingungen und elektromagnetische Wellen – Grundbegriffe und Gesetze

Unter *elektrischen Schwingungen* versteht man sich wiederholende Änderungen der Ladungen, der Stromstärke oder der Spannung eines Stromkreises. Wechselstrom stellt eine Form elektrischer Schwingungen dar. Die Frequenz des technischen Wechselstromes beträgt 50 Hz, die des Bahnstromes $16\frac{2}{3}$ Hz.

Hochfrequente elektrische Schwingungen erzeugt man meist in Schwingkreisen.

Als *Schwingkreis* bezeichnet man einen geschlossenen Stromkreis, der aus einer Induktivität L und einer Kapazität C besteht (Bild 5.41).

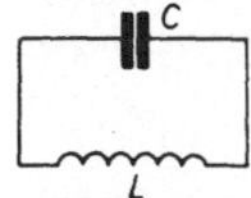

Bild 5.41. Schwingkreis

Für die Schwingungszeit bzw. die Frequenz der Eigenschwingungen des Kreises gilt

$$\left.\begin{aligned} T &= 2\pi\sqrt{LC}. \\ f &= \frac{1}{2\pi}\sqrt{\frac{1}{LC}}. \end{aligned}\right\} \qquad (5.86)$$

Diese Beziehung heißt *Thomsonsche Schwingungsgleichung*. Sie gilt nur, wenn bei der Schwingung keine Energieverluste auftreten. Ist dies jedoch der Fall, z.B. infolge eines Ohmschen Widerstandes R, so werden die Eigenschwingungen des Kreises gedämpft. Hierfür gilt

$$\left.\begin{aligned} T &= \frac{2\pi}{\sqrt{\frac{1}{LC} - \left(\frac{R}{2L}\right)^2}} \\ f &= \frac{1}{2\pi}\sqrt{\frac{1}{LC} - \left(\frac{R}{2L}\right)^2}\,; \end{aligned}\right\} \tag{5.87}$$

der Strom des Kreises ändert sich nach dem Gesetz der Schwingungsdämpfung:

$$i = I_{\max}\, e^{-\frac{R}{2L}t} \sin \omega t\,. \tag{5.88}$$

Eine gedämpfte Schwingung ist in Bild 4.5 graphisch dargestellt.

Das Anlegen einer Wechselspannung an einen Schwingungskreis führt zu *erzwungenen Schwingungen*. Die Amplitude der erzwungenen Stromschwingungen hängt bei konstanten L, C und R vom Verhältnis der Frequenz der Eigenschwingungen zur Frequenz der (sinusförmigen) Wechselspannung ab (Bild 5.39).

Entsprechend dem Biot-Savart-Laplaceschen Gesetz (siehe S. 133) bildet sich um einen Leitungsstrom ein Magnetfeld mit geschlossenen Kraftlinien aus, das man als *Wirbelfeld* bezeichnet.

Durch Wechselstrom in einem Leiter wird ein magnetisches Wechselfeld hervorgerufen. Zum Unterschied von Gleichstrom kann Wechselstrom durch Kondensatoren fließen (siehe S. 147). Ein durch einen Kondensator fließender Strom erweist sich jedoch nicht als Leitungsstrom, sondern als Verschiebungsstrom. Unter einem *Verschiebungsstrom* versteht man ein sich mit der Zeit änderndes elektrisches Feld. Dieses ruft seinerseits ein magnetisches Wechselfeld sowie einen Wechselstrom im Leiter hervor. Für die *Dichte des Verschiebungsstroms* gilt

$$j = \frac{\Delta D}{\Delta t}, \tag{5.89}$$

wobei D die elektrische Verschiebung ist.

Ein zeitlich veränderliches elektrisches Feld erzeugt in jedem Raumpunkt ein magnetisches Wirbelfeld (Bild 5.42a). Die Vektoren **B** des Magnetfeldes liegen in Ebenen senkrecht zum Vektor **D**. Diese Gesetzmäßigkeit findet ihren mathematischen Ausdruck in der *ersten Maxwellschen Gleichung*.

Durch elektromagnetische Induktion wird ein elektrisches Feld mit geschlossenen Kraftlinien (Wirbelfeld) hervorgerufen, das sich als induzierte Spannung (siehe S. 135) erweist. Ein zeitlich veränderliches Magnetfeld erzeugt in jedem

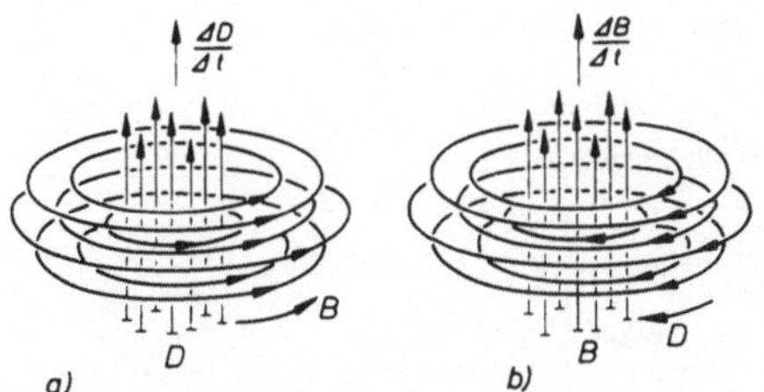

Bild 5.42

a) Magnetfeld bei Änderung der Induktion des elektrischen Feldes (entsprechend der ersten Maxwellschen Gleichung);

b) Elektrisches Wirbelfeld bei Änderung der Induktion des Magnetfeldes (entsprechend der zweiten Maxwellschen Gleichung)

Raumpunkt ein elektrisches Wirbelfeld (Bild 5.42b). Die Vektoren **D** des elektrischen Feldes liegen in Ebenen senkrecht zum Vektor **B**. Diese Gesetzmäßigkeit wird mathematisch durch die *zweite Maxwellsche Gleichung* ausgedrückt.

Die Gesamtheit dieser voneinander untrennbaren elektrischen und magnetischen Wechselfelder bezeichnet man als *elektromagnetisches Feld*.

Aus den Maxwellschen Gleichungen folgt, daß jede in einem beliebigen Raumpunkt auftretende zeitliche Änderung eines elektrischen (oder magnetischen) Feldes sich von diesem Punkt aus zu allen anderen hin ausbreitet, wobei es zu gegenseitigen Umwandlungen elektrischer und magnetischer Felder kommt.

Elektromagnetische Wellen stellen den Ausbreitungsvorgang sich abwechselnder elektrischer und magnetischer Felder im Raum dar. Die Vektoren des elektrischen und magnetischen Feldes (**E** und **H**) liegen im rechten Winkel zueinander, während der Vektor der Ausbreitungsgeschwindigkeit senkrecht zur Ebene in der **E** und **H** liegen, verläuft (Bild 5.43). Das Gesagte gilt für die Ausbreitung elektromagnetischer Wellen im unbegrenzten Raum.

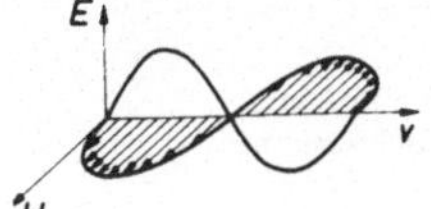

Bild 5.43

Lage der Vektoren E, H und v in einer elektromagnetischen Welle

Die Ausbreitungsgeschwindigkeit elektromagnetischer Wellen im Vakuum ist von der Wellenlänge unabhängig und beträgt

$$c = (2{,}997925 \pm 0{,}000003) \cdot 10^8\,\text{m/s}.$$

In anderen Medien ist die Geschwindigkeit der elektromagnetischen Wellen stets kleiner als im Vakuum:

$$v = \frac{c}{n}; \tag{5.90}$$

n ist der Brechungsindex des Mediums (siehe S. 162).

5.5.1. Das Spektrum der elektromagnetischen Wellen

Tabelle 5.38: Spektrum elektromagnetischer Wellen

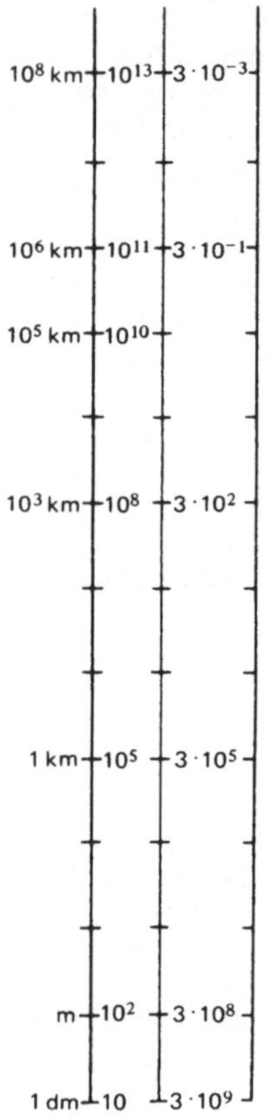

Wellenlange		Frequenz Hz	Intervall	Bezeichnung der Wellen bzw. Frequenzen	Emissionsquellen und Anwendungen
10^8 km	10^{13}	$3 \cdot 10^{-3}$	niederfrequente Wellen	Infrafrequenzen	spezielle Generatoren
				Niederfrequenz	
10^6 km	10^{11}	$3 \cdot 10^{-1}$		in der Industrie gebrauchliche Frequenzen	Wechselstromgeneratoren; die meisten elektrischen Gerate werden mit Strom von 50 Hz gespeist;
10^5 km	10^{10}				
10^3 km	10^8	$3 \cdot 10^2$		Schall- frequenzen	Schallquellen; diese Wellen finden Anwendung in der Elektroakustik (Mikrophone, Lautsprecher), in Kino und Rundfunk
1 km	10^5	$3 \cdot 10^5$	Radiowellen	Langwellen	verschieden konstruierte elektrische Schwingungs- generatoren. Die Wellen werden in Telegraphie, Rundfunk, Fernsehen, Radar usw. angewendet
				Mittelwellen	
				Kurzwellen	
m	10^2	$3 \cdot 10^8$		Meterwellen	Meter- und Dezimeterwellen werden zur Materialunter- suchung verwendet
1 dm	10	$3 \cdot 10^9$		Dezimeter- wellen	

Wellenlänge		Frequenz Hz	Intervall	Bezeichnung der Wellen bzw. Frequenzen	Emissionsquellen und Anwendungen
1 cm 1 mm	1 10^{-1}	$3 \cdot 10^{10}$ $3 \cdot 10^{11}$	Radiowellen	Zentimeterwellen Millimeterwellen Übergangswellen	werden in Magnetron- bzw. Klystrongeneratoren erzeugt; angewandt beim Radar, in der Radiospektroskopie und Radioastronomie
			Infrarotstrahlen	Dekamikrowellen Mikrowellen	Strahlung heißer Körper (Bogen- und Gasentladungslampen usw.); angewandt in der Infrarotspektroskopie, Photographie in der Dunkelheit (mit Infrarotstrahlen)
1 μm	10^{-4}	$3 \cdot 10^{14}$	sichtbares Licht		
			Ultraviolettstrahlung	nahes UV fernes UV	Sonnenstrahlung, Quecksilberlampen usw. Anwendung in der Ultraviolettmikroskopie und Medizin
1 nm	10^{-7} 10^{-8}	$3 \cdot 10^{17}$ $3 \cdot 10^{18}$	Rontgenstrahlen	ultraweich weich hart	Röntgenrohren und andere Geräte, in denen Elektronen mit Energien über 10^3 eV gebremst werden; angewandt in der Medizin, der Materialprüfung (Defektsuche) und der Erforschung des Aufbaus der Materie
1X	10^{-11}	$3 \cdot 10^{21}$	Gammastrahlen		radioaktiver Zerfall, Bremsung von Elektronen mit Energien über 10^5 eV, verschiedene Wechselwirkungen zwischen Elementarteilchen. Anwendung in der Materialprüfung (γ-Defektoskopie) und der Erforschung des Aufbaus der Materie

Das in Tabelle 5.38 dargestellte Wellenspektrum ist im logarithmischen Maßstab gezeichnet.

In der ersten Spalte sind die Wellenlangen angegeben (links in verschiedenen Einheiten, rechts in cm).

In der zweiten Spalte sind die Frequenzen in Hertz, in der dritten die Bezeichnung der gekennzeichneten Wellen-Intervalle, in der vierten die Bezeichnung der Frequenzen (oder Wellen) angegeben.

Aus der fünften Spalte sind die Emissionsquellen und Anwendungsmöglichkeiten der jeweiligen elektromagnetischen Wellen ersichtlich.

Die kleinsten Frequenzen haben *niederfrequente Wellen* und *Radiowellen*; sie werden in verschiedenen kunstlichen Generatoren erzeugt.

Infrarotstrahlen entstehen hauptsachlich durch Molekülschwingungen bzw. Schwingungen von Atomgruppen.

Lichtwellen werden von Atomen und Molekülen ausgestrahlt; sie sind auf Zustandsänderungen in den außeren Elektronenschalen zurückzuführen (siehe S. 190).

Ultraviolette Strahlen sind gleichen Ursprungs wie Lichtwellen.

Röntgenstrahlen werden durch Zustandsanderungen in den inneren Elektronenschalen der Atome hervorgerufen (*charakteristische Strahlung*), oder entstehen beim Abbremsen schneller Elektronen oder anderer geladener Teilchen (*Bremsstrahlung*).

Gammastrahlen werden durch angeregte Atomkerne oder auf Grund verschiedenartiger Wechselwirkungen zwischen Elementarteilchen ausgestrahlt. Im Kapitel 6 „Optik“ werden die Eigenschaften bestimmter Wellen naher ausgeführt.

5.5.2. Die Emission elektromagnetischer Wellen

Beschleunigt bewegte geladene Teilchen emittieren elektromagnetische Wellen.

Ein *Dipol*, (siehe S. 101), dessen Ladungsabstand sich entsprechend $l = l_0 \sin \omega t$ harmonisch ändert (unter der Bedingung $l_0 < \lambda$, wobei λ die Wellenlange darstellt), strahlt pro Sekunde die mittlere Energie

$$W = 1{,}11 \cdot 10^{-16}\, Q\, \omega^4 l_0^2 \quad \text{(in Watt)}$$

ab; Q ist die Ladung des Dipols (in C).

Jeder Wechselstrom führende Leiter sendet elektromagnetische Wellen aus. Die Strahlungsintensität ist umso größer, je genauer die Große (Abmessung) des Senders der ausgestrahlten Wellenlänge entspricht.

Leiter, die elektromagnetische Wellen aussenden oder empfangen, heißen *Antennen*.

Die Dichte des *Energieflusses*, das ist die mittlere, pro Sekunde durch elektromagnetische Wellen durch eine senkrecht zur Ausbreitungsrichtung gelegene Fläche von 1 cm² transportierte Energie, beträgt

$$w = EH \quad \text{(in Watt)}. \tag{5.91}$$

Ein Stromelement $i\,\Delta l$, das sich entsprechend $i = I_{max} \sin \omega t$ harmonisch ändert, bewirkt im Abstand r von diesem (wobei r wesentlich größer als die ausgesandte Wellenlänge ist, bzw. Δl) ein elektromagnetisches Feld, dessen elektrische bzw. magnetische Feldstärke (E und H) wie folgt berechnet werden:

$$E = -\tfrac{1}{2}\sqrt{\frac{\mu_0}{\varepsilon_0}}\,J_{max}\,\frac{\Delta l}{\lambda r}\,\sin\vartheta\cdot\sin(\omega t - kr)\cdot$$

$$= -\,188{,}27\,J_{max}\,\frac{\Delta l}{\lambda r}\,\sin\vartheta\cdot\sin(\omega t - kr) \quad \text{(in V/m)}, \tag{5.92}$$

$$H = -\tfrac{1}{2}\,J_{max}\,\frac{\Delta l}{\lambda r}\,\sin\vartheta\cdot\sin(\omega t - kr) \quad \text{(in A/m)} \tag{5.93}$$

Hierbei bedeutet ϑ den Winkel zwischen der Geraden durch $i\,\Delta l$ und den Beobachtungspunkt und der Richtung des Leiters; $k = 2\pi/\lambda$ ist die Wellenzahl.

Die gesamte mittlere Strahlungsleistung eines Stromelements beträgt:

$$\overline{W} = 788{,}6\left(\frac{i\,\Delta l}{\lambda}\right)^2 \quad \text{(in Watt)}. \tag{5.94}$$

6. Optik – Grundbegriffe und Gesetze

Licht ist elektromagnetische Strahlung mit Wellenlängen zwischen 400 nm und 800 nm. Strahlungsquellen für Licht sind Atome und Moleküle, in denen Elektronen ihren Energiezustand ändern (siehe S. 189); dabei senden sie elektromagnetische Wellen aus.

6.1. Photometrie

Die *Photometrie* befaßt sich mit der Messung von Lichtstärke, Helligkeit und Beleuchtungsstärke.

Von der Strahlungsquelle fließt die *Strahlungsenergie* Q zum Empfänger. Der Quotient aus der Strahlungsenergie und der dazugehörigen Zeit ist der *Strahlungsfluß* Φ, auch *Strahlungsleistung* genannt:

$$\Phi = \frac{\Delta Q}{\Delta t}. \tag{6.1}$$

Den Quotienten aus dem Strahlungsfluß und der von ihm senkrecht durchsetzten Fläche bezeichnet man als *Strahlungsflußdichte*:

$$E = \frac{\Delta \Phi}{\Delta A}. \tag{6.2}$$

Die *Einheit des Strahlungsflusses* ist das **Watt**, W.

Die *Einheit der Strahlungsflußdichte* ist W/m^2.

Den durch das Auge erfaßten und beurteilten Strahlungsfluß sichtbaren Lichts nennt man *Lichtstrom*. Da das Auge verschiedenen Wellenlängen gegenüber ungleich empfindlich ist, ist auch das Verhältnis von Strahlungsfluß zu Lichtstrom bei verschiedenen Wellen unterschiedlich. Bei Tageslicht ist Licht von der Wellenlänge 555 nm für das menschliche Auge am besten sichtbar. Das Verhältnis des Strahlungsflusses bei 555 nm zu einem Strahlungsfluß bei einer beliebigen Wellenlänge λ, der für das Auge gleich sichtbar ist wie der bei 555 nm, nennt man die *relative Spektralempfindlichkeit* des Auges, oder die *relative Sichtbarkeit* K_λ. Die Abhängigkeit von K_λ von λ wird durch die *Sichtbarkeitskurve* veranschaulicht (Bild 6.21).

In der Dämmerung ist Licht mit Wellenlängen um 507 nm am besten sichtbar.

Die mit der Wellenlänge von 555 nm bei Tageslicht erbrachte Strahlungsleistung von 1 W entspricht dem Lichtstrom von 680 lm (Lumen, siehe unten). Im Dämmerlicht entspricht 1 W Strahlungsleistung mit der Wellenlänge 507 nm einem Lichtstrom von 1745 lm.

Unter der *Lichtstärke* (I) versteht man den Quotienten aus dem von einer punktförmigen Lichtquelle ausgestrahlten Lichtstrom und dem Raumwinkel

$$I = \frac{\Delta\Phi}{\Delta\Omega}, \tag{6.3}$$

hierbei ist $\Delta\Phi$ der Lichtstrom und $\Delta\Omega$ ein kleiner Raumwinkel.

Die *Einheit der Lichtstärke* ist das **Candela**, cd.

Zur Definition des Candela verwendet man eine speziell hierfür konstruierte Standardlichtquelle, deren Strahlung jener eines absolut schwarzen Körpers (siehe S. 176) bei 2042 K (Schmelzpunkt von Platin) entspricht. Das senkrecht von der Oberfläche (1/60 cm^2) dieser Quelle ausgestrahlte Licht hat die Stärke 1 Candela.

Die *Einheit des Lichtstromes* ist das **Lumen**, lm.

Der von einer punktförmigen Lichtquelle von der Lichtstärke einer Kerze in den Raumwinkel von 1 Steradiant emittierte Lichtstrom entspricht zahlenmäßig 1 Lumen.

Die *Beleuchtungsstärke* (*Bestrahlungsstärke*) (E) ist durch den Quotienten aus dem einfallenden Lichtstrom und der bestrahlten Fläche definiert:

$$E = \frac{\Delta\Phi}{\Delta A}. \tag{6.4}$$

Die *Einheit der Beleuchtungsstärke* ist das **Lux**, lx.

$$1\ \text{lx} = 1\ \frac{\text{lm}}{\text{m}^2}.$$

Die Beleuchtungsstärke der durch eine punktförmige Lichtquelle auf einer beliebig gelegenen ebenen Fläche bewirkten Beleuchtung beträgt:

$$E = \frac{I \cos\alpha}{r}. \tag{6.5}$$

I ist die Lichtstärke, r der Abstand zwischen Lichtquelle und beleuchteter Fläche, α der Winkel zwischen der Richtung des Lichtstroms und der Normalen zur Fläche.

Das Maß für die Ausstrahlung einer leuchtenden Fläche ist die *Leuchtdichte* (L):

$$L = \frac{I}{A}. \tag{6.6}$$

A ist der Flächeninhalt der Projektion der leuchtenden Fläche auf die Ebene senkrecht zur Beobachtungsrichtung; I ist die Lichtstärke.

Die *Einheit der Leuchtdichte* ist cd/m^2.

Die Einheit ist gegeben, wenn von 1 m^2 Fläche Licht der Stärke von 1 cd ausgestrahlt wird.

Die Leuchtdichte der Standardlichtquelle zur Bestimmung der Lichtstärke beträgt $6 \cdot 10^5$ cd/m^2.

Unter der *Intensität des Lichts* versteht man den mittleren Energiefluß elektromagnetischer Wellen durch die senkrecht zur Ausbreitungsrichtung gelegene Flächeneinheit. Die Intensität des Lichts ist dem Quadrat der Amplitude der Feldstärke E (oder H) (siehe S. 156) proportional.

6.2. Grundgesetze der geometrischen Optik

Die *geometrische Optik* setzt voraus, daß sich Licht in homogenen Medien geradlinig ausbreitet.

Der Winkel zwischen der Einfallsrichtung des Lichts und dem Lot auf die Grenzfläche zweier Medien ist der *Einfallswinkel* α (Bild 6.1). Der *Reflexionswinkel* α ist der Winkel zwischen dem Einfallslot und dem reflektierten Strahl. Der Winkel zwischen dem Einfallslot und dem gebrochenen Strahl ist der *Brechungswinkel* β (Bild 6.2).

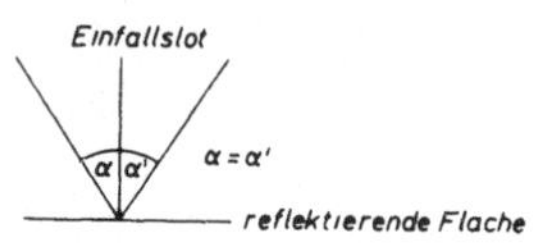

Bild 6.1
Einfallswinkel und Reflexionswinkel sind gleich groß

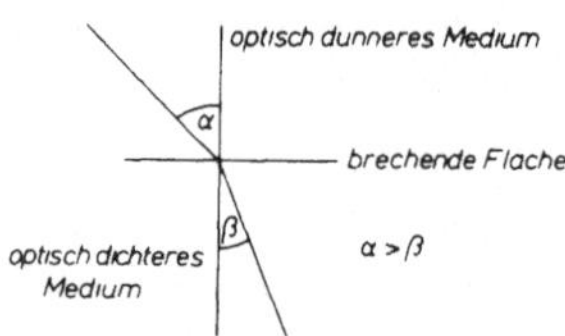

Bild 6.2
Brechung eines Lichtstrahls

Fällt ein Lichtstrahl auf eine Grenzfläche zweier Medien, so wird er im gleichen Winkel reflektiert, in dem er eingefallen ist, d.h. *der Einfallswinkel ist gleich dem Reflexionswinkel.* Der einfallende Strahl, der reflektierte Strahl und das Einfallslot liegen in der gleichen Ebene.

Die Stärke der Reflexion wird durch den *Reflexionsgrad* ρ, auch *Reflexionskoeffizient* oder *Reflexionsvermögen* genannt, charakterisiert. Er ist der Quotient aus dem reflektierten Strahlungsfluß Φ_r und dem einfallenden Φ:

$$\rho = \frac{\Phi_r}{\Phi}. \tag{6.7}$$

Der Koeffizient wird häufig in Prozent (%) angegeben.

Besitzt die reflektierende Fläche (Grenzfläche zwischen zwei verschiedenen Medien) Unebenheiten, die wesentlich kleiner sind als die Wellenlänge des einfallenden Lichts, so kommt es zu einer *regelmäßigen Reflexion* (Spiegelreflexion), bei der die Parallelität der einfallenden Strahlen in den reflektierten Strahlen erhalten bleibt (Bild 6.3).

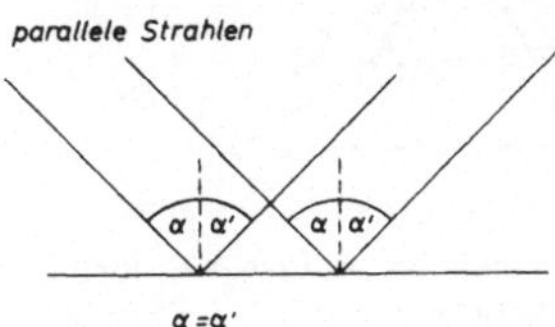

Bild 6.3
Bei regelmäßiger Reflexion werden parallele Strahlen wieder als parallele Strahlen reflektiert

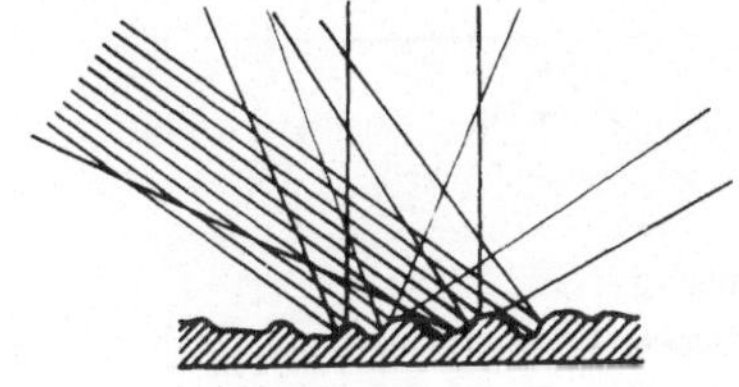

Bild 6.4
Diffuse Reflexion

Sind die Unebenheiten in der reflektierenden Fläche von der Größenordnung der Lichtwellenlänge und außerdem unregelmäßig verstreut, so ergibt sich eine *diffuse Reflexion* (Bild 6.4): Die Parallelität der einfallenden Strahlen bleibt in den reflektierten Strahlen nicht erhalten. Ist jedoch $h \cos\alpha \ll \lambda$, so erfolgt auch hier Spiegelreflexion. (h ist die Tiefe der Unebenheiten, α der Einfallswinkel der Strahlen.)

Auch bei der Lichtbrechung liegen der einfallende Strahl, der reflektierte Strahl und das Einfallslot in einer Ebene (siehe Bild 6.2). Der Quotient aus dem Sinus des Einfallswinkels und dem Sinus des Brechungswinkels ist für eine gegebene Wellenlänge konstant (*Brechungsgesetz von Snellius*):

$$\frac{\sin\alpha}{\sin\beta} = n; \tag{6.8}$$

n ist der Brechungsindex des zweiten Mediums bezogen auf das erste. Er entspricht dem Quotienten aus den Geschwindigkeiten des Lichts in den beiden Medien:

$$n = \frac{v_1}{v_2}.$$

Den Stoff mit der vergleichsweise *kleineren* Ausbreitungsgeschwindigkeit des Lichts bezeichnet man als das *optisch dichtere Medium*. Der Stoff mit der vergleichsweise *größeren* Geschwindigkeit ist das *optisch dünnere Medium*. Beim Übergang des Lichts *vom dünneren ins dichtere Medium* wird der Strahl *zum Einfallslot hin* gebrochen. Beim Übergang *vom dichteren ins dünnere Medium* wird er *vom Einfallslot weg* gebrochen.

Den auf das Vakuum bezogenen Brechungsindex bezeichnet man als den *absoluten Brechungsindex* des betreffenden Mediums. n hängt von der Wellenlänge des Lichts ab.

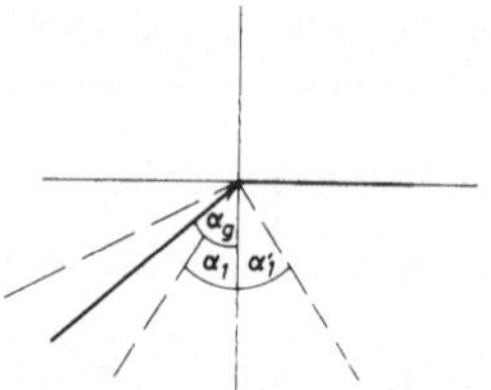

Bild 6.5
Grenzwinkel der Totalreflexion

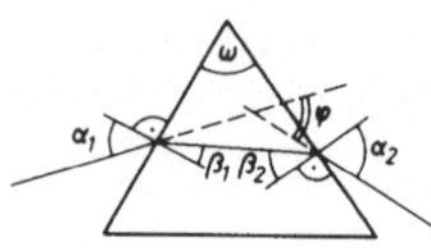

Bild 6.6
Gang eines monochromatischen Lichtstrahls durch ein Prisma

Ein durch ein optisch dichteres Medium gehender Lichtstrahl kann an der Grenzfläche zu einem optisch dünneren Medium vollständig reflektiert werden. Die Erscheinung wird *Totalreflexion* genannt (Bild 6.5). Der kleinste Einfallswinkel, bei dem an der Mediengrenze Totalreflexion auftritt, heißt *Grenzwinkel* α_g. Der Grenzwinkel ergibt sich aus der Beziehung

$$\sin \alpha_g = \frac{1}{n},$$

wobei n der Brechungsindex des Mediums ist, in dem die Totalreflexion, bezogen auf das umgebende Medium, erfolgt.

Durch ein Prisma gehende Lichtstrahlen werden gebrochen (Bild 6.6). Den Winkel ω nennt man den *brechenden Winkel des Prismas*. Der Winkel φ zwischen dem verlängerten einfallenden und dem rückwärts verlängerten austretenden Strahl ist der *Ablenkungswinkel*:

$$\varphi = \alpha_1 + \alpha_2 - \omega, \qquad \omega = \beta_1 + \beta_2 .$$

Der Winkel φ ist bei gegebenem Winkel ω am kleinsten, wenn $\alpha_1 = \alpha_2$ und daher $\beta_1 = \beta_2$, wenn der Lichtstrahl also symmetrisch durch das Prisma hindurch geht (Bild 6.7).

Der Brechungsindex n eines Prismas läßt sich wie folgt berechnen:

$$n = \frac{\sin \frac{1}{2} (\varphi_{min} + \omega)}{\sin \frac{1}{2} \omega} .$$

Für den größtmöglichen brechenden Winkel eines Prismas (bei dem die Strahlen eben noch durch die brechenden Grenzflächen gehen) gilt

$$\omega_{max} = 2 \alpha_g ,$$

wobei α_g der Grenzwinkel der Totalreflexion ist.

Bild 6.7
Symmetrischer Gang eines monochromatischen Lichtstrahls durch ein Prisma

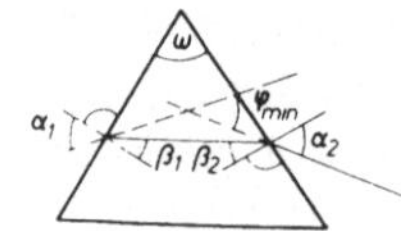

6.3. Linsen. Optische Geräte

Eine *Linse* ist ein optischer Körper, der von zwei gekrümmten bzw. einer gekrümmten und einer ebenen Flächen begrenzt wird (Bild 6.8).

Eine *Linse* wird als *dünn* bezeichnet, wenn ihre Dicke wesentlich kleiner ist als die Krümmungsradien der sie begrenzenden Flächen.

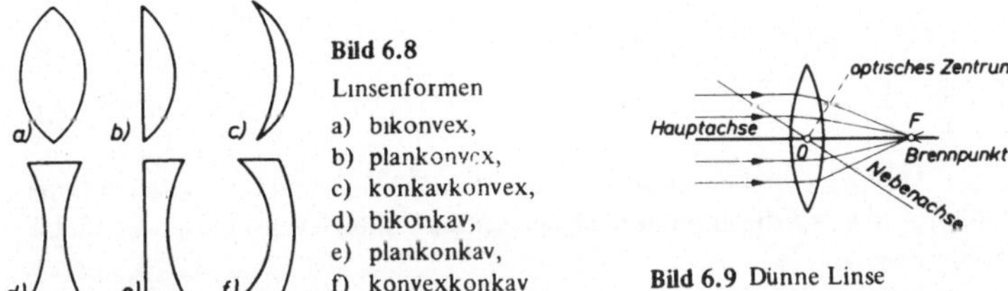

Bild 6.8
Linsenformen
a) bikonvex,
b) plankonvex,
c) konkavkonvex,
d) bikonkav,
e) plankonkav,
f) konvexkonkav

Bild 6.9 Dünne Linse

Die durch die beiden Krümmungszentren der Linsenoberfläche gehende Gerade wird als *optische Hauptachse*, kurz oft als *optische Achse*, bezeichnet. Ist eine der Grenzflächen eben, so verläuft die optische Hauptachse senkrecht zu dieser Ebene (Bild 6.9).

Den Punkt, durch den alle Strahlen ungebrochen hindurchgehen, nennt man das *optsiche Zentrum* einer Linse. Die optische Hauptachse verläuft durch das optische Zentrum.

Alle Geraden, die durch das optische Zentrum verlaufen und sich mit der Hauptachse nicht decken, werden als *Nebenachsen* der Linse bezeichnet. Jener Punkt hinter einer Linse, in dem alle Strahlen zusammentreffen, die vor dem Eintritt in die Linse parallel zur Hauptachse verlaufen, wird *Brennpunkt* (*Fokus*) genannt (siehe Bild 6.9).

Die durch die Brennpunkte senkrecht zur optischen Hauptachse verlaufenden Ebenen nennt man *Brennpunktsebenen*.

Für dünne Linsen (Bild 6.10) kann die Brennweite nach folgender Gleichung berechnet werden:

$$\frac{1}{f} = (n-1)\left(\frac{1}{r_1} - \frac{1}{r_2}\right). \tag{6.9}$$

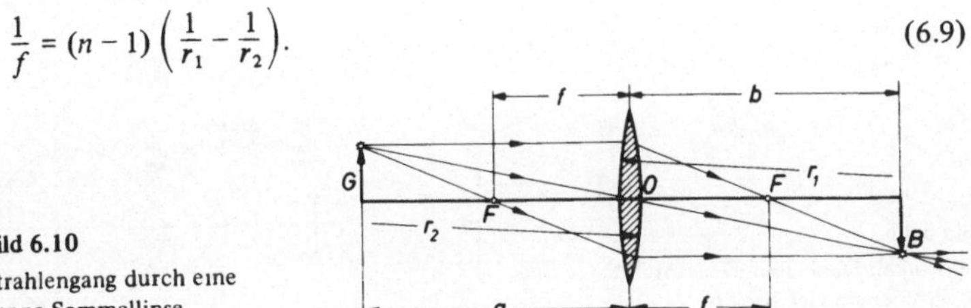

Bild 6.10
Strahlengang durch eine dünne Sammellinse

$f_1 = f_2 = f$ ist die Brennweite der Linse, r_1 und r_2 sind die Krümmungsradien der Linsenflächen und n der Brechungsindex des Linsenmaterials bezogen auf Luft.

Der *Abbildungsmaßstab* einer Linse ergibt sich aus der Gleichung:

$$\frac{G}{B} = \frac{g}{b}. \tag{6.10}$$

Die *Abbildungsgleichung* lautet

$$\frac{1}{f} = \frac{1}{g} + \frac{1}{b}. \tag{6.11}$$

g ist der Abstand zwischen Linse und Gegenstand, b der Abstand zwischen Linse und Bild, $f_1 = f_2 = f$ die Brennweiten der Linse, G die Gegenstandsgröße und B die Bildgröße.

Die Größen g, b, r_1 und r_2 in den Gln. (6.9) bis (6.11) zählen positiv, wenn sie, vom optischen Zentrum der Linse aus gesehen, in Ausbreitungsrichtung des Lichts verlaufen; bei entgegengesetztem Verlauf zählen sie negativ.

Linsen sind die Grundelemente vieler optischer Geräte.

Das Auge stellt beispielsweise ein optisches Gerät mit einer Linse dar; diese bildet aber mit der Hornhaut und der Flüssigkeit im Innern des Auges ein optisches System. Dieses System entwirft auf der Netzhaut ein Bild. Die Krümmung der Linse kann verändert werden, so daß nahe und weit entfernte Gegenstände scharf abgebildet werden. Diesen Vorgang nennt man *Akkomodation*.

Die *deutliche Sehweite* ist die Entfernung, auf die das Auge akkomodieren kann. Sie beträgt im Durchschnitt 25 cm (Bild 6.11).

Die Strahlen, die von den Endpunkten eines Gegenstandes oder seines Bildes aus durch das optische Zentrum der Augenlinse verlaufen, bilden den *Sehwinkel* ϵ (Bild 6.11).

Die meisten optischen Instrumente sind dazu bestimmt, Gegenstände auf einer Leinwand, einer lichtempfindlichen Schicht oder im Auge abzubilden.

Für die *Vergrößerung* eines optischen Gerätes gilt:

$$V = \frac{\tan \epsilon_2}{\tan \epsilon_1};$$

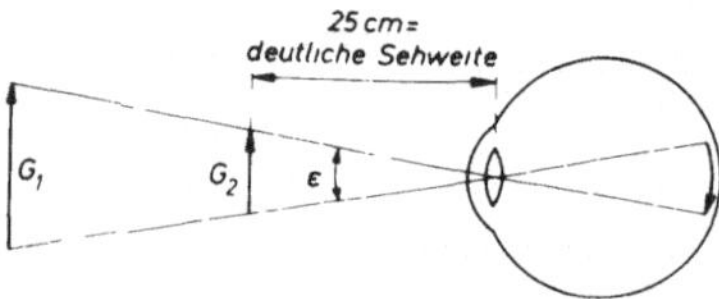

Bild 6.11
Sehwinkel. Die beiden Gegenstände G_1 und G_2 erscheinen gleich groß

ϵ_2 ist der Gesichtsfeldwinkel bei Betrachtung eines Gegenstandes durch das jeweilige Instrument und ϵ_1 der Winkel bei Betrachtung mit freiem Auge aus 25 cm Entfernung (für Lupen und Mikroskope), bzw. aus der gleichen Entfernung wie durch das Instrument (Fernrohre).

Die dem betrachteten Gegenstand (Objekt) zugewandte Linse eines optischen Instruments ist das *Objektiv*, die dem Auge zugewandte, das *Okular*. Die Objektive und Okulare hochwertiger optischer Geräte bestehen jeweils aus mehreren Linsen. Durch derartige Linsenkombinationen werden Linsenfehler korrigiert.

Für die *Vergrößerung einer Lupe* (Bild 6.12) gilt:

$$V_L = \frac{0{,}25}{f}, \tag{6.12}$$

wobei f die Brennweite der Lupe in m bedeutet.

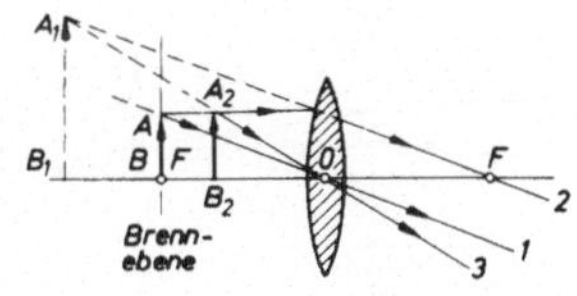

Bild 6.12
Strahlengang durch eine Lupe. Befindet sich der Gegenstand $\overline{AB}$ in der Brennebene F, so entsteht das Bild im Unendlichen (die Strahlen 1 und 2 verlaufen parallel). Wird der Gegenstand zwischen Brennebene und Lupe gerückt ($\overline{A_2B_2}$), so erhält man ein Scheinbild $\overline{A_1B_1}$, das auf derselben Seite der Lupe hinter dem Gegenstand gesehen wird (durch Verlängerung der Strahlen 2 und 3). Man kann es in beliebiger Entfernung vom Auge einstellen

Die *Vergrößerung eines Mikroskops* beträgt:

$$V_M = \frac{l \cdot 0{,}25}{f_1 \cdot f_2}, \tag{6.13}$$

f_1 und f_2 sind die Brennweiten des Objektivs und des Okulars in m (Bild 6.13), l ist die Länge des Tubus, d.h., des Abstandes der beiden inneren Brennpunkte.

Für die *Vergrößerung eines Fernrohrs* gilt:

$$V_F = \frac{f_1}{f_2}; \tag{6.14}$$

f_1 und f_2 sind die Brennweiten von Objektiv und Okular (Bild 6.14).

Den Reziprokwert der Brennweite bezeichnet man als *Brechkraft* einer Linse:

$$D = \frac{1}{f}. \tag{6.15}$$

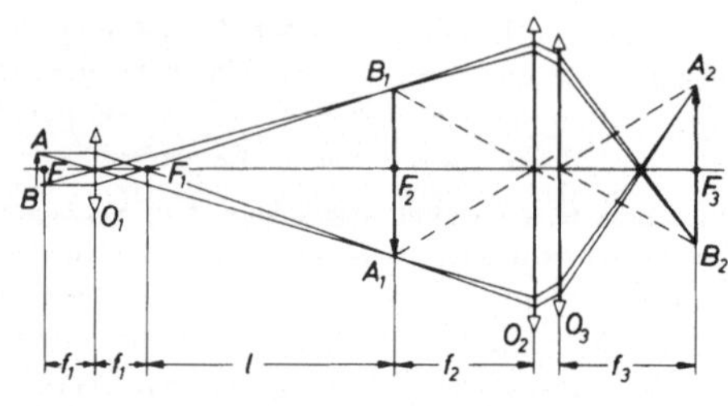

Bild 6.13
Strahlengang durch ein Mikroskop. $\overline{AB}$ ist der Gegenstand; O_1 ist das Objektiv, das ein vergrößertes, umgekehrtes, reelles Bild $\overline{A_1B_1}$ des Gegenstandes entwirft, das sich in der Brennebene F_2 des Okulars O_2 befindet und durch dieses wie durch eine Lupe betrachtet wird. In der Brennebene F_3 des Okulars O_3 entsteht ein reelles Bild $\overline{A_2B_2}$ des Gegenstandes. O_1 und O_2 konnen auch so zueinander eingestellt werden, daß $\overline{A_1B_1}$ zwischen F_2 und O_2 entsteht

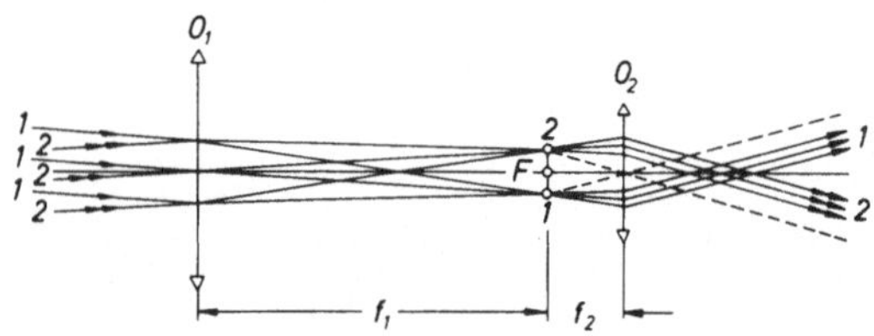

Bild 6.14. Strahlengang in einem Fernrohr. Die von einem Punkt des entfernten Gegenstandes ausgehenden Strahlen 1 fallen als paralleles Bundel in das Objektiv O_1. Das Bild 1 des Punktes entsteht in der gemeinsamen Brennebene F des Objektives O_1 und des Okulars O_2. Die von einem anderen Punkt des Gegenstandes ausgehenden Strahlen 2 fallen gleichfalls als paralleles Strahlenbundel in O_1, jedoch unter einem anderen Winkel zur optischen Achse. Das Bild 2 dieses Punktes entsteht auch in der Brennebene F. Das gesamte Bild des Gegenstandes wird durch das Okular O_2 wie durch eine Lupe betrachtet.

Die *Einheit der Brechkraft* ist die **Dioptrie**, dpt.

$$1 \text{ dpt} = \frac{1}{\text{m}}.$$

Sie entspricht der Brechkraft einer Linse mit 1 m Brennweite.

Die Brechkraft zweier zusammengesetzter dunner Linsen ist gleich der Summe aus den Brechkräften der einzelnen Linsen.

6.4. Die Welleneigenschaften des Lichts

Interferenz. Breiten sich in einem Medium gleichzeitig zwei (oder mehr) Wellen aus, so vollführen die Teilchen des Mediums in jedem Punkt gleichzeitig zwei (oder mehr) Schwingungen. Die resultierende Auslenkung (Amplitude) läßt sich nach den Regeln zur Addition von Schwingungen (siehe S. 81) bestimmen. Bei gleichzeitiger Ausbreitung mehrerer elektromagnetischer Wellen werden die Schwingungen der einzelnen elektrischen bzw. magnetischen Feldstärken **E** und **H** in jedem Raumpunkt vektoriell addiert (siehe S. 1).

Unter der *Interferenz des Lichts* versteht man die Überlagerung zweier (oder mehrerer) Wellen mit gleicher Schwingungsperiode, so daß die resultierenden Wellenamplituden (Lichtintensitäten) in verschiedenen Raumpunkten gegenüber den Amplituden der Ausgangskomponenten vergrößert oder verringert werden.

Sind x_1 und x_2 die Weglängen, die zwei ebene elektromagnetische Wellen gleicher Amplitude und Ausbreitungsrichtung,

$$E_1 = E_0 \sin(\omega t - kx_1),$$
$$E_2 = E_0 \sin(\omega t - kx_2)$$

von der Quelle bis zum Beobachtungspunkt zurücklegen, so gilt für die resultierende Welle

$$E_{ges} = E_1 + E_2 = 2E_0 \cos \frac{k(x_2 - x_1)}{2} \sin \left[\omega t - \frac{k(x_2 - x_1)}{2}\right].$$

Bei $\frac{k(x_2 - x_1)}{2} = \frac{1}{2} m\pi$ (wobei $m = 1, 3, 5, \ldots$) ist $E_{ges} = 0$; die Gangdifferenz zwischen den beiden Wellen beträgt hierbei $x_2 - x_1 = \frac{1}{2} m\lambda$, d. h., sie ist gleich der halben Wellenlänge bzw. einem ungeraden Vielfachen dieser Länge.

Führen die Wege x_1 und x_2 des Lichts durch verschiedene Medien mit den Brechungsindizes n_1 und n_2, so erreicht beim Übergang der Wellen die resultierende Amplitude ihren Minimalwert, wenn $x_2 n_2 - x_1 n_1 = \frac{1}{2} m\lambda$ (m ist eine ungerade ganze Zahl).

Das Produkt aus der geometrischen Weglänge des Lichts und dem Brechungsindex des Mediums bezeichnet man als *optische Weglänge*.

Alle Arten von Wellen (darunter auch Lichtwellen) können interferieren. Zu einer Interferenz kommt es jedoch nur, wenn die wechselwirkenden Wellen gleiche Frequenzen besitzen und ihre Phasenverschiebung in jedem Punkt zeitunabhängig ist. Quellen, die solche Wellen emittieren, bezeichnet man als *kohärent*. Zur Interferenz polarisierter Wellen (siehe S. 170) ist zudem erforderlich, daß die Polarisationsebenen gleich sind.

Im Bereich der Optik können kohärente Quellen nur künstlich erzeugt werden.

Entsprechend Bild 6.15 hängt die *Farbe dünner Schichten* bei natürlicher Beleuchtung von der Interferenz der Strahlen 1 und 2 (im reflektierten Licht) bzw. der Strahlen 1′ und 2′ (im durchgehenden Licht) ab.

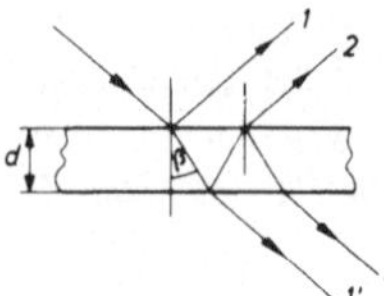

Bild 6.15
Interferenz an einer planparallelen Schicht

Die optische Gangdifferenz der interferierenden Strahlen beträgt in diesem Falle

$$\Delta s = 2\,\mathrm{n}\,\mathrm{d}\cos\beta + \frac{\lambda}{2},$$

wobei durch $\lambda/2$ die Wellenphasenänderung (*Phasensprung*) um π für den elektrischen Feldstärkevektor bei Reflexion vom optisch dichteren Medium berücksichtigt wird (bei Einfallswinkeln, die kleiner sind als der Winkel, bei dem totale Polarisation eintritt, siehe unten).

Beugung. Unter der *Beugung des Lichts* versteht man Abweichungen von der Geradlinigkeit der Lichtausbreitung beim Durchgang von Strahlen durch Öffnungen in undurchsichtigen Schichten oder an den Grenzen undurchsichtiger Körper.

Die Intensität der gebeugten Wellen kann näherungsweise auf Grund des *Huygensschen Prinzips* berechnet werden. Nach diesem Prinzip ist jeder von einer Welle getroffene Punkt Ausgangspunkt einer neuen *Elementarwelle*. Die *Umhüllende* (gemeinsame Tangente) aller aus einer Wellenfront gleichzeitig entstehenden Elementarwellen ist wieder eine Wellenfront der vom ursprünglichen Erregungszentrum ausgehenden Wellen. Sie entsteht durch die Interferenz der Elementarwellen.

Es wird vorausgesetzt, daß sich die Einhüllende von der Wellenfläche nur nach einer Seite hin (in Ausbreitungsrichtung der Welle) bewegt.

Bei der Beugung eines parallelen Lichtbündels, das senkrecht in einen langen engen Spalt einfällt, beträgt die Intensität Φ_α der unter dem Winkel α sich weiter ausbreitenden Welle

$$\Phi_\alpha = \Phi_0 \frac{\sin^2\left(\frac{\pi d}{\lambda}\sin\alpha\right)}{\left(\frac{\pi d}{\lambda}\sin\alpha\right)^2},$$

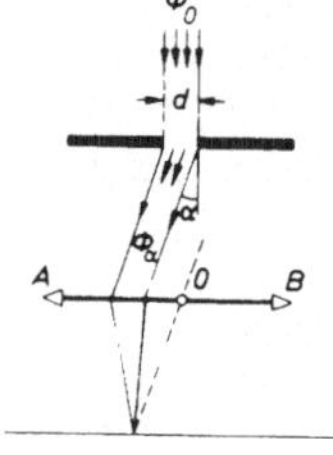

Bild 6.16
Beugung paralleler Strahlen am Spalt. $\overline{AB}$ ist eine Linse, O ihr optisches Zentrum, S die Brennebene der Linse, in der sich ein Bildschirm (Leinwand) befindet

Φ_0 ist der Lichtstrom der nicht gebeugten Wellen ($\alpha = 0$), d die Spaltbreite, α der Winkel zwischen der Normalen auf die Ebene des Spaltes und der Ausbreitungsrichtung der gebeugten Strahlen (Bild 6.16) und λ die Wellenlänge.

Die Winkel, unter denen der Lichtstrom des (an einem Spalt) gebeugten Lichts gleich Null ist, ergeben sich aus der Bedingung

$$\sin\alpha_{min} = m\frac{\lambda}{d} \quad (m = 1, 2, 3 \ldots). \tag{6.16}$$

Viele in einer Ebene parallel im gleichen (kleinen) Abstand aneinander gereihte enge Spalte gleicher Breite bilden ein *Beugungsgitter*. Die Breite eines Abstandes zwischen zwei benachbarten Spalten ergibt zusammen mit der Breite eines Spaltes die *Gitterkonstante* des Beugungsgitters.

In Bild 6.17 ist ein Beugungsgitter schematisch dargestellt. Die Winkel maximaler Helligkeit (auf einem Schirm), der *Interferenzmaxima*, ergeben sich bei senkrechtem Lichteinfall aus der Bedingung

$$\sin\alpha_{max} = m\frac{\lambda}{g} \quad (m = 0, 1, 1 \ldots), \tag{6.17}$$

wobei g die Gitterkonstante ist.

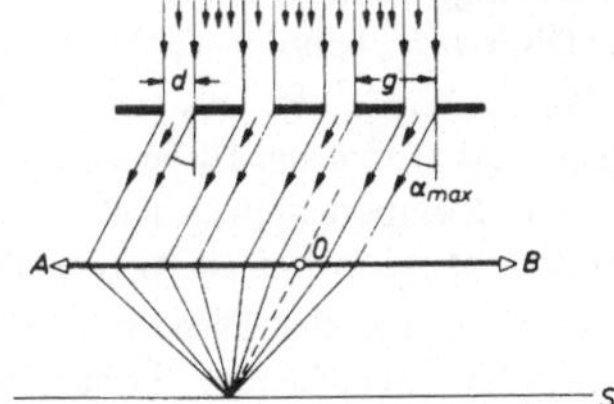

Bild 6.17
Beugung paralleler Strahlen am Gitter. $\overline{AB}$ ist eine Linse, O ihr optisches Zentrum, S die Brennebene der Linse, in der sich ein Bildschirm befindet

Die Winkel, bei denen die Lichtintensität gleich Null ist, ergeben sich aus Gl. (6.16).

Man bezeichnet sie als *Hauptminima*. Außer ihnen gibt es noch eine Reihe weiterer Winkel, unter denen die Intensität des gebeugten Lichts gleich Null ist. Die Winkel der *Nebenminima* werden durch die Bedingung

$$\sin\alpha_{min} = m'\frac{\lambda}{g}$$

$$\left(m' = \frac{1}{N}, \frac{2}{N}, \ldots, \frac{N-1}{N}, \frac{N+1}{N}, \ldots\right)$$

bestimmt, wobei N die Anzahl der Gitterspalte ist.

Das von einem Beugungsgitter eben noch aufgelöste Wellenlängenintervall ($\Delta\lambda$) beträgt

$$\Delta\lambda = \frac{\lambda}{mN}.$$

Infolge der Lichtbeugung ist es unmöglich, kleinste Details beobachteter Gegenstände auch bei stärksten Vergrößerungen durch optische Geräte zu unterscheiden.

Den kleinsten Abstand zwischen zwei Punkten eines Gegenstandes, bei dem die Punkte im Bild noch getrennt sichtbar sind, nennt man das *Auflösungsvermögen* (δ) eines optischen Instruments.

Für das *Auflösungsvermögen eines Mikroskops* gilt:

$$\delta \geqslant \frac{\lambda}{2n \sin u}. \tag{6.18}$$

n ist der Brechungsindex des Mediums und u die Apertur; die *Apertur* entspricht der Hälfte des Winkels zwischen den äußersten von einem Gegenstand in das Objektiv einfallenden Strahlen, die das Auge des Beobachters oder den Schirm erreichen.

Dispersion. In einem gegebenen Medium hängt die Lichtgeschwindigkeit von der Wellenlänge ab. Infolgedessen ist auch der Brechungsindex für verschiedene Wellenlängen unterschiedlich. Daher kann die Brechung zur Zerlegung des Lichts, zur *Dispersion*, benutzt werden.

Weißes Licht, das aus verschiedenen Wellenlängen besteht, wird durch ein Prisma auf Grund der Dispersion in verschiedenen Winkeln gebrochen und damit in seine Komponenten zerlegt. Kürzere Wellen werden hierbei stärker zur Basis des Prismas gebrochen als längere (Bild 6.18).

Entsteht bei der Dispersion weißen Lichts ein Farbenband aus lückenlos ineinander übergehender Farben, so handelt es sich um ein *kontinuierliches Spektrum*. Enthält das Spektrum aber nur mehrere eng begrenzte Farben, so spricht man vom *Linienspektrum*.

Mit Hilfe der in einem Spektrum auftretenden Linien kann ein chemisches Element eindeutig bestimmt werden. Diese Untersuchungsmethode heißt *Spektralanalyse*.

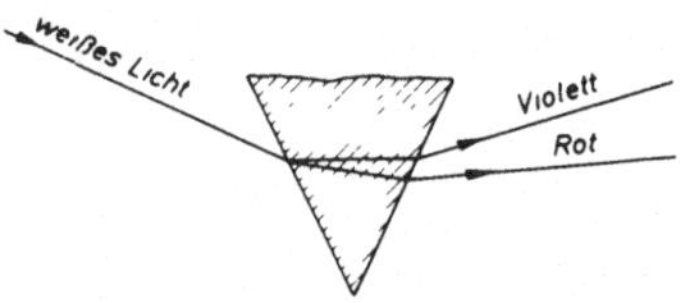

Bild 6.18
Gang von Strahlen verschiedener Wellenlangen durch ein Glasprisma

Polarisation des Lichts. Die Feldvektoren **E** und **H** der von herkömmlichen Strahlungsquellen emittierten Lichtwellen schwingen nach allen möglichen Richtungen. Dennoch bleiben **E** und **H** für jede Welle stets senkrecht zueinander gerichtet, und die Ausbreitungsrichtung verläuft senkrecht zur Ebene der beiden Vektoren. Man bezeichnet solches Licht als *naturliches Licht*.

Schickt man natürliches Licht durch ein Turmalinplättchen (oder ein Polaroidglas, o.ä.), so lassen sich dadurch Wellen isolieren, deren Vektoren **E** (bzw. **H**) längs des gesamten Lichtweges nur in ein- und derselben Ebene schwingen. Solche Wellen bezeichnet man als *linear polarisiert*.

Die Ebene, in der **H** schwingt, heißt *Polarisationsebene*; die, in der **E** schwingt, heißt *Schwingungsebene*.

Natürliches Licht wird oft bei Reflexion an Dielektrika-Oberflächen polarisiert. *Totale Polarisation* erfolgt unter der Bedingung (Brewstersches Gesetz)

$$\tan\varphi = n\,, \tag{6.19}$$

wobei n den relativen Brechungsindex des Dielektrikums, an dem das Licht reflektiert wird, ist. Der Winkel φ wird *Brewsterscher Winkel* oder *Polarisationswinkel* genannt.

Polarisation erfolgt auch häufig beim Durchgang von Licht durch Dielektrika.

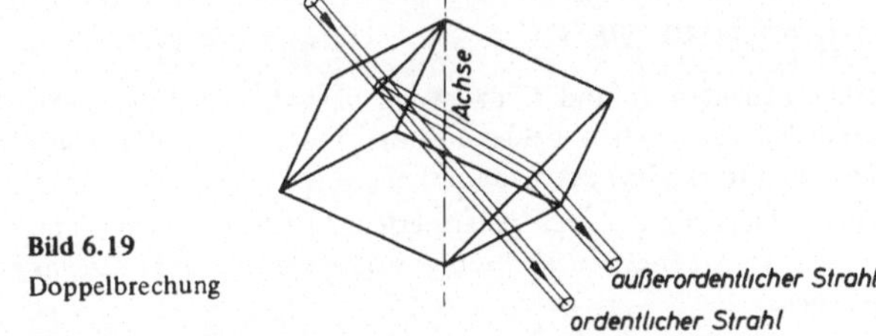

Bild 6.19
Doppelbrechung

Beim Durchgang von Licht durch bestimmte Kristalle (z.B. Quarz oder Kalkspat) kommt es zur Spaltung der Lichtstrahlen in je zwei Strahlen (Bild 6.19). Die beiden austretenden Strahlen sind in rechtwinklig zueinander stehenden Ebenen linear polarisiert. Die Ausbreitungsgeschwindigkeit der beiden Strahlen ist im Kristall verschieden. Die Erscheinung nennt man *Doppelbrechung*.

In einachsigen Kristallen (wie Quarz) existiert nur eine Richtung, in der Doppelbrechung auftritt. Sie wird als *optische Achse* bezeichnet. Der Strahl, dessen Schwingungsebene (die des Vektors **E**) rechtwinklig zur optischen Achse des Kristalls verläuft, wird *ordentlicher Strahl* genannt. Seine Geschwindigkeit im Kristall ist nach allen Richtungen gleich groß.

Der zweite Strahl, dessen Schwingungsebene mit der optischen Achse unterschiedliche Winkel einschließt (je nach Winkel und Lage der Einfallsebene des Lichts), wird *außerordentlicher Strahl* genannt.

Die Geschwindigkeit des außerordentlichen Strahls hängt von der Ausbreitungsrichtung im Kristall ab. Sie kann größer (Kalkspat) oder kleiner (Quarz) sein als die des ordentlichen Strahls. In Richtung der optischen Achse sind die Geschwindigkeiten beider Strahlen gleich.

In bestimmten Medien kann Doppelbrechung auch kunstlich durch Deformation oder Anlegen eines elektrischen oder magnetischen Feldes hervorgerufen werden. Das Medium verhält sich unter diesen Bedingungen wie ein einachsiger Kristall, dessen optische Achse parallel zur Deformationsrichtung bzw. Feldrichtung verläuft.

Bei Deformation beträgt die Differenz der optischen Weglange zwischen dem ordentlichen und dem außerordentlichen Strahl

$$\Delta s = K \delta l \lambda .$$

K ist eine vom Medium abhangige Konstante, δ die mechanische Spannung, l die Dicke der deformierten Schicht, λ die Wellenlange des Lichts.

Unter Wirkung eines quer zur Ausbreitungsrichtung des Lichts angelegten elektrischen oder Magnetfeldes betragt die Differenz der optischen Weglängen zwischen den beiden Strahlen

$$\Delta s_E = 1{,}11 \cdot 10^{-5}\, BE^2 l \lambda , \qquad \Delta s_H = 1{,}58\, CH^2 l \lambda ,$$

hierbei bedeuten B und C die *Kerr-* bzw. *Cotton-Mouton-Konstante, E* die Stärke des elektrischen Feldes (V/m), H die Starke des Magnetfeldes (A/m), l die Schichtdicke (m) des Mediums.

Beim Durchgang linear polarisierten Lichts durch bestimmte Substanzen (z.B. Quarz, waßrige Zuckerlosung) kommt es zu einer *Drehung der Polarisationsebene.*

Als Charakteristikum dieser Drehung verwendet man die *spezifische Drehung* α.

Für reine Stoffe gilt: $\alpha = \varphi / l$; für Losungen: $[\alpha] = 100\, \varphi / l C$; φ ist der Drehwinkel der Polarisationsebene, l die Schichtdicke der optisch aktiven Substanz, C die Konzentration gelöster aktiver Substanz in $10^{-1}\,\mathrm{kg/m^3}$ Losung. $[\alpha]$ hängt von der Konzentration, der Temperatur, der Wellenlänge (Drehungsdispersion) und vom Losungsmittel ab.

Strahlungsdruck. Elektromagnetische Wellen uben einen mechanischen Druck auf Körper aus, den man als *Strahlungsdruck* bezeichnet.

Für den Strahlungsdruck gilt

$$p = \frac{W}{c}(1 + \rho). \qquad (6.20)$$

W ist die senkrecht auf 1 m^2 Fläche pro Sekunde fallende Strahlungsenergie, c die Lichtgeschwindigkeit, ρ der Reflexionskoeffizient.

Der an klaren Tagen durch die Sonnenstrahlung auf die Erdoberflache ausgeübte Druck beträgt annähernd $4 \cdot 10^{-6}\,\mathrm{N/m^2}$.

6.5. Die Quanteneigenschaften des Lichts

Die Energie jeder beliebigen elektromagnetischen Strahlung (darunter auch der des Lichts) setzt sich aus einzelnen „Energieportionen" zusammen. Diese „Portionen" werden *Strahlungsquanten* oder *Photonen* genannt. Sie besitzen die Eigenschaften von Materieteilchen, weshalb sie auch zu den Elementarteilchen zählen (siehe S. 197). Die Energie W eines Photons hängt von der Strahlungsfrequenz ν ab:

$$W = h\nu. \qquad (6.21)$$

$h = 6{,}6256 \cdot 10^{-34}$ Js ist die *Plancksche Konstante*, das *Plancksche Wirkungsquantum*.

Die moderne Physik lehrt, daß bei Änderung der Energie eines Systems um W sich damit auch seine Masse um W/c^2 ändert (c ist die Lichtgeschwindigkeit im Vakuum). Emittiert daher ein Körper ein Photon, so verringert sich seine Masse um

$$\Delta m = \frac{h\nu}{c^2}. \qquad (6.22)$$

Jene Eigenschaften elektromagnetischer Strahlung, die nur nach der Quantentheorie zu erklären sind, bezeichnet man als ihre Quanteneigenschaften, Korpuskel- oder Teilcheneigenschaften (*Quantennatur*).

Jede elektromagnetische Strahlung, so auch Licht, besitzt sowohl Wellen- als auch Korpuskeleigenschaften.

Elektrische Erscheinungen, die durch Wirkung von Licht auf Materie zustandekommen, wie die Emission von Elektronen (*Photoelektronenemission*), das Auftreten einer Spannung oder die Änderung der Leitfähigkeit, bezeichnet man als *photoelektrischen Effekt*, kurz als *Photoeffekt*.

Der Photoeffekt läßt sich nur auf Grund der Quantennatur des Lichts erklären. Die bei Belichtung eines Körpers auftretende Emission von Elektronen nennt man den *äußeren Photoeffekt*.

Die Gesetze des äußeren Photoeffekts

1. Die Anzahl der in der Sekunde durch Licht freigesetzten Elektronen, d.h. der *photoelektrische Sättigungsstrom*, ist der Intensität des Lichts proportional, gleichbleibendes Spektrum vorausgesetzt.

2. Die maximale Anfangsgeschwindigkeit v_{max} der emittierten Elektronen hängt von der Frequenz des einfallenden Lichts ab, nicht von seiner Intensität. v_{max} kann aus der *Einsteinschen Gleichung* berechnet werden:

$$h\nu = \Phi + \frac{m_e v_{max}^2}{2}; \qquad (6.23)$$

$h\nu$ ist die Energie des Photons, Φ die Austrittsarbeit (siehe S. 114) und m_e die Masse des Elektrons.

3. Für jeden Stoff gibt es eine bestimmte niedrigste Frequenz, unterhalb der der Photoeffekt nicht mehr auftritt. Man nennt sie die *Rotgrenze* (*Rotschwelle*) ν_R *des Photoeffekts*. Sie ergibt sich aus

$$h\nu_R = \Phi. \tag{6.24}$$

Bei Belichtung von Halbleitern oder Dielektrika werden Elektronen aus den Atomverbänden gelöst, die jedoch nicht aus dem Körper austreten (zum Unterschied vom äußeren Photoeffekt), sondern in das Leitungsband (siehe S. 115) gelangen, wodurch sich der Widerstand des Halbleiters bzw. Dielektrikums verringert. Die Erscheinung nennt man den *inneren Photoeffekt*.

Bei Belichtung der Grenzfläche zwischen zwei Halbleitern unterschiedlichen Leitungstyps (n/p) tritt eine elektromotorische Kraft auf. Der Effekt heißt *Ventilphotoeffekt*.

Photoelemente, Photowiderstände, Ventilphotoelemente und *Sonnenbatterien* beruhen auf den Photoeffekten.

6.6. Spektren

Jede Schwingung kann in harmonische Schwingungen mit verschiedenen Amplituden und Frequenzen (siehe S. 77) zerlegt werden. Die Gesamtheit der Komponenten (Amplituden und Frequenzen) einer zusammengesetzten Schwingung (oder Welle) nennt man *Spektrum*.

Unter einem Spektrum im engeren Sinne werden oft die Farbbänder verstanden, die nach Zerlegung von Licht durch ein Prisma (oder Gitter) sichtbar werden (siehe S. 170).

Glühende feste Körper liefern *kontinuierliche Spektren*; sie bestehen aus sämtlichen Spektralfarben, die kontinuierlich ineinander übergehen.

Bei *Linienspektren* besitzen nur einige enge Wellenlängenintervalle größere Intensität; die Intensität der übrigen Wellenlängen ist nahezu Null.

Linienspektren werden von verdünnten Gasen emittiert. Das durch ein Prisma oder Gitter zerlegte Licht ergibt ein Spektrum aus feinen, verschiedenfarbigen Linien. Anzahl und Lage der Linien (entsprechend der Wellenlänge) sind für jedes Element charakteristisch. Aus der Lage der Spektrallinien läßt sich auf die chemische Zusammensetzung der emittierenden Substanz schließen.

Moleküle geben Spektren mit Gruppen aus vielen eng aneinanderliegenden (ineinander übergehenden) Linien, sogenannten *Banden*. Die Spektren heißen *Bandenspektren*.

Spektren glühender Körper sind *Emissionsspektren*.

Die Absorption von Licht durch Materie führt zu *Absorptionsspektren*, deren Struktur von den absorbierten Wellenlängen abhängt. Auch Absorptionsspektren können kontinuierliche, Linien- oder Bandenspektren sein.

In den Spektren von Lichtquellen, deren innere Zonen von kühleren Dampfschichten umgeben sind, können schmale *Absorptionslinien* beobachtet werden. Sie sind auf die Lichtabsorption durch die äußere Dampfschicht zurückzuführen. Gase absorbieren jene Wellenlängen am stärksten, die sie als Lichtquellen emittieren (*Kirchhoff-Bunsensches Gesetz*). Die Erscheinung bezeichnet man als *Umkehr der Spektrallinien*.

Die *Fraunhoferschen Linien* im Sonnenspektrum sind Absorptionslinien, die durch Dämpfe in der Sonnenatmosphäre bedingt sind. Durch sie werden bestimmte Wellenlängen aus dem ursprünglich kontinuierlichen Spektrum absorbiert.

6.7. Wärmestrahlung

Erhitzte Körper emittieren außer dem sichtbaren Licht noch *Ultraviolett-* und *Infrarotstrahlen*. Die Wellenlängen der Ultraviolettstrahlung liegen unter 400 nm, während die infraroten Wellen länger als 800 nm sind (siehe Tabelle 6.8).

Elektromagnetische Wellen, die durch die Wärmebewegung der Atome oder Moleküle hervorgerufen werden, nennt man *Wärmestrahlen*.

In Bild 6.20 ist die spektrale Verteilung des Emissionsvermögens (Strahlungsvermögens; siehe unten) eines absolut schwarzen Körpers dargestellt. Zu dem Diagramm wurde ein schrägwinkliges Koordinatensystem mit doppelt logarithmischer Einteilung verwendet. Auf der horizontalen Achse sind die Wellenlängen aufgetragen, auf der schrägen Achse das Emissionsvermögen; die Zahlenangaben bei den Kurven bedeuten die absolute Temperatur (Kelvin-Temperatur).

Ein Körper, der alle auf ihn fallenden elektromagnetischen Wellen absorbiert, wird als *absolut schwarz* bezeichnet. Ein solcher Körper wird annähernd durch einen abgeschlossenen Hohlraum mit einer kleinen Öffnung dargestellt.

Das Verhältnis der von der Flächeneinheit eines emittierenden Körpers abgegebenen Strahlungsleistung zum entsprechenden Wellenlängenintervall bei einer gegebenen Temperatur, nennt man das *Emissions-* oder *Strahlungsvermögen* $\epsilon_{\lambda T}$ des Körpers.

Das Strahlungsvermögen entspricht zahlenmäßig der Leistung, die pro Flächeneinheit durch Wellen einer Einheit des Wellenlängenintervalls bei gegebener Temperatur abgestrahlt wird.

Das *Absorptionsvermögen* $\alpha_{\lambda T}$ eines Körpers entspricht dem Quotienten aus der pro Flächeneinheit absorbierten Strahlungsleistung (Intensität) zu jener, die auf diese Fläche einfällt (bei gegebener Temperatur).

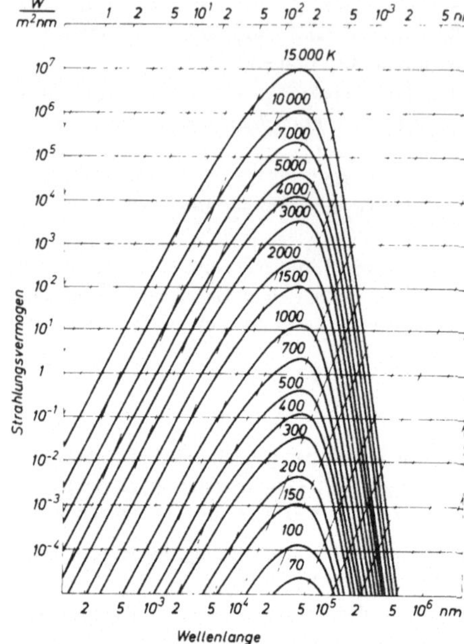

Bild 6.20
Strahlung eines absolut schwarzen Korpers bei verschiedenen Temperaturen

Bei gegebener Temperatur ist das Strahlungsvermögen proportional dem Absorptionsvermögen (*Kirchhoffsches Strahlungsgesetz*):

$$\frac{\epsilon_{\lambda T}}{\alpha_{\lambda T}} = \epsilon_s . \tag{6.25}$$

ϵ_s ist eine Konstante, die bei gegebener Temperatur für alle Körper gleich ist.

Für sämtliche von einem absolut schwarzen Körper ausgestrahlten Wellenlängen gilt $\alpha_{\lambda T} = 1$ und folglich $\epsilon_{\lambda T} = \epsilon_s$.

Die Strahlungsleistung Φ_s aller Wellenlängen eines absolut schwarzen Körpers ist der vierten Potenz der absoluten Temperatur T proportional (*Stefan-Boltzmannsches Gesetz*):

$$\Phi_s = \sigma A T^4 ; \tag{6.26}$$

der Proportionalitätskoeffizient (Stefan-Boltzmann-Konstante) beträgt:

$$\sigma = 5{,}6697 \cdot 10^{-8}\,\mathrm{W\,m^{-2}\,K^{-4}} .$$

Aus Bild 6.20 ist ersichtlich, daß dem starksten Strahlungsvermögen bei einer gegebenen Temperatur eine bestimmte Wellenlänge λ_{max} entspricht. λ_{max} ist der absoluten Temperatur T umgekehrt proportional (*Wiensches Verschiebungsgesetz*):

$$\lambda_{max} = \frac{2{,}8978 \cdot 10^{-3}}{T}. \tag{6.27}$$

Die Konstante des Wienschen Verschiebungsgesetzes hat die Einheit mK.

Für das Strahlungsvermogen eines absolut schwarzen Körpers gilt die *Plancksche Formel*:

$$\epsilon_s = \frac{2\pi c^2}{\lambda^5} \frac{h}{e^{hc/k\lambda T} - 1}. \tag{6.28}$$

c ist die Lichtgeschwindigkeit im Vakuum, λ die Wellenlänge, k die Boltzmann-Konstante, h das Plancksche Wirkungsquantum. Die Abhängigkeit von ϵ_s von λ entsprechend Gl. (6.27) ist in Bild 6.20 für verschiedene Temperaturen veranschaulicht.

Tabellen und Diagramme

Tabelle 6.1: Relative Sichtbarkeit K_λ bei Tageslicht (siehe Bild 6.21)

Wellenlänge nm	K_λ	Wellenlänge nm	K_λ	Wellenlänge nm	K_λ
400	0,0004	520	0,710	640	0,175
420	0,0040	540	0,959	660	0,061
440	0,023	560	0,995	680	0,017
460	0,060	580	0,870	700	0,0041
480	0,139	600	0,631	720	0,00105
500	0,323	620	0,381	740	0,00025
				760	0,00006

Bemerkung: Die relative Sichtbarkeit ist zwar individuell verschieden, unterscheidet sich aber bei Menschen mit normalem Sehvermogen doch nur um geringe Beträge. In der Tabelle sind die Mittelwerte von K_λ angegeben.

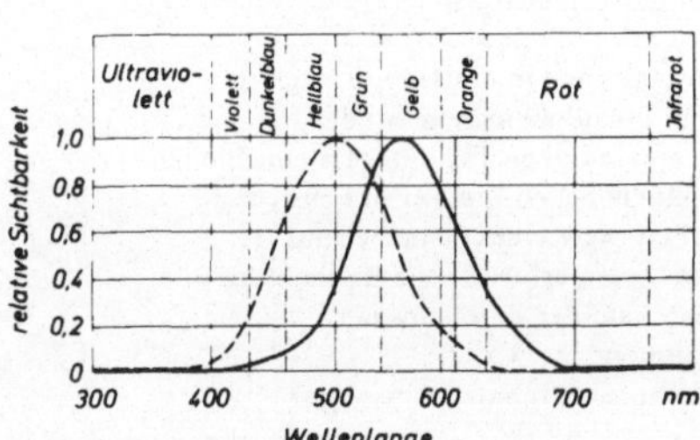

Bild 6.21
Relative Sichtbarkeit bei Tageslicht und im Dämmerlicht (punktierte Kurve)

Tabelle 6.2: Leuchtdichte beleuchteter Flächen

beleuchtete Fläche	Leuchtdichte, cd/m²
Kinoleinwand	5...20
weißes Schreibpapier (bei einer Beleuchtungsstärke von 30...50 lx)	10...15
Schnee bei Sonne	$3 \cdot 10^4$
Mondoberfläche	$2{,}5 \cdot 10^3$

Tabelle 6.3: Leuchtdichte von Lichtquellen

Lichtquelle	Leuchtdichte, cd/m²
Sonne	$15 \cdot 10^8$
Kapillare eines Quecksilber-Höchstdruckbrenners	$12 \cdot 10^8 \ldots 15 \cdot 10^8$
Kohlelichtbogen (Krater)	$15 \cdot 10^7$
Metallfaden einer Glühlampe	$1{,}5 \cdot 10^6 \ldots 2 \cdot 10^6$
Nachthimmel ohne Mond	10
Gasentladungsfunken in Xenonatmosphäre	$1{,}1 \cdot 10^{11}$
Gasentladungsfunken in Argonatmosphäre	$1{,}5 \cdot 10^{11}$
Gasentladungsfunken in Luft (Stickstoff)	$2{,}1 \cdot 10^{12}$
Gasentladungsfunken in Helium	$1{,}5 \cdot 10^{12}$

Tabelle 6.4: Beispiele für Beleuchtungsstärken

Art der Beleuchtung	Beleuchtungsstärke, lx
Mittagssonne in mittleren Breiten	100 000
bei Filmaufnahmen im Studio	10 000
an einem trüben Tag unter freiem Himmel	1 000
in einem hellen Zimmer in Fensternähe	100
Arbeitsplatz eines Feinmechanikers	100...200
zum Lesen erforderliche Beleuchtung	30...50
Bilder auf der Kinoleinwand	20...80
Vollmond	0,2
nächtlicher Himmel ohne Mond	0,000 3

Tabelle 6.5: Reflexionskoeffizient (ρ, %) von Glas und Wasser bei verschiedenen Einfallswinkeln

Stoff \ Einfallswinkel in Grad	0	20	30	40	50	60	70	80	89	90
Wasser	2	2,1	2,2	2,5	3,4	6,0	13,5	34,5	90,0	100
Glas	4,7	4,7	4,9	5,3	6,6	9,8	18	39	91	100

Bemerkung: Bei Glas mit einer Siliciumdioxidschicht mit dem Brechungsindex von 1,5 beträgt ρ bei senkrechtem Einfall $\approx 2{,}5$ %. Beträgt der Brechungsindex 1,9, so ist bei senkrechtem Strahleneinfall $\rho \approx 0{,}8$ %.

Tabelle 6.6: Reflexion des Lichts beim Übergang von Glas in Luft

Einfallswinkel in Grad	0	10	20	30	35	39	39,5	40	60
Brechnungswinkel in Grad	0	15,67	32	51	63	79	82	90	–
reflektierte Energie in %	4,7	4,7	5,0	6,8	12	36	47	100	100

Bemerkung: Die Tabelle gilt für Glas mit dem Brechungsindex 1,56, bei dem der Grenzwinkel der Totalreflexion 40° beträgt.

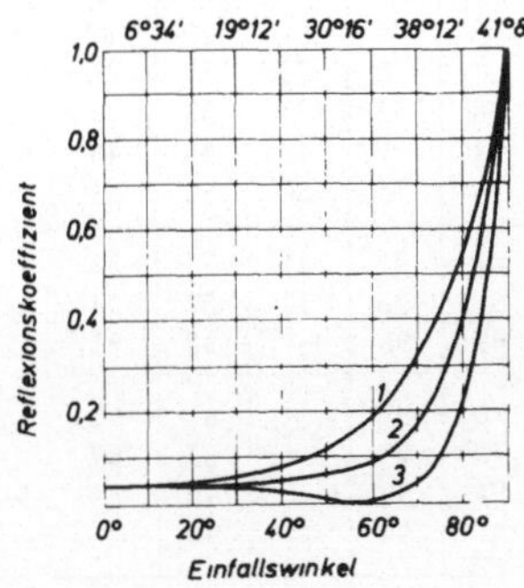

Bild 6.22
Abhängigkeit des Reflexionskoeffizienten vom Einfallswinkel an der Mediengrenze Luft-Glas ($n = 1{,}52$); *1* Reflexion eben polarisierter Wellen deren Vektor E senkrecht zur Einfallsebene schwingt; *2* Reflexion nicht polarisierten Lichts; *3* Reflexion eben polarisierter Wellen (deren Vektor E in der Einfallsebene schwingt). Die obere Skala gibt die Einfallswinkel beim Lichtübergang von Glas in Luft an

Tabelle 6.7: Wellenlängen des sichtbaren Lichts

Farbe	Bereich nm	Farbe	Bereich nm
violett	380...450	gelbgrün	550...575
dunkelblau	450...480	gelb	575...585
hellblau	480...510	orange	585...620
grün	510...550	rot	620...760

Tabelle 6.8: Wellenlängen des ultravioletten Spektrums

Bezeichnung	Bereich nm	Wirkung
langwelliges Ultraviolett	315...380	Sonnenbrand
mittleres Ultraviolett	280...315	Erythem
kurzwelliges Ultraviolett	200...280	Bakterizidwirkung
Vakuum – Ultraviolett	< 200	Ozonisation

Tabelle 6.9: Lichtreflexion an Metalloberflächen

Die angeführten Zahlen geben die Intensität des reflektierten Lichts in Prozent der Intensität des einfallenden Lichts an. Die Reflexion erfolgt von polierten Metalloberflächen (bei senkrechtem Lichteinfall).

Wellenbereich	Wellenlänge nm	Aluminium	Chrom	Kupfer	Nickel	Silber	Silicium	Stahl (1 % C)	Zink
Ultraviolett	188	–	33	–	–	76	64	22	17
	200	–	36	–	–	76	73	27	22
	251	80	–	26	38	34	75	38	39
	305	–	37	25	44	9	73	44	48
	357	84	41	27	49	75	60	50	51
sichtbares Licht	500	88	55	44	61	91	34	56	55
	600	89	–	72	65	93	32	57	58
	700	87	56	83	69	95	–	58	61
Infrarot	800	85	–	89	70	97	–	61	62
	1 000	93	57	90	72	97	–	63	69
	5 000	94	81	98	94	99	–	90	97
	10 000	97	93	98	–	99	–	94	–

Tabelle 6.10: Grenzwinkel der Totalreflexion (in Grad)

Stoff	α_g	Stoff	α_g
Wasser	49	Schwefelkohlenstoff	38
Glycerin	43	Flintglas, schweres	34
Kronglas, leichtes	40	Diamant	24

Bemerkung. Die angeführten Winkel gelten für Reflexion an der Mediengrenze zu Luft (für Licht der Natrium D-Linie, $\lambda = 589{,}3$ nm).

Tabelle 6.11: Wellenlangen der wichtigsten Fraunhoferschen Linien

Bezeichnung der Linie	Element	λ nm	Bezeichnung der Linie	Element	λ nm
A	Sauerstoff	762,1	b_4	Eisen, Magnesium	516,74
a	Sauerstoff	718,5	c	Eisen, Magnesium	495,76
B	Sauerstoff	687	F	Wasserstoff	486,13
C	Wasserstoff	658,28	d	Eisen	466,8
α	Sauerstoff	627,81	e	Eisen	438,36
D_1	Natrium	589,59	f	Wasserstoff	434,05
D_2	Natrium	589	G'	Eisen	432,58
D_3	Helium	587,56	G	Eisen, Calcium	430,79
E	Eisen	526,96	g	Calcium	422,67
b_1	Magnesium	518,36	h	Wasserstoff	410,17
b_2	Magnesium	512,27	H	Calcium	396,13
b_3	Eisen	516,9	k	Calcium	393,36

Tabelle 6.12: Brechungsindizes für Wellenlangen einiger Fraunhoferscher Linien

Fraunhofersche Linie		A	B	D	F	H
Wellenlange nm		759	687	589	486	397
Stoff	Wasserstoff	1,329	1,331	1,333	1,337	1,344
	Schwefelkohlenstoff	1,610	1.617	1,629	1,654	1,702
	Äthanol	1,359	1.360	1,363	1,367	1,374
	Kronglas, leichtes	1,510	1,512	1,515	1,521	1,531

Tabelle 6.13: Brechungsindizes von Gasen

Gas oder Dampf	n	Gas oder Dampf	n
Acetylen	1,000 606	Schwefeldioxid	1,000 737
Ammoniak	1,000 377	Schwefelwasserstoff	1,000 641
Benzol	1,001 812	Selen	1,001 565
Chloroform	1,001 455	Stickstoff	1,000 297
Helium	1,000 035	Tellur	1,002 495
Kohlendioxid	1,000 450	Tetrachlorkohlenstoff	1,001 763
Luft	1,000 292	Wasserdampf	1,000 257
Methan	1,000 441	Wasserstoff	1,000 138
Quecksilber	1,000 933	Zink	1,002 050
Sauerstoff	1,000 272		

Bemerkung: Die angeführten Brechungsindizes gelten für die Natrium-D-Linie und Dichten bei 0 °C und 1,01 bar, auf Grund der Beziehung $(n - 1)/\rho$ = const (für ein gegebenes Gas).

Tabelle 6.14: Brechungsindizes fester und flüssiger Stoffe

Stoff	n	Stoff	n
feste Korper		Kanadabalsam	1,53
Diamant	2,417	Methanol	1,33
Eis	1,31	Schwefelkohlenstoff	1,632
Glimmer	1,56...1,60	Schwefelsaure	1,43
Topas	1,63	Terpentin	1,47
Zucker	1,56	Wasser (bei 20 °C)	1,333
Flussigkeiten		*Öle*	
Anilin	1,590	Nelkenol	1,532
Äthanol	1,362	Olivenol	1,46
Äthylather	1,354	Paraffinol	1,44
Benzol	1,504	Zedernöl	1,516
Chloroform	1,449	Zimtol	1,601
Glycerin	1,47		

Tabelle 6.15: Abhangigkeit des Brechungsindex von der Wellenlänge

Wellenbereich	Wellen- länge nm	Glas (bei 15 °C)		Quarz (bei 18 °C)	
		leichtes Kronglas	schweres Kronglas	ordentlicher Strahl	außerorden licher Strah
Infrarot	22 300	–	–	–	–
	9 429	–	–	–	–
	4 200	–	–	1,456 9	–
	2 172	1,494 6	1,615 3	1,518 0	1,526 1
	1 256	1,504 2	1,626 8	1,531 6	1,540 2
sichtbares Licht	670,8	1,514 0	1,643 4	1,541 5	1,550 5
	643,8	1,514 9	1,645 3	1,542 3	1,551 4
	589,3	1,517 0	1,649 9	1,544 3	1,553 4
	486,4	1,523 0	1,663 7	1,549 7	1,559 0
	404,7	1,531 8	1,685 2	1,557 2	1,566 7
Ultraviolett	303,4	1,555 2	–	1,577 0	1,587 2
	214,4	–	–	1,630 5	1,642 7
	185,2	–	–	1,675 9	1,690 1
Temperaturkoeffizient K^{-1} (°C^{-1})		$-1\cdot10^{-6}$	$3\cdot10^{-6}$	$-5\cdot10^{-6}$	$-6\cdot10^{-6}$

Bemerkungen:

1. Die angeführten Brechungsindizes beziehen sich auf Luft.
2. Der Temperaturkoeffizient gibt die Änderung des Brechungsindex bei Temperaturerho der Brechungsindex mit steigender Temperatur abnimmt.
3. In einem Quarzkristall kommt es zur Spaltung der Lichtstrahlen in je zwei verschieden Brechungsindizes für beide Strahlen angegeben. Für den außerordentlichen Strahl wurd

Tabelle 6.16: Diffuse Reflexion weißen Lichts an verschiedenem Material

Material	Reflexion %	Material	Reflexion %
Anstrich, gelb	40	Papier, weiß	60...70
Anstrich, weiß	50	Papier, Lösch-	70...80
Erdboden, feucht	8	Papier, schokoladenbraun	4
Fichtenholz	40	Pauspapier	22
Mull	16	Pappe, weiß	60...70
Papier, hellblau	25	Pappe, gelb	30
Papier, gelb	25	Samt, schwarz	0,4
Papier, braun	13	Ton, fett (gelb)	24

Tabelle 6.17: Kerr- und Cotton-Mouton-Konstanten

Stoff	B 10^{-7}	C 10^{-13}
Benzol	0,60	7,5 (26 °C, 580 nm)
Schwefelkohlenstoff	3,21	- 4,0 (28 °C, 540 nm)
Chloroform	- 3,46	- 0,8 (20 °C, 546 nm)
Wasser	4,7	- 0,014 (20 °C, 546 nm)
Chlorbenzol	10,0	10,2 (25 °C, 546 nm)
Nitrotoluol	123	
Nitrobenzol	220	24,1 (20 °C, 589 nm)

Bemerkungen.

1. Die angeführten Werte von B gelten für die Natriumlinie bei 589 nm
2. Das Minuszeichen bedeutet, daß die Geschwindigkeit des Strahls, der in Feldrichtung schwingt, großer ist im Vergleich zu jenem Strahl, der quer zur Feldrichtung schwingt.

Tabelle 6.18: Spezifische Drehung $[\alpha]$ bei 20 °C (in °/m)

Stoff	Losungs-mittel	$[\alpha]$ (λ = 589,3 nm)	Konzentration p'
Chinin	Alkohol	- 169	2,0
Glukose	Wasser	$52{,}50 + 1{,}88 \cdot 10^{-2}\, p' + 5{,}17 \cdot 10^{-4}\, (p')^2$	0...35
Kampfer	Alkohol	$40{,}9 + 0{,}135\, p'$	10...50
Mandelsaure	Wasser	+ 156	3,2
Rohrzucker	Wasser	$66{,}47 + 1{,}27 \cdot 10^{-2}\, p' - 3{,}8 \cdot 10^{-4}\, (p')^2$	0...50
Terpentin	rein	- 37	–
Weinsaure	Wasser	$14{,}83 - 0{,}146\, p'$	0...50

Bemerkung: Das Minuszeichen besagt, daß die Drehung gegen den Uhrzeigersinn erfolgt (bei Beobachtung entgegen der Strahlungsrichtung).

Tabelle 6.19: Rotationsdispersion bei 20 °C

Rohrzucker in Wasser		Weinsaure in Wasser		Quarz (längs der optischen Achse)	
λ, nm	$[\alpha]$	λ, nm	$[\alpha]$	λ, nm	$[\alpha]$
300	309	275	- 296,8	185,4	370,9
486,1	100,3	300	- 166,0	193,5	322,8
535,1	81,8	350	- 16,8	257,1	143,3
589,3	66,5	450	6,6	434	41,92
656,3	52,9	550	8,4	486,1	32,76
		589	9,8	589,3	21,72
				656,3	17,32

Bemerkung: Bei Temperaturerhohung um 1 °C erhöht sich $[\alpha]$ um das 0,003fache des Anfangswertes (bei λ = 589,3 nm).

Tabelle 6.20: Emissionsspektren von Metallen und Gasen (λ in nm)

Aluminium (Lichtbogen)	Kupfer (Lichtbogen im Vakuum)	Quecksilber (Quecksilber-lampe)	Natrium (Flamme)	Cadmium (Lichtbogen)	Zink (Lichtbogen im Vakuum)
308,3	324,8	312,6	588,997 O	326,1	303,6
309,3	327,4	313,1	589,593 O	340,4	307,2
394,4 V	402,3 V	365		346,6	334,5
396,2 V	406,3 V	404,68 V		361,1	468,0 B
466,3 B	510,55 Gr	435,83 V		398,2 V	472,2 B
505,7 Gr	515,33 Gr	491,64		441,3 B	481,1 B
569,6 Ge	521,82 Gr	495,97 Gr		467,8 B	491,2 B
572,3 Ge	570	546,07 Gr		479,99 B	492,5 B
	578,21 Ge	576,96 Ge		508,58 Gr	610,3 O
	578,22	579,07 Ge		533,8 Gr	636,2 O
		615,20 O		537,9 Gr	
		623,20 O		643,85 R	

Stickstoff	Argon	Wasserstoff	Helium	Sauerstoff	Neon
		(bei Gasentladung)			
575,4	394,90	410,17	388,86	520	453,78
580,3	404,44	434,04	402,62	530	457,59
585,3	415,86	434,05	412,08	(Bande)	470,44
590,4	416,42	486,128	501,57	555	470,89
595,7	418,19	486,136	587,56	564	471,53
601,2	419	656,271	667,81	(Bande)	478,89
606,8	419,10	656,285	706,52		533,08
625,1	419,83				534,11
632,1	420,07				535,80
639,3	425,12				540,06
646,7	425,94				585,25
654,3	426,63				588,19
662,2	427,22				596,54
670,3	430,01				614,31
678,7	433,36				626,65
	433,54				638,30
					640,22
					650,65
					717,39
					724,52

Bemerkungen.

1. Die Wellenlängen wurden in Luft bei 15 °C und 1,01 bar gemessen.
2. Die sichtbaren Linien sind mit den Anfangsbuchstaben ihrer Farben gekennzeichnet: V violett, B blau, Gr grün, Ge gelb, O orange, R rot.
3. Die hellsten Linien sind unterstrichen.

Tabelle 6.21: Lichtabgabe, spezifischer Wirkungsgrad und Leuchtdichte verschiedener Lichtquellen

Lichtquelle	lm/W	η %	ϑ K	Leuchtdichte cd/m^2
Kohlenfadenlampe mit Vakuum, 50 W	2,5	0,4	2 095	$5 \cdot 10^5$
Wolframlampe mit Vakuum, 50 W	10	1,6	2 460	$15 \ldots 20 \cdot 10^5$
Wolframlampe gasgefüllt, 50 W	10	1,6	2 685	$5 \cdot 10^6$
Wolframlampe gasgefüllt, 500 W	17,5	2,8	2 900	10^7
Wolframlampe gasgefüllt, 2 000 W	21,2	3,5	[illegible] 020	$13 \ldots 15 \cdot 10^6$
Lichtbogen	25	4	4 000	$15 \cdot 10^7$ (im Krater)

Bemerkung: Die *Lichtabgabe* ist der Quotient aus dem gesamten Lichtstrom und der von der Quelle benötigten Stromleistung.

Unter dem *spezifischen Wirkungsgrad* η versteht man den Quotienten aus der Strahlungsleistung bei der Wellenlänge von 555 nm und der von der Quelle benötigten Stromleistung:

$$\eta = \frac{\Phi}{680\,P},$$

wobei Φ den Lichtstrom in lm und P die Stromleistung in W bedeutet.

Tabelle 6.22: Austrittsarbeit und Rotgrenze des Photoeffekts

Stoff	Φ eV	λ_R nm
Kupferoxid	5,15	250,0
Glimmer	4,8	254,8
Natriumchlorid	4,2	295,0
Silberbromid	3,7…5,14	335,0…240,0
Thorium auf Wolfram	2,62	473,0
Natrium auf Wolfram	2,10	590,0
Cäsium auf Wolfram	1,36	909,0
Cäsium auf Platin	1,31	895,0
Barium auf Wolfram	1,1	1 130,0
Bariumoxid auf oxydiertem Wolfram	1,0…1,1	1 240…1 130

7. Aufbau der Atome und Elementarteilchen – Grundbegriffe und Gesetze

7.1. Einheiten der Ladung, Masse und Energie in der Atomphysik

Die Einheit der Ladung ist die *Elementarladung*

$e = 1{,}602 \cdot 10^{-19}\,\mathrm{C}$.

Die *atomare Masseneinheit* betragt ein Zwolftel der Masse eines Atoms des Nuklids ^{12}C (siehe S. 191). Man nennt sie **Unit**, u:

$1\,\mathrm{u} = 1{,}66 \cdot 10^{-27}\,\mathrm{kg}$.

Das leichteste Atom ist das Wasserstoffatom. Seine Masse beträgt 1,008 u.
Die *Einheit der Energie* ist das **Elektronenvolt**, eV (siehe S. 114).

$1\,\mathrm{eV} = 1{,}602\,19 \cdot 10^{-19}\,\mathrm{J}$.

Als Einheit des Drehimpulses der Teilchen gilt $h/2\pi$. Fur das magnetische Moment der Elektronen gilt als Einheit $eh/4\pi mc$, genannt das *Bohrsche Magneton*. h ist das Plancksche Wirkungsquantum, e die Ladung des Elektrons, m seine Masse und c die Lichtgeschwindigkeit im Vakuum. Die Einheit für das magnetische Moment der Kerne ist das *Kernmagneton*; es ist gleich $eh/4\pi m_p c$, wobei m_p die Masse des Protons und e seine Ladung bedeuten.

Es betragen:

Bohrsches Magneton $\mu_B = 9{,}2732 \cdot 10^{-24}\,\mathrm{J/T}$,

Kernmagneton $\mu_K = \dfrac{\mu_B}{1\,836} = 5{,}0505 \cdot 10^{-27}\,\mathrm{J/T}$

7.2. Das Rutherford-Bohrsche Atommodell

Das Atom besteht aus einem *positiv geladenen Kern*, der von Elektronen auf bestimmten Bahnen umkreist wird. Fast die gesamte Masse des Atoms ist im Kern konzentriert. Der Kern des Wasserstoffatoms heißt *Proton*. Die *Masse des Protons* beträgt $1{,}67 \cdot 10^{-27}\,\mathrm{kg}$, die des Elektrons $9{,}11 \cdot 10^{-31}\,\mathrm{kg}$ (das ist 1/1836 der Masse des Protons). Die Ladung des Elektrons bzw. des Protons entspricht der elektrischen Elementarladung.

Die Anzahl der Elementarladungen eines Kerns ist gleich der *Ordnungszahl des Elements* im periodischen System. Die Anzahl der Elektronen eines (neutralen) Atoms ist gleich der Anzahl der Elementarladungen des Kerns.

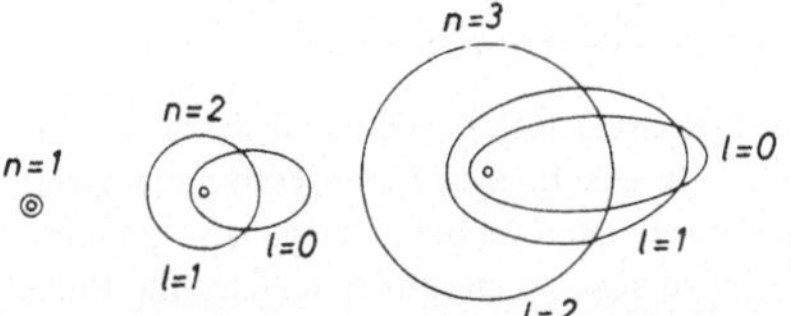

Bild 7.1
Mögliche Umlaufbahnen des Elektrons des Wasserstoffatoms (entsprechend verschiedenen Quantenzahlen). Die großen Halbachsen der Ellipsen verhalten sich wie die Quadrate der ganzen Zahlen: $1^2 : 2^2 : 3^2 : 4^2$ usw.

Die Bewegung der Elektronen in den Atomen kann man sich modellartig als Rotation um den Atomkern, auf bestimmten kreisförmigen oder elliptischen Bahnen, beschreiben (Bild 7.1). Die Umlaufbahnen werden als stationär bezeichnet. Elektronen, die sich auf solchen Bahnen bewegen, emittieren ungeachtet ihrer Beschleunigung keine Energie. Die Radien der stationären Umlaufbahnen ergeben sich aus der Bedingung

$$m_e v_n r_n = \frac{h}{2\pi} n , \tag{7.1}$$

wobei m_e die Masse des Elektrons, v_n seine Lineargeschwindigkeit, r_n der Radius der n-ten Umlaufbahn und h das Plancksche Wirkungsquantum bedeutet; $n = 1, 2, 3, \ldots$.

Bestimmten stationären Umlaufbahnen (oder besser: stationären Zuständen des Atoms) entsprechen bestimmte Energien (*diskrete Energieniveaus*).

Für das Wasserstoffatom lassen sich die Energieniveaus (W_n) bzw. die Radien der kreisförmigen Umlaufbahnen nach folgenden Gleichungen berechnen:

$$W_n = -\frac{2\pi^2 m_e e^4}{n^2 h^2} , \tag{7.2}$$

$$r_n = \frac{n^2 n^2}{4\pi^2 m_e e^2} . \tag{7.3}$$

Beim Übergang eines Elektrons von einer vom Kern entfernteren Umlaufbahn auf eine ihm nähere wird elektromagnetische Energie emittiert. Bei einem Elektronenübergang in umgekehrter Richtung wird Energie durch das Atom absorbiert. Die Größe der hierbei emittierten oder absorbierten Quanten wird durch die Bedingung

$$h\nu = W_2 - W_1 \tag{7.4}$$

bestimmt, wobei W_1 und W_2 die diskreten Energieniveaus des Atoms vor und nach dem Übergang des Elektrons bedeuten.

Nach der derzeitigen Auffassung existieren die Umlaufbahnen der Elektronen in Wirklichkeit nicht; die Frage nach dem Atombau wird in anderer Weise, unter Berücksichtigung der Welleneigenschaften der Teilchen (siehe S. 194) behandelt. Der Begriff der atomaren Energieniveaus bleibt jedoch weiterhin bestehen.

7.3. Die Elektronenschalen der Mehrelektronenatome

Im Atom wird der Zustand eines Elektrons durch vier Quantenzahlen bestimmt. Die *Hauptquantenzahl* n bestimmt das Energieniveau (oder die große Achse der Ellipse). Die *Bahnquantenzahl* l, auch Nebenquantenzahl genannt, hängt mit der kleinen Halbachse der Ellipse zusammen; durch sie wird die Form der Umlaufbahn bestimmt. l kann Werte von 0 bis $n - 1$ annehmen. Bei $l = n - 1$ ist die Bahn kreisförmig. Durch l wird der Drehimpuls bestimmt: $L = \sqrt{l(l+1)}\,\hbar$, wobei $\hbar = h/2\pi$. Die *magnetische Quantenzahl* m bestimmt die Orientierung der Umlaufbahn im Magnetfeld. Die Umlaufbahnen orientieren sich derart, daß die Projektionen des Drehimpulses L_z auf die Richtung des Magnetfeldes ganzzahlige Vielfache von $\hbar$ ergeben: $L_z = m\hbar$; m kann Werte von $-l$ bis $+l$ annehmen (in ganzen Zahlen, wie n und l).

Außer dem Bahndrehimpuls besitzt das Elektron noch seinen eigenen Drehimpuls (*Spin*), der gleich ist $\sqrt{s(s+1)}\,\hbar$; s ist die *Spinquantenzahl*. Sie beträgt 1/2. Der eigene Drehimpuls der Elektronen besitzt nur zwei Projektionen auf die Richtung des Magnetfeldes: $+1/2\,\hbar$ und $-1/2\,\hbar$. Man sagt, daß der Spin des Elektrons (oder eines anderen Teilchens) gleich „ein Halb" sei und versteht darunter, daß die Projektionen des eigenen Drehimpulses $\pm 1/2\,\hbar$ betragen.

Die vier Quantenzahlen charakterisieren die Energieniveaus der Elektronen.

Für die Elektronen eines Atoms gilt das *Pauli-Prinzip*: Jeder mögliche Zustand kann stets nur von einem Elektron eingenommen werden. Oder anders formuliert: Zwei Elektronen eines Atoms stimmen niemals in allen vier Quantenzahlen überein.

Wechselt ein Elektron sein Energieniveau, so ändern sich auch die Quantenzahlen. Wie Theorie und Praxis zeigen, können nur solche Übergänge erfolgen, bei denen sich m um 0 bzw. ± 1 und l um ∓ 1 ändern (*Auswahlregeln*).

Alle Elektronen eines Atoms mit der gleichen Hauptquantenzahl n bilden eine *Schale*, eine *Hauptschale*; alle Elektronen mit den gleichen Quantenzahlen n und l bilden eine *Subschale*, auch als *Unterschale* bezeichnet. Die Schalen werden mit den Buchstaben K, L, M, N usw. bezeichnet, entsprechend den Hauptquantenzahlen $n = 1, 2, 3, 4$ usw. Die Untergruppen tragen die Bezeichnungen s, p, d, f usw. entsprechend den Bahnquantenzahlen $l = 0, 1, 2, 3$ usw.

Die höchstmögliche Elektronenzahl einer Schale beträgt $2n^2$. So hat die K-Schale bis zu $2 \cdot 1^2 = 2$ Elektronen, die L-Schale bis zu $2 \cdot 2^2 = 8$ Elektronen, die M-Schale bis zu $2 \cdot 3^2 = 18$ Elektronen, die N-Schale bis zu $2 \cdot 4^2 = 32$ Elektronen usw. Die Aufteilung der Elektronen in den Schalen und Unterschalen ist aus den Tabellen 7.1 und 7.2 ersichtlich.

Die chemischen Eigenschaften der Atome werden durch die Elektronen der äußersten Schale bestimmt. Die Emission von sichtbarem und ultraviolettem Licht ist auf Elektronenübergänge innerhalb dieser Schale zurückzuführen.

Wird ein Elektron aus einer kernnahen Schale gerissen, so springt spontan ein anderes aus einer entfernteren Schale (mit größerem n) an seine Stelle. (Der nun frei gewordene Platz wird auf dieselbe Weise wieder besetzt.) Bei diesen Übergängen werden *Röntgenstrahlen* emittiert, die das *charakteristische Spektrum* des betreffenden Elements (*Linienspektrum*) ergeben. Die Wellenlängen dieser Spektren werden ausschließlich durch die diskreten Energieniveaus der Atome bestimmt.

7.4. Der Atomkern

Die Bausteine der Atomkerne sind *Protonen* und *Neutronen*. Ein Neutron ist ein elektrisch ungeladenes (neutrales) Teilchen, dessen Masse annähernd gleich der des Protons ist. Der Spin eines Neutrons ist wie der des Protons gleich $1/2\ \hbar$.

Kerne gleicher Ladung (d.h. mit gleicher Protonenzahl) aber unterschiedlicher Masse (ungleicher Neutronenzahl) nennt man *Isotopen*. Die Summe der Neutronen und Protonen eines Kerns ist seine *Massenzahl* (A).

$N = A - Z$ ist die Anzahl der Neutronen eines Kerns Z, die Anzahl der Protonen kennzeichnet seine *Ordnungszahl* im periodischen System. Die Ladung des Kerns beträgt Ze. Protonen und Neutronen gehören zu den *Nukleonen*. Die Nukleonen eines Atomkerns werden durch *Kernkräfte* zusammengehalten. Auch die Nukleonen eines Kerns befinden sich auf diskreten Energieniveaus. Kerne, deren Neutronen- oder Protonenzahl 2, 8, 20, 28, 50, 82 oder 120 beträgt, nennt man *magische Kerne*, die Zahlen selbst *magische Zahlen*. Magische Kerne zeichnen sich durch besondere Stabilität aus. Die Massendichte der Atomkerne liegt in der Größenordnung von $10^5\ \mathrm{kg/m^3}$, ihr Durchmesser bei $10^{-15}\ \mathrm{m}$. Der *Kernradius* läßt sich näherungsweise nach der Gleichung

$$r = 1{,}2\, A^{1/3}\ \mathrm{fm}$$

bestimmen, wobei A die Massenzahl ist.

Der *Kernspin* J setzt sich aus den Spins und Drehimpulsen der Nukleonen eines Kerns zusammen. Der Kernspin ist bei ungerader Nukleonenzahl ein ungeradzahliges Vielfaches von 0,5, bei gerader gleich Null oder ganzzahlig. Seine Werte liegen im Bereich unter 10-$\hbar$-Einheiten.

Einen Atomkern bezeichnet man mit dem chemischen Symbol des betreffenden Elements, seiner Massenzahl (hoch geschrieben) und der Ordnungszahl (im Index). Beispielsweise bedeutet ${}^{27}_{13}\mathrm{Al}$: Aluminium mit der Ordnungszahl 13 und der Massenzahl 27.

Die Kernkräfte nehmen mit der Entfernung stark ab. Die im Abstand von 10^{-15} m zwischen zwei Protonen wirkenden Kernkräfte sind 35-mal stärker als die Coulombsche Abstoßung bzw. 10^{38}-mal stärker als die Gravitationswechselwirkung.

In Abständen unter $0{,}7 \cdot 10^{-15}$ m wirken die Kernkräfte abstoßend, über $0{,}7 \cdot 10^{-15}$ m anziehend. Im Abstand von $2 \cdot 10^{-15}$ m sind sie wirkungslos. Sie werden durch elektrische Ladungen nicht beeinflußt und können abgesättigt werden (d.h. es kann nur eine begrenzte Anzahl von Nukleonen miteinander in Wechselwirkung stehen).

Die Kernkräfte bestehen aus drei Komponenten: die *zentrale Kraft*, die vom Nukleonenabstand abhängt, die *Spin-Spin-Wechselwirkung* und die *Spin-Bahn-Wechselwirkung*. Die letztgenannte Komponente tritt infolge der Bahnkrümmung beim Vorbeiflug eines Nukleons in der Nähe eines anderen auf. Die Abhängigkeit der den drei Komponenten entsprechenden potentiellen Energie vom Abstand zwischen den Nukleonen (gleicher Art) ist in Bild 7.2 veranschaulicht (für den Fall, daß $J \perp l$). Die Kraft ist gleich der Änderung der potentiellen Energie pro Längeneinheit.

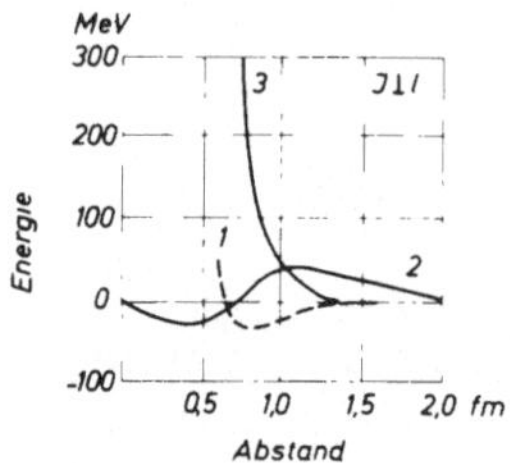

Bild 7.2

Kernkräfte-Komponenten bei gleichartigen Nukleonen (für den Fall $J \perp l$); Kurve 1: zentrale Kraft, Kurve 2: Spin-Spin-Wechselwirkung, Kurve 3: Spin-Bahn-Wechselwirkung

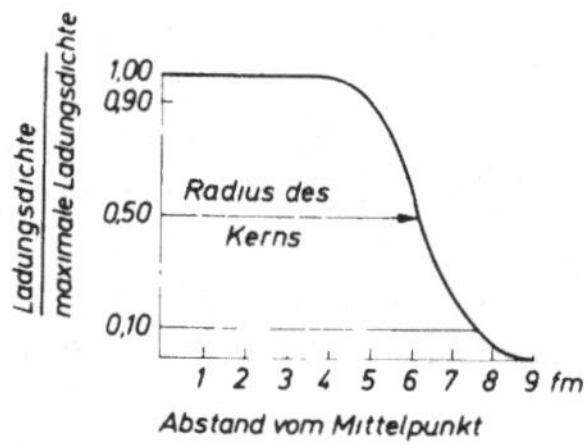

Bild 7.3

Ladungsverteilung im Goldkern

Die Größe und Form eines Kerns kann auf Grund der Streuung von Elektronen mit hoher Energie beurteilt werden.

Die elektrische Ladung ist in den Kernen ungleichmäßig verteilt; im Zentrum eines Kerns ist die Dichte konstant. Dieser Bereich ist von einer Schale umgeben, in der die Dichte nach außen abnimmt. Unter dem *Kernradius* versteht man den Abstand zwischen dem Mittelpunkt des Kerns und dem Bereich der Schale, in dem die Ladungsdichte die Hälfte des Maximalwertes hat.

Bild 7.3 zeigt graphisch die Ladungsverteilung im Goldkern.

Je nach der Anzahl und dem Verhältnis der Protonen und Neutronen können Kerne kugel-, zigarren- oder birnenförmig sein.

7.5. Kernumwandlungen

Die Masse eines Kerns ist stets kleiner als die Summe aus den Massen der Protonen und Neutronen, aus denen er besteht. Man bezeichnet diese Differenz als den *Massendefekt* des Kerns.

Die bei der Bildung eines Kerns aus Neutronen und Protonen frei werdende Energie nennt man die *Bindungsenergie* (W) des Kerns.

Man verwendet auch häufig die Große W/A, d.h. die auf ein Nukleon entfallende Bindungsenergie. Bei schweren Kernen beträgt W/A im Mittel $8 \cdot 10^6$ eV. Die Abhängigkeit von W/A von der Massenzahl zeigt Bild 7.4.

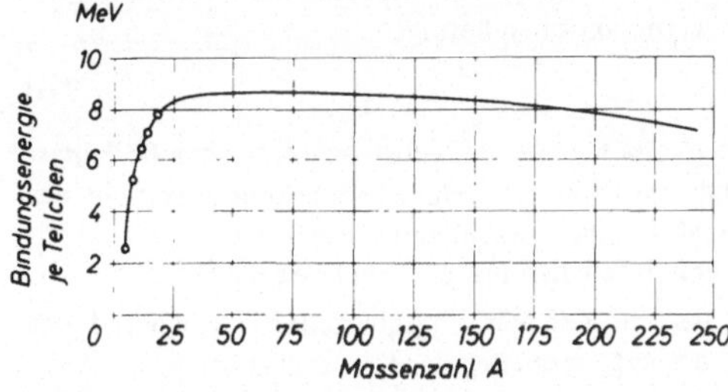

Bild 7.4
Abhangigkeit der auf 1 Nukleon entfallenden Bindungsenergie von der Massenzahl

Bestimmte schwere Kerne (Uran, Thorium, Radium) zerfallen spontan unter Bildung neuer Kerne und gleichzeitiger Emission von α-Teilchen, Elektronen und Photonen hoher Energie (γ-Strahlen; siehe das Spektrum elektromagnetischer Wellen). Diese Erscheinung nennt man *natürlichen radioaktiven Zerfall.*

Für den radioaktiven Zerfall gelten folgende Gesetzmäßigkeiten:

1. Der radioaktive Zerfall ist durch äußere Kräfte (Temperatur, Druck, chemische Wechselwirkung) nicht beeinflußbar.

2. α-Teilchen und γ-Quanten besitzen diskrete Energiebeträge, während β-Teilchen (Elektronen) unterschiedliche Energien haben können. Der β-Zerfall erfolgt unter Emission je eines Neutrinos und Antineutrinos.

3. Für den Zerfall gilt das folgende Gesetz

$$N = N_0 \, e^{-\lambda t} = N_0 \, 2^{-t/T}, \tag{7.5}$$

wobei N_0 die Anzahl der Kerne zur Zeit $t = 0$, N die Anzahl der Kerne zur Zeit t, T die *Halbwertszeit* (das ist die Zeitspanne in der die Hälfte der ursprünglich vorhandenen Kerne zerfallen ist), λ die *Zerfallskonstante* (λ entspricht der Wahrscheinlichkeit, mit der ein Kern innerhalb einer Sekunde zerfällt). Die Größe $\tau = 1/\lambda$ nennt man die *mittlere Lebensdauer* eines Kerns.

4. Durch den radioaktiven Zerfall kommt es zur Umwandlung der Elemente: durch α-Zerfall verringert sich die Ordnungszahl um 2; durch β-Zerfall nimmt sie um 1 zu (*Elektronenzerfall*) bzw. wird um 1 kleiner (*Protonenzerfall*). Diese Gesetzmäßigkeiten bezeichnet man als den *Fajans-Soddyschen Verschiebungssatz*.

Künstliche Kernumwandlungen werden durch Beschießen der Elemente mit Protonen, Neutronen, Deuterium- oder Heliumkernen, oder schwereren Kernen, aber auch durch γ-Strahlen erreicht. Die hierbei stattfindenden Kernumwandlungen bezeichnet man als *Kernreaktionen*. Durch Kernreaktionen erhält man auch radioaktive Isotope, die auf der Erde sonst nicht vorkommen. Der *künstliche radioaktive Zerfall* (Zerfall künstlich erzeugter, in der Natur nicht vorkommender Isotope) erfolgt im wesentlichen unter Emission von β-Teilchen, bzw. γ-Strahlen.

Die Anzahl K der bei der Beschießung eines Stoffes mit dem Teilchenstrom P pro Sekunde stattfindenden Kernreaktionen beträgt

$$K = \sigma n_0 P. \tag{7.6}$$

n_0 ist die Anzahl der Atome der beschossenen Substanz und σ der *Wirkungsquerschnitt* der Reaktion. σ hat die Dimension einer Fläche und entspricht der Wahrscheinlichkeit der Kernreaktion bei Beschießung eines Kerns mit einem Teilchenstrom mit der Dichte von 1 Teilchen pro cm^2 und Sekunde.

Bei schnellen Teilchen entspricht der Wirkungsquerschnitt annähernd der Querschnittsfläche des Kerns: $\sigma = \pi r_0^2$, wobei r_0 der Kernradius ist.

Die bei der *Spaltung eines schweren Kerns* auftretende Energie verteilt sich im Mittel wie folgt:

kinetische Energie der Neutronen	5 MeV
kinetische Energie der Spaltprodukte	165 MeV
Energie der γ-Strahlung	8 MeV
auf ein Neutrino entfallende Energie	11 MeV
Energie der Spaltprodukte (β-Zerfall und γ-Strahlung)	11 MeV

Kernumwandlungen, wie die Spaltung schwerer Kerne (z.B. ^{235}U) oder die *Fusion leichter Kerne* (z.B. Wasserstoff), werden zur Energiegewinnung verwendet. Die Fusion leichter Kerne erfolgt bei sehr hohen Temperaturen (in der Größenordnung von $10 \cdot 10^6 \ldots 100 \cdot 10^6$ K; *Thermonukleare Reaktionen*).

7.6. Welleneigenschaften der Teilchen

Jedes bewegte Teilchen besitzt *Welleneigenschaften*.

Beim Durchgang von Elektronen durch dünne Metallfolien erhält man Beugungsbilder, die denen von Röntgen- und γ-Strahlen entsprechen (Bild 7.5).

Bild 7.5
Beugung der Elektronen an einer dünnen Silberfolie

Für die Wellenlänge der Teilchen gilt (*de Broglie Wellenlängengleichung*)

$$\lambda = \frac{h}{m v}, \tag{7.7}$$

wobei m die Masse des Teilchens, v seine Geschwindigkeit und h das Plancksche Wirkungsquantum bedeuten.

7.7. Wechselwirkungen zwischen Kernstrahlung und Materie

Elektronen und Protonen. Die Grundformen ihrer Wechselwirkung mit Materie sind die *elastische* und die *unelastische Streuung* sowie die *Bremsung*.

Bei *unelastischer Streuung* kommt es zur Ionisation und Anregung der getroffenen Atome. Die Teilchen verlieren hierbei an Energie: Man spricht von *Ionisationsverlusten.*

Schnelle Elektronen werden durch Atomkerne gebremst, wobei eine Bremsstrahlung emittiert wird (z.B. Röntgenstrahlen). Die von den Elektronen abgegebene Energie bezeichnet man als *Strahlungsverluste*.

Die *Reichweite* der Elektronen in Materie wird durch die beiden genannten Arten an Energieverlusten bestimmt.

Elektronen werden durch Materie absorbiert. Für diese Absorption gilt das Gesetz

$$I_d = I_0 \, e^{-\mu d}. \tag{7.8}$$

I_0 ist die Intensität der Elektronenstrahlung vor dem Eindringen in Materie, I_d ihre Intensität nach dem Durchgang durch eine Materieschicht der Dicke d; μ ist der *lineare Absorptionskoeffizient* (in cm^{-1}), μ/ρ ist der *Massenabsorptionskoeffizient* (der von der Strahlungsquelle abhängt und fast nicht von der Substanz) und ρ die Dichte des Stoffes.

Atomkerne. Die Strahlungsverluste der Kerne sind gering. Wesentlich sind jedoch die *Ionisationsverluste*. Sie werden durch die Ladung und Geschwindigkeit der Teilchen bestimmt. So sind die Ionisationsverluste eines Protons und eines Elektrons bei gleicher Geschwindigkeit gleich groß. Die *Reichweite* der

Teilchen (mit gleicher Energie) hängt jedoch von ihrer Masse ab: sie ist für schwere Teilchen kürzer als für leichte. Die *Reichweite* (in m) *von α-Teilchen* in Luft (unter normalen Bedingungen) beträgt

$$R = 3{,}09 \cdot 10^{-3} W^{3/2}. \tag{7.9}$$

W ist die Energie der Teilchen in MeV (im Bereich zwischen 4 MeV und 7 MeV).

Neutronen. Die Wechselwirkung zwischen Neutronen und Atomkernen erfolgt durch Kernkräfte. Man unterscheidet zwischen *Streuung* und *Einfang*.

Auch bei Neutronen unterscheidet man zwischen elastischer und unelastischer Streuung. Unelastische Streuung andert die kinetische Energie der Teilchen.

Neutronen werden nach einigen Zusammenstößen schließlich von den Kernen eingefangen.

Gammastrahlung. Sie wird beim Durchgang durch Materie abgeschwächt entsprechend

$$I = I_0\, e^{-\mu d}, \tag{7.10}$$

wobei I_0 die Intensität der Strahlung vor dem Eintritt in eine Materieschicht der Dicke d, μ der *lineare Absorptionskoeffizient* bzw. μ/ρ der *Massenabsorptionskoeffizient* ist. Die wichtigsten Arten der Wechselwirkung zwischen Gammastrahlen und Materie sind die *Streuung an Elektronen*, die *photoelektrische Absorption* und die *Paarbildung*.

Man unterscheidet zwischen der kohärenten (bei Photonen mit Energien bis zu 10 keV) und der inkohärenten oder *Compton-Streuung*, auch *Compton-Effekt* genannt. Photonen mit hoher Energie werden hauptsächlich inkohärent gestreut, wobei es zur Verringerung der Frequenz und damit zur Verringerung der Energie kommt (Bild 7.6).

Die photoelektrische Absorption von Gammastrahlen, der *Photoeffekt*, beruht auf der Wechselwirkung zwischen den Photonen und den Elektronen der Atome; die Wahrscheinlichkeit der Absorption ist am hochsten, wenn die Energie des Photons nur sehr wenig größer ist als die Bindungsenergie des Elektrons.

Photonen mit Energien über $2\,m_e c^2$, wobei m_e die Masse des Elektrons und c die Lichtgeschwindigkeit ist, konnen sich in der Nähe eines Kerns in Teilchenpaare, bestehend aus einem Elektron und einem Positron, verwandeln, wodurch sekundär die Ionisation des Atoms bewirkt werden kann.

Der Gesamt-Absorptionskoeffizient beträgt

$$\mu = \sigma + \tau + \kappa. \tag{7.11}$$

σ, τ und κ sind die Absorptionskoeffizienten des Compton-Effekts, des Photoeffekts und der Paarbildung.

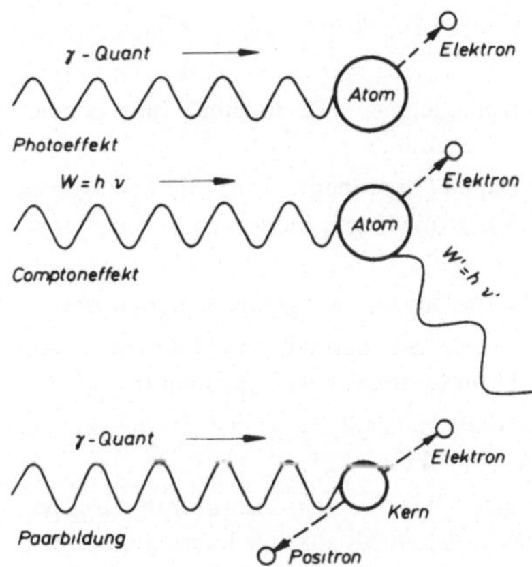

Bild 7.6
Die drei Grundvorgange bei der Schwachung der γ-Strahlung

7.8. Maßeinheiten der Radioaktivität und der ionisierenden Strahlung

Die *Einheit der Aktivität einer radioaktiven Substanz* ist die **reziproke Sekunde**, 1/s, d.h., es wird die Anzahl der Zerfälle pro Sekunde gemessen.

Die *Ionendosis* ist das Maß für die Intensität einer Strahlung auf Grund ihrer ionisierenden Wirkung auf Luft. Die *Einheit der Ionendosis* ist C/kg. Sie ist erreicht, wenn in 1 kg trockener Luft unter Normalbedingungen Ionen mit einer Gesamtladung von 1 C gebildet werden.

Die auf die Zeiteinheit bezogene Dosis nennt man *Ionendosisleistung* oder *Ionendosisrate*. Die *Einheit der Ionendosisleistung* ist A/kg.

Die von dem bestrahlten Stoff absorbierte Strahlungsenergie (jeder beliebigen Strahlung) nennt man *Energiedosis*. Die *Einheit der Energiedosis* ist J/kg.

Als Maß der biologischen Wirksamkeit ionisierender Strahlung dient die *Äquivalentdosis*. Ihre Einheit ist ebenfalls J/kg.

7.9. Einteilung der Elementarteilchen

Elementarteilchen können ganzzahligen (0 und 1) und halbzahligen (1/2) Spin besitzen. Teilchen mit halbzahligem Spin folgen dem *Pauli-Prinzip*, Teilchem mit ganzzahligem nicht.

Auf Grund der Masse der Teilchen unterscheidet man zwischen *Baryonen* (schwere Teilchen), *Mesonen* (mittelschwere Teilchen) und *Leptonen* (leichte Teilchen).

Jedem Elementarteilchen entspricht ein *Antiteilchen*. Teilchenpaare weisen folgende Eigenschaften auf:

1. Teilchen und Antiteilchen besitzen gleiche Massen, Spins und Lebensdauer.

2. Elektrische Ladungen, Baryonenzahlen (Leptonenzahlen) und Strangeness von Teilchen und Antiteilchen sind gleich groß, tragen jedoch entgegengesetzte Vorzeichen.

3. Die Zerfallsprodukte eines Teilchenpaares sind wiederum Teilchenpaare.

Die *Baryonenzahl* ist eine Quantenzahl. Sie beträgt für Nukleonen und Hyperonen + 1, für ihre Antiteilchen − 1, für Mesonen und Leptonen 0.

Die *Leptonenzahl* wurde analog zur Baryonenzahl eingeführt, sie beträgt für Leptonen + 1, für die entsprechenden Antiteilchen − 1.

Unter den verschiedenen Elementarteilchen konnen bestimmte Gruppen unterschieden werden, in denen sich die Teilchen bis auf ihre Ladung nur wenig unterscheiden (Spin, Masse). Man nennt solche Gruppen *Ladungsmultipletts*. Beispielsweise bilden Protonen und Neutronen oder π-Mesonen Ladungsmultipletts. Die Teilchen einer solchen Gruppe werden als verschiedene Zustände ein und desselben Partikels betrachtet.

Den Mittelwert aus den Teilchenladungen eines Multipletts bezeichnet man als das *Zentrum*, die mittlere elektrische Ladung, des Ladungsmultipletts. Für Nukleonen beträgt diese Zahl + 1/2, für π-Mesonen 0.

Die Zentren (mittleren Ladungen) der Ladungsmultipletts der Hyperonen sind relativ zu denen der Nukleonen verschoben. Die *Strangeness* ist eine Quantenzahl,die dem doppelten Wert dieser Differenz (der mittleren Ladungen) entspricht. Sie ist für π-Mesonen und Nukleonen gleich Null.

7.10. Umwandlungen von Teilchen

Elementarteilchen konnen sich bei verschiedenen Wechselwirkungen ineinander umwandeln. So verwandelt sich bei *schwacher Wechselwirkung* (die immerhin 10^{26}mal stärker ist als die Gravitationswechselwirkung) ein Neutron in ein Proton, ein Elektron und ein Antineutrino:

$$n \rightarrow p + e^- + \widetilde{\nu}.$$

Mesonen zerfallen wie folgt:

$$\mu^+ \rightarrow e^+ + \nu + \widetilde{\nu},$$
$$\mu^- \rightarrow e^- + \widetilde{\nu} + \widetilde{\nu},$$
$$\pi^+ \rightarrow \mu^+ + \nu,$$
$$\pi^- \rightarrow \mu^- + \widetilde{\nu}.$$

Beim Zusammenstoß eines Teilchens mit seinem Antiteilchen kommt es zu folgenden Umwandlungen:

Elektron + Positron → 2 γ-Quanten,
bzw. $e^- + e^+ \rightarrow 2\gamma$
Proton + Antiproton → 5 π-Mesonen,
bzw. $p + \widetilde{p} \rightarrow 2\pi^+ + 2\pi^- + \pi^0$.

Beim Bremsen von γ-Quanten mit hohen Energien kommt es zur *Paarbildung* (Elektron-Positron):

$\gamma = e^- + e^+$.

Die Wechselwirkung zwischen Teilchen und Antiteilchen und ihre Umwandlungen in andere Teilchen nennt man *Annihilation*. Bei Annihilation eines Elektrons und eines Positrons – die beide eine Ruhemasse besitzen – bilden sich Partikel (γ-Quanten) ohne Ruhemasse. Obgleich das Wort Annihilation „Vernichtung" bedeutet, kommt es in der Tat nur zu Umwandlungen von Materie, wobei der Satz von der Erhaltung von Masse und Energie und ihrer Äquivalenz streng gewahrt bleibt. Einige typische Beispiele für die Umwandlung von Elementarteilchen sind aus Tabelle 7.8 ersichtlich.

Tabellen und Diagramme

Die Energieniveaus des Wasserstoffatoms

Die Energieniveaus werden nach der Gleichung (7.2) berechnet, wobei n gleich 1, 2, 3, 4 usw. gesetzt wird. Die Frequenzen der Spektrallinien lassen sich, unter Verwendung des Niveauschemas, nach Gleichung (7.4) berechnen.

Bei Elektronenübergängen auf das Niveau mit der Hauptquantenzahl $n = 1$ wird eine Reihe von Linien ausgestrahlt, die man als *Lyman-Serie* bezeichnet (Bild 7.7); die Linien liegen im ultravioletten Bereich.

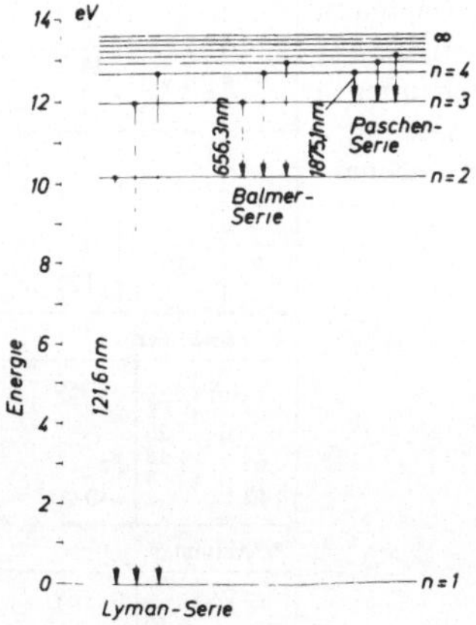

Bild 7.7
Schema der Energieniveaus bzw. Emissionsspektrum des Wasserstoffatoms

Tabelle 7.1
Das periodische System der Elemente

Bemerkung
Die Angaben in den einzelnen Kästchen der Tabelle bedeuten: das Symbol des Elements, die Ordnungszahl oder Atomnummer (Mitte oben); das Atomgewicht (links unten).
Die Zahlenreihe rechts bzw. links gibt die Anzahl der Elektronen in den einzelnen Schalen an, (von unten nach oben: *K*-, *L*-, *M*-, *N*-, *O*-, *P*- und *Q*-Schale).
Die Massenzahlen der stabilsten Isotope sind in eckigen Klammern angegeben, die am besten untersuchten sind mit * gekennzeichnet.

Perioden	Reihen	I	II	III	IV	V
1	I	1 **H** 1,00797 1				
2	II	3 **Li** 6,939 1 2	4 **Be** 9,0122 2 2	5 **B** 10,811 3 2	6 **C** 12,01115 4 2	7 **N** 14,0067 5 2
3	III	11 **Na** 22,9898 1 8 2	12 **Mg** 24,305 2 8 2	13 **Al** 26,9815 3 8 2	14 **Si** 28,086 4 8 2	15 **P** 30,9738 5 8 2
4	IV	19 **K** 39,102 1 8 8 2	20 **Ca** 40,08 2 8 8 2	21 **Sc** 44,956 2 9 8 2	22 **Ti** 47,90 2 10 8 2	23 **V** 50,942 2 11 8 2
	V	29 **Cu** 63,546 1 18 8 2	30 **Zn** 65,37 2 18 8 2	31 **Ga** 69,72 3 18 8 2	32 **Ge** 72,59 4 18 8 2	33 **As** 74,9216 5 18 8 2
5	VI	37 **Rb** 85,47 1 8 18 8 2	38 **Sr** 87,62 2 8 18 8 2	39 **Y** 88,905 2 9 18 8 2	40 **Zr** 91,22 2 10 18 8 2	41 **Nb** 92,906 1 12 18 8 2
	VII	47 **Ag** 107,868 1 18 18 8 2	48 **Cd** 112,40 2 18 18 8 2	49 **In** 114,82 3 18 18 8 2	50 **Sn** 118,69 4 18 18 8 2	51 **Sb** 121,75 5 18 18 8 2
6	VIII	55 **Cs** 132,905 1 8 18 18 8 2	56 **Ba** 137,34 2 8 18 18 8 2	57 **La** * 138,91 2 9 18 18 8 2	72 **Hf** 178,49 2 10 32 18 8 2	73 **Ta** 180,948 2 11 32 18 8 2
	IX	79 **Au** 196,967 1 18 32 18 8 2	80 **Hg** 200,59 2 18 32 18 8 2	81 **Tl** 204,37 3 18 32 18 8 2	82 **Pb** 207,19 4 18 32 18 8 2	83 **Bi** 208,980 5 18 32 18 8 2
7	X	87 **Fr** [223] 1 8 18 32 18 8 2	88 **Ra** [226] 2 8 18 32 18 8 2	89 **Ac** ** [227] 2 9 18 32 18 8 2	104 **Ku** [260] 2 10 32 32 18 8 2	

* Lantaniden

58 **Ce** 140,12 2 8 20 18 8 2	59 **Pr** 140,907 2 8 21 18 8 2	60 **Nd** 144,24 2 8 22 18 8 2	61 **Pm** [147]* 2 8 23 18 8 2	62 **Sm** 150,35 2 8 24 18 8 2	63 **Eu** 151,96 2 8 25 18 8 2	64 **Gd** 157,25 2 9 25 18 8 2

* Actiniden

90 **Th** 232,038 2 10 18 32 18 8 2	91 **Pa** [231] 2 9 20 32 18 8 2	92 **U** 238,03 2 9 21 32 18 8 2	93 **Np** [237] 2 8 23 32 18 8 2	94 **Pu** [244] 2 8 24 32 18 8 2	95 **Am** [243] 2 8 25 32 18 8 2	96 **Cm** [247] 2 9 25 32 18 8 2

					Gruppen
VI	VII				VIII
					2 **He** 4,0026 2
8 **O** 15,9994 6 2	9 **F** 18,9984 7 2				10 **Ne** 20,179 8 2
16 **S** 32,064 6 8 2	17 **Cl** 35,453 7 8 2				18 **Ar** 39,948 8 8 2
24 **Cr** 51,996 1 13 8 2	25 **Mn** 54,9380 2 13 8 2	26 **Fe** 55,847 2 14 8 2	27 **Co** 58,9332 2 15 8 2	28 **Ni** 58,71 2 16 8 2	
34 **Se** 78,96 6 18 8 2	35 **Br** 79,904 7 18 8 2				36 **Kr** 83,80 8 18 8 2
42 **Mo** 95,94 1 13 18 8 2	43 **Tc** [99]* 1 14 18 8 2	44 **Ru** 101,07 1 15 18 8 2	45 **Rh** 102,905 1 16 18 8 2	46 **Pd** 106,4 0 18 18 8 2	
52 **Te** 127,60 6 18 18 8 2	53 **J** 126,9044 7 18 18 8 2				54 **Xe** 131,30 8 18 18 8 2
74 **W** 183,85 2 12 32 18 8 2	75 **Re** 186,2 2 13 32 18 8 2	76 **Os** 190,2 2 14 32 18 8 2	77 **Ir** 192,2 2 15 32 18 8 2	78 **Pt** 195,09 1 17 32 18 8 2	
84 **Po** [210]* 6 18 32 18 8 2	85 **At** [210] 7 18 32 18 8 2				86 **Rn** [222] 8 18 32 18 8 2
(U)					

65 **Tb** 158,924 2 8 27 18 8 2	66 **Dy** 162,50 2 8 28 18 8 2	67 **Ho** 164,930 2 8 29 18 8 2	68 **Er** 167,26 2 8 30 18 8 2	69 **Tu** 168,934 2 8 31 18 8 2	70 **Yb** 173,04 2 8 32 18 8 2	71 **Lu** 174,97 2 9 32 18 8 2

97 **Bk** [247] 2 8 27 32 18 8 2	98 **Cf** [252]* 2 8 28 32 18 8 2	99 **Es** [254] 2 8 29 32 18 8 2	100 **Fm** [257] 2 8 30 32 18 8 2	101 **Md** [257] 2 8 31 32 18 8 2	102 **No** [255] 2 8 32 32 18 8 2	103 **Lw** [256] 2 9 32 32 18 8 2

Bei Übergängen auf das Niveau mit $n = 2$ wird die *Balmer-Serie* emittiert; vier Linien dieser Serie liegen im sichtbaren Spektral-Bereich, die übrigen im Ultraviolettbereich.

Übergänge auf das Niveau mit $n = 3$ führen zur Emission der *Paschen-Serie*, die im Infrarotbereich liegt.

Die in Bild 7.7 beim kürzesten Pfeil jeder Serie angegebenen Zahlen bedeuten die größte Wellenlänge der betreffenden Serie in nm.

Tabelle 7.2: Verteilung der Elektronen in Schalen und Unterschalen

Schale	Unterschale	Quantenzahlen				maximale Elektronenzahl
		n	l	m	s	
K	1 *s*	1	0	0	± 1/2	2
	2 *s*		0	0	± 1/2	2
L				− 1	± 1/2	
	2 *p*	2	1	0	± 1/2	6
				+ 1	± 1/2	
	3 *s*		0	0	± 1/2	2
				− 1	± 1/2	
	3 *p*		1	0	± 1/2	6
				+ 1	± 1/2	
M		3		− 2	± 1/2	
				− 1	± 1/2	
	3 *d*		2	0	± 1/2	10
				+ 1	± 1/2	
				+ 2	± 1/2	
	4 *s*		0	0	± 1/2	2
				− 1	± 1/2	
	4 *p*		1	0	± 1/2	6
				+ 1	± 1/2	
N		4		− 2	± 1/2	
				− 1	± 1/2	
	4 *d*		2	0	± 1/2	10
				+ 1	± 1/2	
				+ 2	± 1/2	
				− 3	± 1/2	
				− 2	± 1/2	
				− 1	± 1/2	
	4 *f*		3	0	± 1/2	14
				+ 1	± 1/2	
				+ 2	± 1/2	
				+ 3	± 1/2	

Tabelle 7.3: Hauptlinien des charakteristischen Röntgenspektrums einiger Elemente (*K*-Serie)

Element	Wellenlänge, pm		
	α_2	α_1	β
Aluminium	989,0		956,0
Blei	17,0	16,5	14,6
Chrom	229,4	229,0	208,5
Eisen	194,0	193,6	175,7
Germanium	125,8	125,4	112,9
Gold	18,5	18,0	15,9
Kobalt	179,3	178,9	162,1
Kupfer	154,4	154,1	139,2
Mangan	210,6	210,2	191,0
Nickel	166,2	165,8	150,0
Selen	110,9	110,5	99,2
Silicium	712,8	712,5	676,8
Uran	13,1	12,6	11,1
Wolfram	21,4	20,9	18,4
Zink	143,9	143,5	129,5

Tabelle 7.4: Kenndaten einiger radioaktiver Isotope

Element	Symbol des Isotops	Halbwertszeit	Energie der Strahlung, MeV	
			β-Teilchen	γ-Strahlen
Kohlenstoff	$^{14}_{6}C$	5 568 a	0,155	–
Natrium	$^{24}_{11}Na$	15,0 h	1,39	1,38; 2,76
Phosphor	$^{32}_{15}P$	14,3 d	1,71	–
Schwefel	$^{35}_{16}S$	87,1 d	0,167	–
Chlor	$^{36}_{17}Cl$	$3{,}1 \cdot 10^5$ Jahre	0,714	–
Calcium	$^{45}_{20}Ca$	152 d	0,254	–
Scandium	$^{46}_{21}Sc$	85 d	0,36	0,89; 1,12
Titan	$^{51}_{22}Ti$	5,8 min	2,13	0,32; 0,61; 0,93
Chrom	$^{51}_{24}Cr$	28 d	–	0,32; 0,57
Eisen	$^{55}_{26}Fe$	2,9 a	–	0,21
	$^{59}_{26}Fe$	45 d	0,46; 0,27	1,1; 1,29

Tabelle 7.4: Fortsetzung

Element	Symbol des Isotops	Halbwertszeit	Energie der Strahlung, MeV	
			β-Teilchen	γ-Strahlen
Kobalt	${}^{60}_{27}Co$	5,3 a	0,3	1,17; 1,33
Selen	${}^{75}_{34}Se$	127 d	–	0,2...0,4
Strontium	${}^{89}_{38}Sr$	51 d	1,46	–
Zirkonium	${}^{95}_{40}Zr$	65 d	0,36; 0,40; 0,88	0,23; 0,72; 0,57
Technetium	${}^{99}_{43}Tc$	$2{,}12 \cdot 10^5$ a	0,3	–
Silber	${}^{110}_{47}Ag$	270 d	0,087; 0,53 2,12; 2,86	0,1...2,5
	${}^{111}_{47}Ag$	7,5 d	0,7; 0,8; 1,0	0,25; 0,34
Cadmium	${}^{109}_{48}Cd$	470 d	–	0,087
	${}^{115}_{48}Cd$	43 d	0,7; 1,61	0,5...1,3
Antimon	${}^{115}_{51}Sb$	2,0 a	0,25; 0,34; 0,61; 0,82	0,08...0,72
Jod	${}^{131}_{53}J$	8,14 d	0,25; 0,34; 0,61; 0,82	0,08...0,72
Cäsium	${}^{137}_{55}Cs$	27 a	0,51; 1,17	0,66
Promethium	${}^{147}_{61}Pm$	2,6 a	0,22	0,121
Europium	${}^{155}_{63}Eu$	1,7 a	0,15; 0,24	0,06...0,132
Thulium	${}^{170}_{69}Tu$	129 d	0,88; 0,97	0,08
Hafnium	${}^{181}_{72}Hf$	46 d	0,4	0,004...0,62
Tantal	${}^{182}_{73}Ta$	111 d	0,53	0,06...1,6
Wolfram	${}^{185}_{74}W$	73,2 d	0,37; 0,43	0,056; 0,57; 0,77
Iridium	${}^{192}_{77}Ir$	74,4 d	0,10; 0,26; 0,54; 0,67	0,2...0,9
Gold	${}^{198}_{79}Au$	2,7 d	0,29; 0,96; 1,37	0,41...1,09
	${}^{199}_{79}Au$	3,15 d	0,29; 0,44; 0,47	0,05; 0,16; 0,21
Quecksilber	${}^{205}_{80}Hg$	5,6 min	1,8	0,23
Thallium	${}^{204}_{81}Tl$	4,1 a	0,77	–

Tabelle 7.5: Künstlich erzeugte Elemente

Ordnungs-zahl	Name	Symbol	Massenzahlen der Isotope	Halbwerts-zeit
61	Promethium	Pm	146...151; **147**	2,6 a
85	Astatin	At	**210**...219	8,3 h
87	Francium	F	219...**223**	23 min
93	Neptunium	Np	231...241; **237**	$2{,}2\cdot10^6$ a
94	Plutonium	Pu	236...246; **244**	$7{,}5\cdot10^7$ a
95	Americium	Am	240...246; **243**	$8\cdot10^3$ a
96	Curium	Cm	238...250; **247**	$8\cdot10^7$ a
97	Berkelium	Bk	243...250; **247**	700 a
98	Californium	Cf	244...254; **251**	660 a
99	Einsteinium	Es	247...255; **254**	~ 1 a
100	Fermium	Fm	250...256; **253**	4,5 a
101	Mendelevium	Md	255; **256**	30 min
102	Nobelium	No	255	~ 8 s
103	Lawrentium	Lw	257	~ 8 s
104	Kurchatovium	Ku	260	

Bemerkung: Die Massenzahlen der Isotope mit der längsten Halbwertszeit sind fett gedruckt.

Tabelle 7.6: Drehimpuls und magnetisches Moment einiger Kerne

Z	Kern	Massen-zahl	Dreh-impuls ($h/2\pi$)	magnetisches Moment in Kernmagnetonen
0	*n*	1	1/2	- 1,912 5
1	H	1	1/2	2,792 8
	D	2	1	0,856 5
2	He	3	1/2	- 2,131
		4	0	0
3	Li	6	1	0,821
		7	3/2	3,253 2
4	Be	9	3/2	- 1,176
5	B	11	3/2	2,686
6	C	12	0	0
		13	1/2	0,701
7	N	14	1	0,403
		15	1/2	0,280
8	O	16	0	0
17	Cl	35	5/2	1,368
80	Hg	199	1/2	0,5
		201	3/2	- 0,6

Bemerkung: Das Minuszeichen besagt, daß die Richtung des magnetischen Moments dem Drehimpuls entgegengesetzt ist.

Tabelle 7.7: Elementarteilchen

Teilchen	Symbol	Ladung in e	Ruhemasse MeV	Spin	Baryonenzahl	Strangeness	mittlere Lebensdauer, s	häufigste Zerfallsprodukte
Hyperonen								
Xi-minus	Ξ^-	-1	1 319	1/2	+1	-2	$2 \cdot 10^{-10}$	$\pi^- + \Lambda$
Xi-Null	Ξ^0	0	1 311	1/2	+1	-2	$2 \cdot 10^{-10}$	$\pi^0 + \Lambda$
Sigma-minus	Σ^-	-1	1 196	1/2	+1	-1	$1{,}6 \cdot 10^{-10}$	$\pi^- + n$
Sigma-Null	Σ^0	0	1 192	1/2	+1	-1	10^{-20}	$\nu + \Lambda$
Sigma-plus	Σ^+	+1	1 190	1/2	+1	-1	$0{,}8 \cdot 10^{-10}$	$\pi^+ + n$ $\pi^0 + p$
Lambda	Λ	0	1 115	1/2	+1	-1	$2{,}5 \cdot 10^{-10}$	$\pi^- + p$
Nukleonen								
Neutron	n	0	940	1/2	+1	0	$1{,}0 \cdot 10^3$	$e^- + \nu + p$
Proton	p	+1	938	1/2	+1	0	stabil	
Mesonen								
K-Null	K^0	0	498	0	0	+1	$1 \cdot 10^{-10}$ $\ldots 6 \cdot 10^{-8}$	$\pi^+ + \pi^-$ $\pi^0 + \pi^0$ $\pi^+ + \pi^- + \tilde{\nu}$
K-plus	K^+	+1	494	0	0	+1	$1{,}2 \cdot 10^{-8}$	$\mu^+ + \nu$ $\pi^+ + \pi^0$
Pi-plus	π^+	+1	140	0	0	0	$2{,}6 \cdot 10^{-8}$	$\mu^+ + \nu$
Pi-Null	π^0	0	135	0	0	0	10^{-15}	$\gamma + \gamma$
Photon	γ	0	0	1	0	0	stabil	–
Leptonen								
My-minus	μ^-	-1	106	1/2	0	–	$2{,}26 \cdot 10^{-6}$	$e^- + \nu + \tilde{\nu}$
Elektron	e^-	-1	0,511	1/2	0	–	stabil	–
Neutrino	ν	0	0	1/2	0	–	stabil	–

Tabelle 7.8: Emissionsquellen von Elementarteilchen und Detektoren

Teilchen	Emissionsquelle	gemessene Größe bzw. beobachtetes Phänomen	Detektor
$\tilde{\nu}$	Kernreaktor	$p + \tilde{\nu} = n + e^+$ e^+-Annihilation, n-Einfang	Zählrohr
e^-	Kathodenstrahl-röhre	Verhaltnis Lage zu Masse	Fluoreszenzschirm
e^+	kosmische Strahlen	Verhältnis Lage zu Masse	Wilsonsche Kamera
μ^+, μ^-	kosmische Strahlen	bei Durchgang durch Blei konnte keine Absorption beobachtet werden, zerfällt im Ruhezustand	Wilsonsche Kamera
π^+	kosmische Strahlen	Zerfall im Ruhezustand	Photoemulsion
π^-	kosmische Strahlen	Kern-Wechselwirkung im Ruhezustand	Photoemulsion
π^0	Teilchen-beschleuniger	Zerfall mit Neutrino-bildung	Zählrohr
K^+	kosmische Strahlen	Zerfall	Photoemulsion
K^-	kosmische Strahlen	Kern-Wechselwirkung im Ruhezustand	Photoemulsion
K^0	kosmische Strahlen	Zerfall in π^+ und π^-	Wilsonsche Kamera
n	Polonium-Beryllium-Quelle (Neutronen-Kanone)	Masse	Ionisationskammer
$\tilde{p}$	Teilchen-beschleuniger	Verhältnis Ladung zu Masse, sowie Annihilation	Zählrohr
$\tilde{n}$	Teilchen-beschleuniger	Annihilation	Zahlrohr
Λ^0	kosmische Strahlen	Zerfall in p und π^-	Wilsonsche Kamera
$\tilde{\Lambda}^0$	Teilchen-beschleuniger	Zerfall in p und π^+	Photoemulsion
Σ^+	kosmische Strahlen	Zerfall im Ruhezustand	Photoemulsion
Σ^-	Teilchen-beschleuniger	Zerfall in π^- und n	Diffusionskammer
Σ^0	Teilchen-beschleuniger	Zerfall in Λ^0 und γ	Blasenkammer
Ξ^-	kosmische Strahlen	Zerfall in π^- und Λ^0	Wilsonsche Kamera
Ξ^0	Teilchen-beschleuniger	Zerfall in π^0 und Λ^0	Blasenkammer
ν	Teilchen-beschleuniger	$\pi \rightarrow \mu^+ + \nu$ $\nu + n \rightarrow p + \mu^-$	Szintillationszähler

Tabelle 7.9: Neutronen – Wirkungsquerschnitt

In der ersten Spalte sind die Elemente genannt, auf die sich der Wirkungsquerschnitt bezieht, in der zweiten Spalte der gesamte Wirkungsquerschnitt (der Streuung und der Absorption) für schnelle Neutronen (3...10 MeV); in der dritten bis fünften Spalte ist der Wirkungsquerschnitt (in $10^{-28} m^2$) für thermische Neutronen (0,025 eV) angeführt; es bedeuten σ_S den Wirkungsquerschnitt der Streuung, σ_{Ab} den der Absorption und σ_A den der Aktivierung (der Bildung eines neuen Elements).

Element	schnelle Neutronen 10^{-28} m²	thermische Neutronen		
		σ_S 10^{-28} m²	σ_{Ab} 10^{-28} m²	σ_A 10^{-28} m²
H	0,9	38 (H_2)	0,33	–
He	1,4	0,8	–	–
Al	1,7	1,4	0,23	0,23
Fe	3,0	11,4	2,53	0,003
Ni	3,2	17,5	4,6	0,03
Cu	3,2	7,8	3,7	0,64; 2,9
Ge	3,4	9	2,4	0,002; 0,02; 0,2; 0,6
Cd	4,3	7	2600	0,1; 0,3; 0,04
Hg	4,8	21	380	0,025; 1,0
Pb	4,7	11,4	0,17	0,0003
Th-232	7,2	12,6	7,4	7,4
U	5,2	8,3	7,68	2,73; 0,76
U-235	1,3	–	687	107; 580 (Spaltung)
Pu-239	2,0	–	1065	315; 750 (Spaltung)

Bemerkung: In der letzten Spalte sind bei einigen Elementen σ_A-Werte für verschiedene Isotope angegeben; für Uran-235 und Plutonium-239 ist der Wirkungsquerschnitt der Spaltungsreaktion angegeben.

Tabelle 7.10: Massenabsorptionskoeffizienten für Röntgenstrahlen (μ/ρ, m²/kg)

Wellenlänge nm	Element							
	C	N	O	Al	Fe	Cu	Ag	Pb
0,02	0,0167	0,0177	0,0183	0,027	0,106	0,145	0,54	0,46
0,04	0,0243	0,034	0,0336	0,105	0,71	1,0	3,7	3,3
0,06	0,040	0,073	0,0730	0,33	2,35	3,2	1,7	7,7
0,08	0,080	0,151	0,153	0,73	5,07	7,1	3,9	14,7
0,10	0,140	0,26	–	1,40	9,5	13,4	7,1	7,7
0,12	0,25	–	–	2,4	17,0	21,8	12,0	12,8
0,14	0,39	–	–	3,6	27,0	4,2	17,4	18,0
0,16	0,58	–	–	5,5	39,0	6,0	25,0	25,8
0,18	0,79	–	–	7,9	6,1	8,5	35,4	36,0
0,20	1,00	–	–	10,6	7,8	11,9	43,6	–

Tabelle 7.11: Massenabsorptionskoeffizienten für Elektronen in Aluminium

Energie, eV	μ/ρ m^2/kg	Energie, eV	μ/ρ m^2/kg
$9 \cdot 10^2$	$2,5 \cdot 10^5$	$1,0 \cdot 10^5$	13
$5,8 \cdot 10^3$	$1,5 \cdot 10^4$	$2,0 \cdot 10^5$	2,9
$1,05 \cdot 10^4$	$3,5 \cdot 10^3$	$4,6 \cdot 10^5$	0,9
$4,66 \cdot 10^4$	$7,4 \cdot 10^1$	$6,6 \cdot 10^5$	0,6

Tabelle 7.12: Maximale zulässige Bestrahlungsdosen

Die Gefahr einer inneren Bestrahlung hängt vom betroffenen Organ ab. Ein Organ wird als kritisch bezeichnet, wenn die Anreicherung radioaktiver Substanzen in ihm zur ernsthaften Schädigung des gesamten Organismus führt. Vom medizinischen Gesichtspunkt unterscheidet man drei Gruppen kritischer Organe:

1. Gruppe: der gesamte Körper, Gonaden, Augenlinsen und blutbildende Organe;
2. Gruppe: Muskeln, Fettgewebe, Leber, Nieren, Bauchspeicheldrüse, Vorsteherdrüse, Magen-Darmtrakt und Lungen;
3. Gruppe: Haut, Schilddrüse und Knochen.

betroffene Bevölkerungsgruppe	äußere Bestrahlung		innere Bestrahlung					
			1. Gruppe		2. Gruppe		3. Gruppe	
	$\frac{mJ}{kg}$ Woche	$\frac{mJ}{kg}$ Jahr	$\frac{mJ}{kg}$ Woche	$\frac{mJ}{kg}$ Jahr	$\frac{mJ}{kg}$ Woche	$\frac{mJ}{kg}$ Jahr	$\frac{mJ}{kg}$ Woche	$\frac{mJ}{kg}$ Jahr
beruflich mit Radioaktivität Beschäftigte	1	50	1	50	3	150	6	300
Anwohner von Kernkraftwerken und ähnlichen Anlagen	0,1	5	0,1	5	0,3	15	0,6	30
gesamte Bevölkerung	0,01	0,5	0,01	0,5	0,1	5	0,2	10

In allen Fällen darf die Gesamtdosis während 30 Jahren 600 mJ/kg nicht überschreiten.

Tabelle 7.13: Reichweite von α-Teilchen in Luft, biologischem Gewebe und Aluminium

Energie MeV	in Luft cm	in Gewebe μm	in Aluminium μm
4,0	2,5	31	16
5,0	3,5	43	23
6,0	4,6	56	30
7,0	5,9	72	38
8,0	7,4	91	48
9,0	8,9	110	58
10,0	10,6	130	69

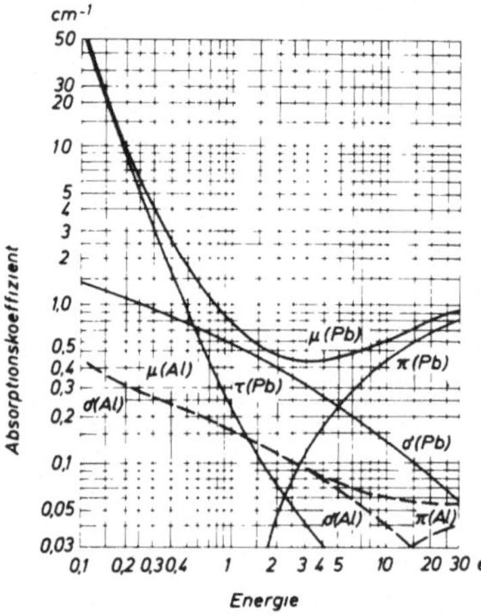

Bild 7.8

Absorption von γ-Strahlen in Blei bzw. Aluminium. Der Gesamtabsorptionskoeffizient der γ-Strahlen ist gleich: $\mu = \sigma + \tau + \kappa$, wobei σ, τ und κ die Absorptionskoeffizienten bei Compton-Streuung, photoelektrischer Absorption und Paarbildung in Blei (Pb) und Aluminium (Al) darstellen. Auf der Abszisse sind die Energien (in MeV) auf der Ordinate die dazugehörigen Absorptionskoeffizienten (in cm^{-1}) aufgetragen; beide Skalen sind logarithmisch eingeteilt

Bindungsenergie der Nukleonen in verschiedenen Kernen

Bild 7.9 stellt die Änderung der *Bindungsenergie* pro Nukleon in MeV (Ordinate) mit zunehmender Massenzahl des Kerns dar. Den Bindungsenergien der leichten Kerne entsprechen die einzelnen Punkte im Diagramm; die anschließende kontinuierliche Kurve ist aus Mittelwerten von Isobaren konstruiert. Der Kurvenverlauf entspricht den experimentellen Befunden.

Die Kurve in der Mitte des Bildes zeigt die experimentell ermittelten Bindungsenergien von Kernen mit Massenzahlen zwischen 50 und 100 (bei gestrecktem Ordinaten-Maßstab).

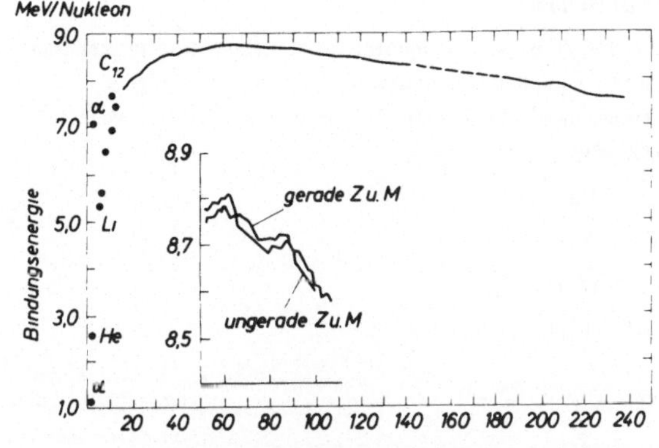

Bild 7.9
Bindungsenergien der Kerne

Kernenergie kann entweder durch Spaltung schwerer Kerne oder durch Fusion leichter Kerne frei gemacht werden. In beiden Fällen erhält man neue Kerne mit größerer Bindungsenergie, als sie die Ausgangskerne besaßen.

Kernreaktionen

Kernreaktionen laufen unter Abgabe oder Aufnahme von Energie ab.

In den unten angeführten Reaktionsgleichungen bedeuten die Zahlen auf der linken Seite die absorbierte, auf der rechten Seite die frei gewordene Energie in MeV:

1. ${}^{14}_{7}N + {}^{4}_{2}He + 1{,}1 = {}^{17}_{8}O + {}^{1}_{1}H$,
2. ${}^{17}_{3}Li + {}^{1}_{1}H = 2\,{}^{4}_{2}He + 17{,}3$,
3. ${}^{27}_{13}Al + {}^{4}_{2}He + 28{,}2 = {}^{30}_{15}P + {}^{1}_{0}n$,
4. ${}^{14}_{7}N + n = {}^{14}_{6}C + {}^{1}_{1}H + 0{,}6$,
5. ${}^{27}_{13}Al + {}^{12}_{6}C = {}^{34}_{17}Cl + {}^{4}_{2}He + {}^{1}_{0}n + 28{,}2$,
6. ${}^{232}_{90}Th + {}^{1}_{0}n \rightarrow {}^{233}_{90}Th$

   ${}^{233}_{90}Th \rightarrow {}^{233}_{91}Pa + e^{-}$

   ${}^{233}_{91}Pa \rightarrow {}^{233}_{92}U + e^{-}$

Bemerkungen

1. Die Pfeile in den Gleichungen bedeuten, daß die Reaktion spontan vor sich geht.
2. Bei Spaltung eines Urankerns werden etwa 200 MeV frei; aus 1 g Uran können $2 \cdot 10^3$ kWh gewonnen werden.

Fusion von Wasserstoff zu Helium

Die *Fusion von Wasserstoff* ist von eminenter theoretischer und praktischer Bedeutung, da hierbei große Energien frei werden.

Im folgenden sind einige mogliche Reaktionen aufgezeigt. Die frei werdende Energie ist in MeV angegeben:

1. ${}^{2}_{1}H + {}^{2}_{1}H \rightarrow {}^{4}_{2}He + \gamma + 23{,}8$
2. ${}^{2}_{1}H + {}^{1}_{1}H \rightarrow {}^{3}_{2}He + \gamma + 5{,}4$
3. ${}^{3}_{2}He + {}^{1}_{1}H \rightarrow {}^{4}_{2}He + e^{+} + 18{,}7$

   ${}^{3}_{2}He + {}^{1}_{3}H \rightarrow {}^{4}_{2}He + {}^{2}_{1}H + 14{,}3$

Kernsynthesen

Kernsynthesen sind nur bei äußerst hohen Temperaturen (zwischen 10^7 K und 10^8 K) möglich. Folgende Beispiele seien genannt:

1. ${}^{12}_{6}C + {}^{1}_{1}H \rightarrow {}^{13}_{7}N + \gamma + 1{,}9$,
2. ${}^{13}_{7}N \rightarrow {}^{13}_{6}C + e^{+} + 1{,}2$,
3. ${}^{13}_{6}C + {}^{1}_{1}H \rightarrow {}^{14}_{7}N + 7{,}5$,
4. ${}^{14}_{7}N + {}^{1}_{1}H \rightarrow {}^{15}_{8}O + \gamma + 7{,}3$,
5. ${}^{15}_{8}O \rightarrow {}^{15}_{7}N + e^{+} + 1{,}7$,
6. ${}^{15}_{7}N + {}^{1}_{1}H \rightarrow {}^{12}_{6}C + {}^{4}_{2}He + 4{,}9$.

Anhang

A.1. Häufig vorkommende Zahlen

$\pi = 3{,}141\,593$	$\sqrt{\pi} = 1{,}772\,45$	$1^\circ = 0{,}017\,453$ rad
$4\pi = 12{,}566\,37$	$e = 2{,}718\,282$	$1' = 0{,}000\,291$ rad
$2/\pi = 0{,}636\,62$	$\sqrt{2} = 1{,}414\,21$	$1'' = 0{,}000\,004\,8$ rad
$\pi^2 = 9{,}869\,60$	$\sqrt{3} = 1{,}732\,05$	

A.2. Gleichungen für Näherungsrechnungen

Die Ungleichungen zeigen die Grenzen auf, innerhalb derer sich x bewegen darf, soll der Fehler der Näherungsrechnung 0,1 % nicht übersteigen.

$\frac{1}{1+x} = 1 - x$	$-0{,}031 < x < +0{,}031$
$\sqrt{1+x} = 1 + \frac{1}{2}x$	$-0{,}085 < x < +0{,}093$
$\frac{1}{\sqrt{1+x}} = 1 - \frac{1}{2}x$	$-0{,}052 < x < +0{,}052$
$\sin x = x$	$-0{,}077 < x < +0{,}077$
$e^x = 1 + x$	$-0{,}045 < x < +0{,}045$

A.3. Grundbegriffe der Fehlerrechnung

Jede Messung kann nur bis zu einem gewissen Grad genau durchgeführt werden.

Die Genauigkeit einer Messung wird durch jenen Teil des Maßes bestimmt, bis auf den mit Sicherheit exakt gemessen werden kann. Jede Messung ist mit einem *zufälligen Fehler* behaftet. Man kann ihn verringern, indem man die Messung einige Male wiederholt und aus den erhaltenen Werten das arithmetische Mittel bildet.

Wird beispielsweise die Größe A insgesamt n-mal gemessen, wobei $A_1, A_2 \ldots A_n$ die einzelnen Meßwerte darstellen, so beträgt der Mittelwert $\bar{A}$ dieser Meßreihe:

$$\bar{A} = \frac{A_1 + A_2 + \ldots + A_n}{n}.$$

Die *Abweichung* $\Delta A_i = |\bar{A} - A_i|$ des einzelnen Meßwertes vom Mittelwert nennt man den *absoluten Fehler* der Messung. Die Größe

$$\Delta A = \frac{\Delta A_1 + \Delta A_2 + \ldots + \Delta A_n}{n}$$

bezeichnet man als den *mittleren absoluten Meßfehler*.

Für gewöhnlich gilt $\bar{A} - \Delta A < A < \bar{A} + \Delta A$.

Der Quotient $\Delta A/\bar{A}$ wird *mittlerer relativer Fehler* genannt; er wird häufig in Prozent ausgedrückt.

Ein Untersuchungsergebnis kann nur selten durch Messung einer einzigen Größe gewonnen werden. Meist müssen mehrere Größen bestimmt werden, aus denen schließlich die gesuchte Größe berechnet werden kann. In Tabelle A.1 sind die Gleichungen für die Ermittlung des absoluten und des relativen Fehlers von Ergebnissen angeführt.

Tabelle A.1

Gleichung	absoluter Fehler	relativer Fehler	Gleichung	absoluter Fehler	relativer Fehler
$A + B$	$\Delta A + \Delta B$	$\frac{\Delta A + \Delta B}{\lvert A + B\rvert}$	$\frac{A}{B}$	$\frac{B\,\Delta A + A\,\Delta B}{B^2}$	$\frac{\Delta A}{\lvert A\rvert} + \frac{\Delta B}{\lvert B\rvert}$
$A - B$	$\Delta A + \Delta B$	$\frac{\Delta A + \Delta B}{\lvert A - B\rvert}$	A^n	$n A^{n-1} \Delta A$	$n \frac{\Delta A}{\lvert A\rvert}$
$A \cdot B$	$A \cdot \Delta B + B\,\Delta A$	$\frac{\Delta A}{\lvert A\rvert} + \frac{\Delta B}{\lvert B\rvert}$	$\sqrt[n]{A}$	$\frac{1}{n} A^{\frac{1-n}{n}} \Delta A$	$\frac{1}{n} \frac{\Delta A}{\lvert A\rvert}$
$\sin A$	$\lvert\cos A\rvert\, \Delta A$	$\lvert\cot A\rvert\, \Delta A$	$\cos A$	$\lvert\sin A\rvert\, \Delta A$	$\lvert\tan A\rvert\, \Delta Y$

Beispiel: Zur Bestimmung der Dichte eines Festkörpers müssen Volumen und Masse gemessen werden. Konnte das Volumen auf 1,5 %, die Masse auf 1 % genau gemessen werden, so beträgt der relative Fehler der Dichtebestimmung 2,5 %. Es gilt

$$\left(\overline{\frac{m}{V}}\right)(1 - 0{,}025) < \frac{m}{V} < \left(\overline{\frac{m}{V}}\right)(1 + 0{,}025).$$

A.4. Vorsilben zur Bezeichnung von Bruchteilen bzw. Vielfachen von Einheiten

Tera	T	10^{12}	Milli	m	10^{-3}
Giga	G	10^{9}	Mikro	μ	10^{-6}
Mega	M	10^{6}	Nano	n	10^{-9}
Kilo	k	10^{3}	Piko	p	10^{-12}
Dezi	d	10^{-1}	Femto	f	10^{-15}
Centi	c	10^{-2}	Atto	a	10^{-18}

A.5. Wichtige Maßeinheiten

Masse	Kilogramm	kg	
	Tonne	10^3 kg	
Kraft	Newton	N	
Länge	Meter	m	
	Seemeile	sm	1 sm = 1852 m
Zeit	Sekunde	s	
	Minute	min	1 min = 60 s
	Stunde	h	1 h = 3 600 s
Druck	Pascal	Pa	1 Pa = 1 N/m^2
	Bar	bar	1 bar = 10^5 Pa
Temperatur	Kelvin	K	
	Grad Celsius	°C	1 °C = 1 K
Arbeit und Energie	Joule	J	1 J = 1 Nm
Leistung	Watt	W	1 W = 1 J/s 1 W = 1 Nm/s
Frequenz	Hertz	Hz	1 Hz = 1/s
Stromstärke	Ampere	A	
Spannung	Volt	V	1 V = 1 W/A
elektrischer Leitwert	Siemens	S	1 S = 1 A/V 1 S = 1/Ω
elektrischer Widerstand	Ohm	Ω	1 Ω = 1 V/A
elektrische Ladung	Coulomb	C	1 C = 1 As
elektrische Kapazität	Farad	F	1 F = 1 As/V
magnetischer Fluß	Weber	Wb	1 Wb = 1 Vs
Induktion	Tesla	T	1 T = 1 Vs/m^2
Induktivität	Henry	H	1 H = 1 A/m
Stoffmenge	Mol	mol	
atomare Masse	Unit	u	1 u = $1{,}660\,53 \cdot 10^{-27}$ kg
atomphysikalische Energie	Elektronenvolt	eV	1 eV = $1{,}602\,19 \cdot 10^{-19}$ J
Lichtstärke	Candela	cd	
Lichtstrom	Lumen	lm	1 lm = 1 cd sr
Beleuchtungsstärke	Lux	lx	1 lx = 1 lm/m^2

A.6. Universelle physikalische Konstanten

Gravitationskonstante	$\gamma = 6{,}67 \cdot 10^{-11}\,\mathrm{m^3/kg\,s^2}$
Gaskonstante	$R = 8{,}314\,3 \cdot 10^3\,\mathrm{J/K\,kmol}$
Faradaysche Konstante	$F = 9{,}648\,70 \cdot 10^4\,\mathrm{C/mol}$
Avogadrosche Konstante	$N_A = 6{,}022\,52 \cdot 10^{23}\,\mathrm{1/mol}$
Boltzmann-Konstante	$k = 1{,}380\,54 \cdot 10^{-23}\,\mathrm{J/K}$
Masse des Wasserstoffatoms	$m_H = 1{,}673\,43 \cdot 10^{-27}\,\mathrm{kg}$
Ruhemasse des Protons	$m_p = 1{,}672\,52 \cdot 10^{-27}\,\mathrm{kg}$
Ruhemasse des Neutrons	$m_n = 1{,}674\,82 \cdot 10^{-27}\,\mathrm{kg}$
Ruhemasse des Elektrons	$m_e = 9{,}109\,1 \cdot 10^{-31}\,\mathrm{kg}$
Elementarladung	$e = 1{,}602 \cdot 10^{-19}\,\mathrm{C}$
Lichtgeschwindigkeit im Vakuum	$c = 2{,}997\,93 \cdot 10^8\,\mathrm{m/s}$
Wiensche Konstante	$b = 2{,}897\,8 \cdot 10^{-3}\,\mathrm{m\,K}$
Plancksche Konstante	$h = 6{,}625\,6 \cdot 10^{-34}\,\mathrm{J\,s}$
Stefan-Boltzmann-Konstante	$\sigma = 5{,}669\,7 \cdot 10^{-8}\,\mathrm{W/m^2\,K^4}$
Rydberg-Konstante für Wasserstoff	$R_H = 1{,}096\,775\,76 \cdot 10^7 \cdot \mathrm{1/m}$
Rydberg-Konstante für Deuterium	$R_D = 1{,}097\,074\,19 \cdot 10^7 \cdot \mathrm{1/m}$
Bohrsches Magneton	$\mu_B = 9{,}273\,2 \cdot 10^{-24}\,\mathrm{J/T}$
Kernmagneton	$\mu_K = 5{,}050\,5 \cdot 10^{-27}\,\mathrm{J/T}$

A.7. Grundgleichungen für den Elektromagnetismus

Name der Gleichung	Gleichung
Coulombsches Gesetz	$F = \frac{Q_1 Q_2}{4\pi \epsilon_0 \epsilon_r r^2}$
Feldstärke einer punktförmigen Ladung	$E = \frac{Q}{4\pi \epsilon_0 \epsilon_r r^2}$
Feldstärke eines Plattenkondensators	$E = \frac{\sigma}{\epsilon_0 \epsilon_r}$
Kraft, die auf eine Ladung im elektrischen Feld wirkt	$F = QE$
Verschiebungsarbeit im elektrischen Feld	$W = QU$
Kapazitat	$C = \frac{Q}{U}$
Kapazität eines Plattenkondensators	$C = \frac{\epsilon_0 \epsilon_r A}{d}$

Name der Gleichung	Gleichung
elektrisches Dipolmoment	$p = Q l$
Energiedichte eines elektromagnetischen Feldes	$w = \frac{\mu_r \mu_0 H^2}{2} + \frac{\epsilon \epsilon_0 E^2}{2}$
Ohmsches Gesetz	$I = \frac{U}{R}$
Leistung des elektrischen Stroms	$P = I U$
elektrischer Widerstand	$R = \rho \frac{l}{A}$
Wechselwirkung langer paralleler stromführender Leiter	$F = \frac{\mu_r \mu_0 I_1 I_2 l}{2 \pi r}$
magnetischer Fluß	$\Phi = B A$
Biot-Savart-Laplacesches Gesetz	$\Delta H = \frac{I \Delta l \sin \alpha}{4 \pi r^2}$
magnetische Feldstärke	$H = \frac{I}{2 \pi r}$
Ampèresches Gesetz	$\Delta F = B I \Delta l \sin \alpha$
Lorentz-Kraft	$F = Q v B \sin \alpha$
Gesetz der elektromagnetischen Induktion	$E = - \frac{\Delta \Phi}{\Delta t}$
Induktivität eines Solenoids	$L = \frac{\mu_r \mu_0 n^2 A}{l}$
Thomsonsche Gleichung	$T = 2 \pi \sqrt{LC}$
reaktiver (induktiver und kapazitiver) Widerstand	$R_{LC} = \omega L - \frac{1}{\omega C}$
Strahlungsdichte elektromagnetischer Wellen (Poynting-Vektor)	$S = E H$
Lichtgeschwindigkeit	$c = \frac{1}{\sqrt{\mu_r \mu_0 \epsilon \epsilon_0}}$

Sachwortverzeichnis

Die kursiv (schrag) gesetzten Seitenzahlen verweisen auf die Abschnitte „Tabellen und Diagramme"

(College Physics).
(Deutsche Fassung erarbeitet von Joachim Grehn, Gerd Harbeck und Peter Wessels.) Mit 805 Abb. – Braunschweig: Vieweg 1973. XV, 665 S. 21 X 28 cm gbd. 68,– DM

ISBN 3 528 08350 6

Preisanderungen vorbehalten

Im "Physical Science Study Committee" schlossen sich 60 namhafte Forscher und Physiklehrer der USA zusammen und entwickelten das Lehrbuch "Physics".

Es soll die Physik im Wechselspiel von Theorie und Experiment herleiten und dem Schüler oder Studenten der Physik und Technik eine solide Grundlage für ein physikalisches Studium vermitteln. Besonderer Wert wurde vor allem auf physikalisches Verständnis gelegt. Die mathematischen Ansprüche sind daher relativ gering.

Das Buch vermittelt auf einzigartige Weise einen Einblick in den Modellcharakter der Physik und Verständis für Sinn und Tragweite physikalischer Prinzipien und Gesetze. Es bietet eine Fülle von didaktischen Motivationen. Das Vertrautsein seiner Autoren mit Forschung und Lehre ist dem Buch auf jeder Seite anzumerken. Es ist in sich geschlossen konzipiert, kann aber auch in Teilen verwendet werden. Es ist reich mit Fotografien und Zeichnungen versehen, so daß der Inhalt in jeder Hinsicht anschaulich dargestellt ist.

Dieses Werk kann im Unterricht in der Studien- bzw. Kollegstufe des Gymnasiums sowie in den Anfangssemestern des Studiums eingesetzt werden. In jedem Falle eröffnet es einen überzeugenden Einblick in das großartige Gebäude der Physik.

Vieweg · Braunschweig